高等学校公共基础课规划教材

概率论与数理统计基础教程

伍长春　唐林俊　李德高　谭中权　郑圣超　编著

電子工業出版社
Publishing House of Electronics Industry
北京・BEIJING

内 容 简 介

本书是根据高等学校公共专业基础课“概率论与数理统计”的教学基本要求而编写的。力求使学生在有限的教学课时内掌握概率论与数理统计的基本原理和统计方法，并具备运用统计推断方法解决实际问题的能力。本书共分为10章，内容包括随机事件与概率、随机变量及其分布、多维随机变量及其分布、随机变量的数字特征、极限定理、统计量及其分布、参数估计、假设检验、回归分析和方差分析。

本书给出近200个例子，其中很多例子贴近社会、经济、生活和生产管理，具有时代气息。本书可作为高等学校经济类、管理类、人文社科、农林及医学类各本科专业的教材或教学参考书。

图书在版编目（CIP）数据

概率论与数理统计基础教程 / 伍长春等编著. —北京：电子工业出版社，2015.6
ISBN 978-7-121-26384-2

Ⅰ. ①概…　Ⅱ. ①伍…　Ⅲ. ①概率论—高等学校—教材 ②数理统计—高等学校—教材　Ⅳ. ①O21

中国版本图书馆CIP数据核字（2015）第137324号

责任编辑：贺志洪
特约编辑：徐　堃　薛　阳
印　　刷：三河市华成印务有限公司
装　　订：三河市华成印务有限公司
出版发行：电子工业出版社
　　　　　北京市海淀区万寿路173信箱　邮编 100036
开　　本：787×1 092　1/16　　印张：15.25　　字数：390千字
版　　次：2015年6月第1版
印　　次：2016年7月第2次印刷
定　　价：36.00元

凡所购买电子工业出版社图书有缺损问题，请向购买书店调换。若书店售缺，请与本社发行部联系，联系及邮购电话：（010）88254888。

质量投诉请发邮件至zlts@phei.com.cn，盗版侵权举报请发邮件至dbqq@phei.com.cn。

服务热线：（010）88258888。

前　言

本书是根据高等学校公共专业基础课“概率论与数理统计”的教学基本要求而编写的。

本书着眼于激发学生的学习兴趣，力求使学生在有限的教学课时内掌握概率论与数理统计的基本原理和统计方法，并具备运用统计推断方法解决实际问题的能力。为了使学生较容易地理解概率论与数理统计中的概念、定理及统计推断方法，本书试图直观地进行解说，直观演绎统计推断方法的原理及构造，并通过典型案例说明这门学科的广泛应用。

书中给出了近 200 个例子，其中很多实例贴近社会、经济、生活和生产管理，具有时代气息。每小节有针对性地安排几道简单的练习题用于课堂练习，帮助学生认识和理解相关概念和定理；每章后附有适量的习题，通过训练，使学生掌握相关理论与方法，增强分析和解决问题的能力，并扩展视野。

本书共分 10 章，内容包括随机事件与概率、随机变量及其分布、多维随机变量及其分布、随机变量的数字特征、极限定理、统计量及其分布、参数估计、假设检验、回归分析和方差分析。本书可作为高等学校经济类、管理类、人文社科、农林及医学类本科专业的教材或教学参考书。

本书由伍长春、唐林俊、谭中权、李德高、郑圣超编著。伍长春、唐林俊负责书稿的组织和最后的统稿。柴惠文老师审阅了全书，在此表示衷心的感谢。由于作者水平有限，书中不妥之处在所难免，恳请广大教师和同学提出宝贵意见，我们将不断改进与完善。

编者

2015 年 5 月

目　录

第 1 章　随机事件与概率

在经济社会和日常生活中，人们经常会遇到不确定性问题，于是希望了解这种不确定性的程度，比如：

（1）在新产品上市前，经销商通常会进行市场调查，了解顾客购买该产品的”可能性”有多大?

（2）如果提高产品的价格，销售量下降的“概率”为多少?

（3）一个家庭中的三个小孩全都是女孩的“机会”是多少?

概率论就是研究具有不确定性现象（称为**随机现象**）的数量规律的学科，是数理统计的理论基础。随机事件和概率是概率论中两个最基本的概念。

本章引入事件概率的概念，然后指出在某些简单情形下如何求概率，主要内容包括：样本空间与随机事件、概率的定义及性质、条件概率及其三大公式、事件间的独立性与试验的独立性。这些内容是进一步学习概率论的基础。

1.1　样本空间与随机事件

1.1.1　样本空间

随机试验（简称**试验**）是对随机现象进行的观察和实验。这个试验产生的结果有多种可能性，且试验前不确定哪种结果会出现。随机试验的每一个基本结果称为**样本点**，所有样本点构成的集合称为**样本空间**，通常用大写的希腊字母Ω 表示。

【例 1.1.1】 掷一次硬币，观察正面朝上还是反面朝上，则样本空间Ω={正面，反面}。

【例 1.1.2】 抛掷一枚骰子，观察出现的点数，则样本空间为$\Omega=\{1,\ 2,\ 3,\ 4,\ 5,\ 6\}$。

【例 1.1.3】 观察某路段一年内的交通事故数，则样本空间$\Omega=\{0,\ 1,\ 2,\ \cdots,\ 100,\ \cdots\}$。

【例 1.1.4】 从一批灯泡中抽取一只灯泡，测试其使用寿命，则 $\Omega=\{t : t\geqslant 0\}$。

需要注意的是：

（1）在建立样本空间的时候，一方面要避免不必要的烦琐，另一方面要清楚地刻画人们感兴趣的事件。

（2）将样本空间中的样本点个数是有限个或可列个的情况归为一类，称其为**离散样本空间**；将样本点个数为不可列无限个的情况归为一类，称其为**连续型样本空间**。

1.1.2 随机事件

样本空间的子集，即部分样本点组成的集合，称为随机事件（简称事件）。常用大写字母 A、B、C 以及 A_1，A_2，$\cdots$，A_n，等表示事件。在试验中，如果出现事件 A 中的样本点，则称事件 A 发生。这里有两种极端的情况，一种是试验中一定会出现的结果，称为必然事件；另一种是试验中不可能出现的结果，称为不可能事件。从样本点集合角度来看，必然事件是由试验的全部样本点组成的，故也记为Ω；而不可能事件不含有任何样本点，故记为ϕ。

【例 1.1.5】 已知一批产品共 100 个，其中有 95 个合格品和 5 个次品。检查产品质量时，从这批产品中任意抽取 10 个，记 A=“恰有一个次品”，B=“至少有一个次品”，C=“没有次品”，D=“有 2 个或 3 个次品”，则 A、B、C、D 都是随机事件；而 E=“次品数不多于 5 个”是必然事件，F=“次品数多于 5 个”是不可能事件。

【例 1.1.6】 在例 1.1.2 中，研究下列事件：

A=“出现的点数是不大于 3 的奇数”

B=“出现偶数点”

C=“出现的点数是不小于 4 的偶数”

这些用文字表述的事件也可以表示为样本点的集合，即 $A=\{1,\ 3\}$，$B=\{2,\ 4,\ 6\}$，$C=\{4,\ 6\}$。若在试验中出现的结果是 3，则事件 A 发生，而 B、C 都不发生；若出现的结果是 4 或 6，则 B、C 都发生，而 A 不发生。

【例 1.1.7】 袋中装有 2 只白球和 1 只黑球。从袋中依次任意地摸出 2 只球。设球是编号的：白球为 1 号、2 号，黑球为 3 号。考虑下列随机事件：

A={第一次摸得黑球}

B={第二次摸得白球}

C={两次都摸得白球}

D={第一次摸得黑球，第二次摸得白球}

这些用文字表述的事件也可表示为样本点集合，$A=\{(3,\ 1),\ (3,\ 2)\}$，$B=\{(1,\ 2),\ (2,\ 1),\ (3,\ 1),\ (3,\ 2)\}$，$C=\{(1,\ 2),\ (2,\ 1)\}$，$D=\{(3,\ 1),\ (3,\ 2)\}$。

在概率论中，常用一个长方形表示样本空间Ω，用其中的一个圆或其他几何图形表示事件 A，这类图形称为维恩（Venn）图，如图 1.1.1 所示。

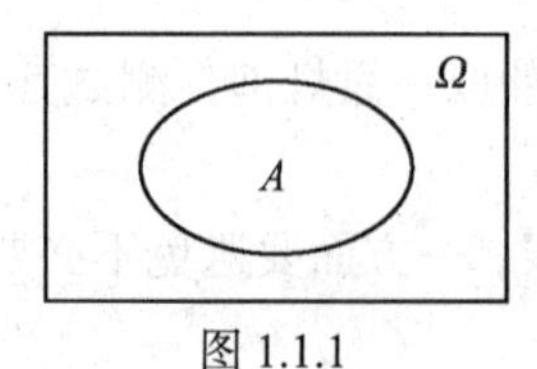

图 1.1.1

1.1.3　随机事件的关系及运算

下面的讨论总是假定在同一样本空间Ω（即同一随机现象）中进行。随机事件的关系及运算与集合间的关系及运算一样，主要有下述几种形式。

1. 包含关系（子事件）

若事件 A 发生，必然导致事件 B 发生，称事件 B 包含事件 A，或称 A 是 B 的子事件，记为 $A\subset B$（如图 1.1.2 所示）。比如在例 1.1.6 中，事件 C=“出现的点数是不小于 4 的偶数”的发生，必然导致事件 B=“出现偶数点”发生，故 $C\subset B$。又如在例 1.1.4 中，灯泡的使用寿命 T 超过 2 000h（记为事件 $A=\{T>2\ 000\}$）和 T 超过 5 000 h（记为事件 $B=\{T>5\ 000\}$），则 $B\subset A$。如果事件 A 与 B 互相包含，即属于 A 的样本点必属于 B，且属于 B 的样本点必属于 A，则称事件 A 与 B 相等，记为 $A=B$。

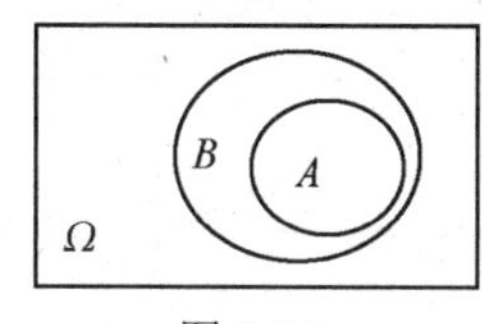

图 1.1.2

2. 和事件

事件 A 与 B 的和（并）事件记为 $A\cup B$， 表示“事件 A 与 B 至少有一个发生”这一新事件。从集合的角度，$A\cup B=\{\omega\ |\omega\in A\ 或\ \omega\in B\}$（如图 1.1.3 所示）。在例 1.1.7 中，$B=C\cup D$。

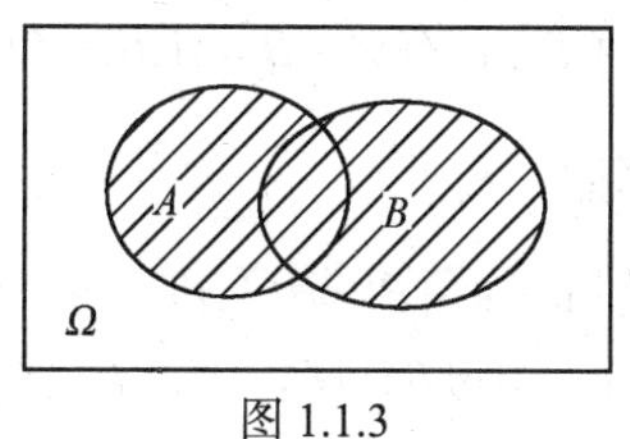

图 1.1.3

n 个事件 A_1，A_2，…，A_n 的和（并）事件记为 $A_1\cup A_2\cup\cdots\cup A_n=\bigcup\limits_{i=1}^{n}A_i$，表示“事件 A_1，A_2，…，A_n 中至少有一个发生”这一新事件。一列事件 A_1，A_2，…A_n，…的和（并）事件记为 $\bigcup\limits_{i=1}^{\infty}A_i$，表示“事件 A_1，A_2，…A_n，…中至少有一个发生”这一事件。

3. 积事件

事件 A 与 B 的积事件记为 $A\cap B$ 或 AB，表示“事件 A 与 B 同时发生”这一新事件。从集合的角度，$A\cap B=\{\omega\ |\omega\in A\ 且\ \omega\in B\}$（如图 1.1.4 所示）。在例 1.1.7 中，$D=A\cap B$ 。

$A_1\cap A_2\cap\cdots\cap A_n=\bigcap\limits_{i=1}^{n}A_i$ 表示“事件 A_1，A_2，…，A_n 同时发生”这一事件，$\bigcap\limits_{i=1}^{\infty}A_i$ 表示“事件列 A_1，A_2，…A_n，…同时发生”这一事件。

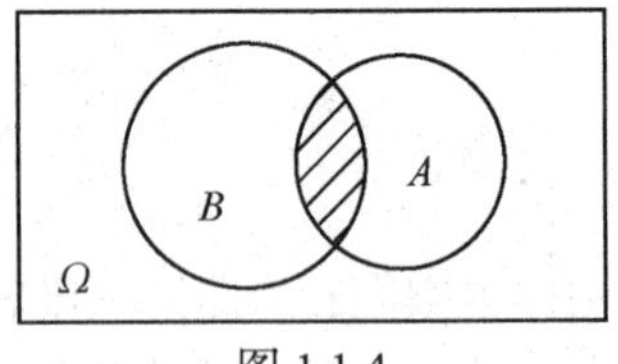

图 1.1.4

4. 互不相容事件

若事件 A 与 B 不可能同时发生，称 A 与 B 为互不相容或是互斥事件，记为 $AB=\phi$。若 n 个事件 $A_1, A_2, \cdots, A_n$ 中任意两个互不相容，则称这 n 个事件 $A_1, A_2, \cdots, A_n$ 互不相容（如图 1.1.5 所示）。

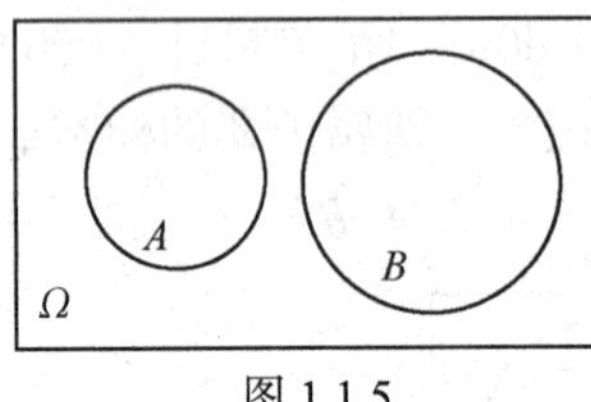

图 1.1.5

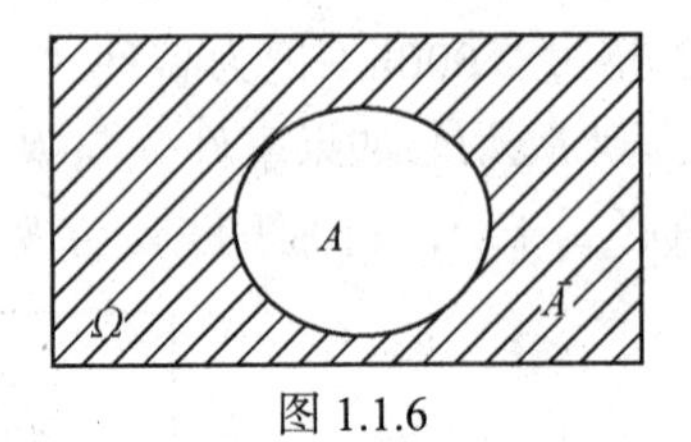

图 1.1.6

5. 对立事件（逆事件）

A 的对立事件记为 $\overline{A}$，表示“A 不发生”这一事件（如图 1.1.6 所示）。在例 1.1.6 中，$\overline{B}=C$。有 $A\cap\overline{A}=\phi$，$A\cup\overline{A}=\Omega$。

6. 差事件

事件 A 对 B 的差事件记为 $A-B$，表示“事件 A 发生而 B 不发生”这一事件。从集合的角度，$A-B=\{\omega\,|\,\omega\in A$ 且 $\omega\notin B\}$，有 $A-B=A\overline{B}$，$\Omega-A=\overline{A}$。

7. 随机事件（集合）运算律

（1）交换律：$A\cup B=B\cup A$，$A\cap B=B\cap A$。

（2）结合律：$A\cup(B\cup C)=(A\cup B)\cup C$，$A\cap(B\cap C)=(A\cap B)\cap C$。

（3）分配律：$A\cup(B\cap C)=(A\cup B)\cap(A\cup C)$，
$A\cap(B\cup C)=(A\cap B)\cup(A\cap C)$。

（4）对偶律（德·摩根律）：$\overline{A\cup B}=\overline{A}\cap\overline{B}$，$\overline{A\cap B}=\overline{A}\cup\overline{B}$。

对偶律可推广到多个事件及可列个事件的情况，则

$$\overline{\bigcup_{i=1}^{n}A_i}=\bigcap_{i=1}^{n}\overline{A_i}，\qquad \overline{\bigcap_{i=1}^{n}A_i}=\bigcup_{i=1}^{n}\overline{A_i}$$

$$\overline{\bigcup_{i=1}^{\infty}A_i}=\bigcap_{i=1}^{\infty}\overline{A_i}\qquad \overline{\bigcap_{i=1}^{\infty}A_i}=\bigcup_{i=1}^{\infty}\overline{A_i}$$

8. 样本空间的分割

若一组事件 A_1，A_2，…，A_n 满足以下条件：

（1）A_1，A_2，…，A_n 互不相容。

（2）$A_1 \cup A_2 \cup \cdots \cup A_n = \Omega$。

则称 A_1，A_2，…，A_n 为样本空间 Ω 的一个分割或一个完备事件组。

样本空间的一个分割在概率论与数理统计研究中使用，因为它可以简化被研究的问题（具体参见 1.4 节中的全概率公式）。

【例 1.1.8】 设 A、B、C 为某随机试验中的三个事件，则

（1）“A 发生，B 与 C 不发生”表示为 $A\overline{BC}$。

（2）“A 与 B 都发生，而 C 不发生”表示为 $AB\overline{C}$。

（3）“A、B、C 中至少有一个发生”表示 $A \cup B \cup C$。

（4）“A、B、C 都发生”表示为 ABC。

（5）“A、B、C 都不发生”表示为 $\overline{ABC}$。

（6）“A、B、C 中不多于两个发生”表示为 $\overline{A} \cup \overline{B} \cup \overline{C}$。

（7）“A、B、C 中至少有两个发生”表示为 $AB \cup BC \cup AC$。

练习 1.1

1. 写出下列随机试验的样本空间。

（1）生产产品直到有 10 件正品为止，记录生产产品的总件数。

（2）对某工厂出厂的产品进行检查，合格的记上“正品”，不合格的记上“次品”。若连续查出 2 个次品，停止检查；或检查 4 个产品，就停止检查。记录检查的结果。

（3）在单位圆内任意取一点，记录它的坐标。

（4）同时掷三颗骰子，记录这三颗骰子点数之和。

（5）在某十字路口，记录一小时内通过的机动车辆数。

（6）记录某城市一天内的用电量。

2. 一名射手连续向一个目标射击三次，事件 A_i 表示该射手第 i 次击中目标（i=1，2，3）。试用 A_i 表示下列事件：

（1）第一次击中而第二次未击中目标。

（2）三次都击中目标。

（3）前两次击中目标，第三次未击中目标。

（4）三次射击中至少有一次击中目标。

（5）三次射击中恰有两次击中目标。

（6）三次射击中至少两次击中目标。

（7）三次射击中至多有一次击中目标。

（8）前两次射击至少有一次未击中目标。

1.2 概率及其性质

1.2.1 概率

虽然随机事件的发生是带有随机性的,但随机事件发生的可能性有大小之分。例如,口袋中有 10 个相同大小的球,其中 8 个黑球,2 个白球。从口袋中任取 1 球。对于这个试验,人们的共识是:取得黑球的可能性比取得白球的可能性大。为此,本节引进概率的概念。直观上,它测量了任何结果或任何结果的集合(称之为事件)发生的可能性大小。更精确的定义如下所述。

定义 1.2.1 设 Ω 是随机试验 E 的样本空间。对于 E 的每一个事件 A 赋予实数 $P(A)$,若集合函数 $P(\cdot)$ 满足如下三条**概率公理**:

(1)(非负性)对一切事件 A,有 $P(A)\geqslant 0$。

(2)(归一性)必然事件的概率为 1,即 $P(\Omega)=1$。

(3)(可列可加性)若 A_1,A_2,…,A_n,…是一个互不相容的事件列,有

$$P\left(\bigcup_{i=1}^{\infty} A_i\right)=\sum_{i=1}^{\infty} P(A_i)$$

则称 $P(A)$ 为**事件 A 的概率**。

为了将概率形象化,把样本空间中的样本点看成质点,每个质点有一个质量。$P(A)$ 就是事件 A 这个质点集合的总质量,而样本空间的总质量为 1。这样,可加性公理变得很直观,不相交的事件列的总质量等于各个事件的质量之和。

1.2.2 概率的性质

根据概率公理,容易得到概率满足如下性质。利用概率的这些性质,通过简单事件的概率,可以得到更复杂事件的概率。

性质 1.2.1 不可能事件的概率为 0,即 $P(\phi)=0$。

性质 1.2.2 (有限可加性) 若 A_1,A_2,…,A_n 是两两互不相容的事件,则

$$P\left(\bigcup_{i=1}^{n} A_i\right)=\sum_{i=1}^{n} P(A_i)$$

证明 因为

$$\bigcup_{i=1}^{n} A_i = A_1 \cup A_2 \cup \cdots \cup A_n \cup \Phi \cup \Phi \cup \cdots$$

由可列可加性及 $P(\phi)=0$,可得

$$P\left(\bigcup_{i=1}^{n} A_i\right) = P(A_1 \cup A_2 \cup \cdots \cup A_n \cup \Phi \cup \Phi \cup \cdots)$$
$$= P(A_1) + \cdots + P(A_n) + P(\phi) + P(\phi) + \cdots$$
$$= \sum_{i=1}^{n} P(A_i)$$

性质 1.2.3　设 A、B 是两个事件。若 $A \subset B$，则

$$P(B-A) = P(B) - P(A),\ P(B) \geqslant P(A)$$

证明　因为 $A \subset B$，所以

$$B = A \cup (B-A)$$

而 A 与 $B-A$ 互不相容，故由有限可加性，得

$$P(B) = P(A) + P(B-A)$$

即

$$P(B-A) = P(B) - P(A)$$

由非负性公理，得

$$P(B) \geqslant P(A)$$

性质 1.2.4　对任何事件 A，有 $P(A) \leqslant 1$。

性质 1.2.5　对任何事件 A，有 $P(\bar{A}) = 1 - P(A)$。

性质 1.2.6　设 A、B 是任意两个事件，则 $P(A \cup B) = P(A) + P(B) - P(A \cap B)$。

证明　因为 $A \cup B = A \cup (B - A \cap B)$，且 $A \cap B \subset B$，A 与 $B - A \cap B$ 互不相容，所以

$$P(A \cup B) = P(A) + P(B - A \cap B)$$
$$= P(A) + P(B) - P(A \cap B)$$

性质 1.2.6 可推广到多个事件的情形。设 A、B、C 为任意三个事件，则

$$P(A \cup B \cup C) = P(A) + P(B) + P(C) - P(AB) - P(AC) - P(BC) + P(ABC)$$

更一般地，对任意 n 个事件 A_1，A_2，…，A_n，有

$$P\left(\bigcup_{i=1}^{n} A_i\right) = \sum_{i=1}^{n} P(A_i) - \sum_{1 \leqslant i \leqslant j \leqslant n} P(A_i A_j) + \sum_{1 \leqslant i < j < k \leqslant n} P(A_i A_j A_k) + \cdots + (-1)^{n-1} P(A_1 A_2 \cdots A_n)$$

性质 1.2.7　设 A、B 是任意两个事件，则 $P(B-A) = P(B) - P(AB)$。

证明　因为 $B - A = B - AB$，且 $AB \subset B$，所以

$$P(B-A) = P(B) - P(AB)$$

【例 1.2.1】　已知 $AB = \phi$，$P(A) = 0.6$，$P(A \cup B)=0.8$。求 B 的对立事件的概率。

解　由 $P(A \cup B) = P(A) + P(B) - P(AB) = P(A) + P(B)$，得

$$P(B) = P(A \cup B) - P(A) = 0.8 - 0.6 = 0.2$$

所以

$$P(\bar{B}) = 1 - 0.2 = 0.8$$

【例 1.2.2】 设 $P(A)=0.4$，$P(B)=0.3$，$P(A\cup B)=0.6$，求 $P(A-B)$。

解 因为 $P(A-B)=P(A)-P(AB)$，所以先求 $P(AB)$。由加法公式得

$$P(AB)=P(A)+P(B)-P(A\cup B)=0.4+0.3-0.6=0.1$$

所以

$$P(A-B)=P(A)-P(AB)=0.3$$

【例 1.2.3】 设 $P(A)=P(B)=P(C)=1/4$，$P(AB)=0$，$P(AC)=P(BC)=1/12$。求 A、B、C 都不出现的概率。

解 A、B、C 都不出现的概率为

$$\begin{aligned}P(\overline{A}\overline{B}\overline{C})&=1-P(A\cup B\cup C)\\&=1-P(A)-P(B)-P(C)+P(AB)+P(AC)+P(BC)-P(ABC)\\&=1-\frac{1}{4}-\frac{1}{4}-\frac{1}{4}+0+\frac{1}{12}+\frac{1}{12}-0=\frac{5}{12}\end{aligned}$$

练习 1.2

1. 设 A、B、C 为三件事，且 $P(A)=P(B)=P(C)=1/4$，$P(AB)=P(BC)=0$，$P(AC)=1/8$，则 A、B、C 至少有一个发生的概率为________。

2. 设事件 A、B 仅发生一个的概率为 0.3，且 $P(A)+P(B)=0.5$，则 A、B 至少有一个不发生的概率为________。

1.3 概率的确定方法

1.3.1 确定概率的频率方法

为了介绍确定概率的频率方法，首先引入频率的概念。

定义 1.3.1 在相同的条件下重复 n 次试验。在这 n 次试验中，事件 A 发生的次数 n_A 称为事件 A 发生的频数，比值 n_A/n 称为事件 A 发生的频率，记为 $f_n(A)$，即

$$f_n(A)=\frac{n_A}{n}$$

事件 A 的频率反映了事件 A 发生的频繁程度。频率越大，事件 A 发生越频繁，意味着事件 A 在一次试验中发生的可能性越大。在长期的实践中，人们逐步发现，当试验次数 n 逐渐增大时，事件 A 发生的频率总会在某个确定的数值附近摆动。事件频率的这一特性称为频率的稳定性，这个确定的数值称为频率的稳定值。

表 1.3.1　掷均匀硬币的试验

试验者	试验次数	正面出现次数	正面出现频率
德摩根	2 048	1 061	0.518 1
蒲丰（Buffon）	4 040	2 048	0.506 9
皮尔逊（K.Pearson）	12 000	6 019	0.501 6
皮尔逊（K.Pearson）	24 000	12 012	0.500 5

例如，掷一枚均匀硬币的试验，曾经有很多数学家做过。表 1.3.1 所示是几位数学家做多次试验的结果。由表 1.3.1 中可以看到，当试验次数越来越多时，正面出现的频率越来越靠近 0.5。频率的稳定值从本质上反映了事件在试验中出现可能性的大小。由此，人们引入了如下所述概率的统计定义。

定义 1.3.2　设 A 为试验 E 的一个事件。如果随着试验次数 n 增加，A 出现的频率 $f_n(A)$ 稳定在 0 与 1 之间某个常数 p 附近。这个稳定值 p 就是用频率方法确定的事件 A 的概率，称为统计概率。

频率方法提供了概率的一个可供想象的具体值，并且在试验重复次数 n 较大时，可用频率给出概率的一个近似值，这一点是频率方法最有价值的地方。在统计学中就是如此做的，且称频率是概率的估计值。例如，假定想知道某个服装店橱窗设计吸引行人注意力的概率，可以观察有多少过往的人在它面前逗留观看。如果观察了 600 人（相当于 600 次试验），有 12 人在该橱窗前逗留，那么可以大致地说，该橱窗设计吸引行人注意力的概率近似为 2%。又以婴儿出生为例，每一次生产都会得到一个或多个男孩、女孩，但生男生女的概率是否一样就不知道了。在多年的记录中，新生儿中女孩的比率是 0.49，是通过女孩的个数除以所有婴儿的个数获得的。频率方法虽然合理，但其缺点也很明显：在现实世界里，人们无法把一个试验无限次地重复下去，因此要精确地获得频率的稳定值非常困难。还有，在实际应用中，往往很难保证每次试验都是在完全相同的条件下进行。不过，只要每次试验的条件近似相同，仍然可以用得到的频率去估计概率。

1.3.2　确定概率的古典公式

确定概率的古典方法是概率论发展初期确定概率的常用方法，起源于 17 世纪很流行的赌博输赢的估计。例如，掷一枚均匀的硬币，出现正面与出现反面的可能性相同，都是 1/2；掷一颗完全均匀的骰子，出现每一个点数的可能性都是 1/6。这两个例子中的随机试验都具有如下两个特点：

（1）样本空间 Ω 仅含有有限个样本点。

（2）每个样本点出现的可能性相同。

具有上述两个特点的随机试验称为古典概型的随机试验，简称为**古典概型**。

在古典概型中，设样本空间 Ω 由 n 个样本点构成，A 为任意一个事件，含有 m 个样本点，则事件 A 出现的概率为

$$P(A)=\frac{m}{n}=\frac{A\text{中的样本点个数}}{\Omega\text{中的样本点个数}}$$

这样定义的概率称为古典概率。

在确定概率的古典方法中，求事件 A 的概率归结为计算样本空间 Ω 中的样本点个数和事件 A 中含有的样本点个数，所以在计算中经常用到排列组合工具。有关排列组合的知识见附录。

【例 1.3.1】 抛掷一颗均匀的骰子两次，求下列事件的概率。

（1）两次点数之和为偶数。　　（2）第一次点数与第二次点数相同。

（3）第一次点数比第二次点数大。　　（4）至少有一次得到 4 点。

解 抛掷一颗均匀的骰子两次，记第一次出现的点数为 i，第二次出现的点数为 j，则试验的样本空间 $\Omega=\{(i,\ j):i,\ j=1,\ 2,\ \cdots,\ 6\}$。样本空间 Ω 中的样本点数共有 $n=6\times 6=36$，且各样本点出现是等可能的，故这是古典概型。

（1）设 A=“两次点数之和为偶数”，则 A 中包含的样本点数为 $n_A=C_6^1\times C_3^1=18$，所以事件 A 发生的概率为

$$P(A)=\frac{n_A}{n}=\frac{18}{36}=\frac{1}{2}$$

（2）设 B=“第一次点数与第二次点数相同”，则 B 中包含的样本点数为 $n_B=6$，所以事件 B 发生的概率为

$$P(B)=\frac{n_B}{n}=\frac{6}{36}=\frac{1}{6}$$

（3）设 C=“第一次点数比第二次点数大”，则 C 中包含的样本点数为 $n_C=1+2+3+4+5=15$，所以事件 C 发生的概率为

$$P(C)=\frac{n_C}{n}=\frac{15}{36}=\frac{5}{12}$$

（4）设 D=“至少有一次得 4 点”，$\overline{D}$=“没有一次得 4 点”，其包含的样本点数为 $n_{\overline{D}}=C_5^1\times C_5^1=25$，所以事件 D 发生的概率为

$$P(D)=1-P(\overline{D})=1-\frac{n_{\overline{D}}}{n}=1-\frac{25}{36}=\frac{11}{36}$$

注意：在计算古典概率时，一般不用把样本空间详细写出，但一定要保证样本点是等可能出现的。以下是一些较有用的模型，请读者熟练掌握并灵活运用。

【例 1.3.2】 （抽球问题）一个口袋中有 M 个白球，$N–M$ 个黑球，从中不返回任取 n 个。求此 n 个球中恰有 m 个白球的概率。

解 从 N 个球中任取 n 个，因为不讲次序，所以样本点总数为 C_N^n；又因为是随机抽取的，所以这 C_N^n 个样本点是等可能出现的，故这是古典概型。令

A_m=“所取 n 个球恰有 m 个白球”

=“M 个白球中有 m 个被抽中，$N–M$ 个黑球中有 $n-m$ 个被抽中”

从 M 个白球中抽取 m 个有 C_M^m 种结果，从 $N–M$ 个黑球中抽取 $n-m$ 个有 C_{N-M}^{n-m} 种结果，从而事件 A_m 中含有 $C_M^m\times C_{N-M}^{n-m}$ 个样本点。因此，事件 A_m 的概率为

$$P(A_m)=\frac{C_M^m\times C_{N-M}^{n-m}}{C_N^n},\ m=0,\ 1,\ \cdots,\ \min\{n,\ M\}$$

在实践中，例 1.3.2 的抽样结果通常按不放回抽样的方式来实现，即每次抽取 1 个球，取后不放回，直至抽取 n 个。在实际中，有许多问题的结构形式与抽球问题相同：把一堆事物分成两类，从中随机地抽取若干个或不放回地抽若干次，每次抽一个，求“被抽出的若干个事物满足一定要求”的概率。例如，产品检验、疾病抽查、农作物选种等问题均可化为随机抽球问题。这里介绍抽球模型的目的在于解决问题时，使其数学意义更加突出，不必过多地交代实际背景。

【例 1.3.3】（**返回抽样模型**）一批产品共有 N 件，其中 M 件不合格品、$N-M$ 件合格品，从中有返回地任取 n 件。求此 n 件中有 m 件不合格品的概率。

解　采用返回抽样的方式，需要考虑次序。每次抽取时，有 N 种可能，于是 n 次放回抽取共有 N^n 个结果。显然，每个结果出现的可能性相同，故此为古典概型。令

$$\begin{aligned}A_m&=\text{“所取 } n \text{ 件产品恰有 } m \text{ 件不合格品”}\\&=\text{“有 } m \text{ 次抽中不合格品，有 } n-m \text{ 次抽中合格品”}\end{aligned}$$

这 m 件不合格品可能在 n 次中的任何 m 次抽取中得到，总共有 C_n^m 种可能。对这每一种可能，“m 次抽中不合格品”有 M^m 个可能结果，“$n-m$ 次抽中合格品”有 $(N-M)^{n-m}$ 种结果，故事件 A_m 中包含的样本点数为 $C_n^m M^m(N-M)^{n-m}$。因此，事件 A_m 发生的概率

$$\begin{aligned}P(A_m)&=C_n^m\frac{M^m(N-M)^{n-m}}{N^n}\\&=C_n^m\left(\frac{M}{N}\right)^m\left(1-\frac{M}{N}\right)^{n-m},\ m=0,\ 1,\ \cdots,\ n\end{aligned}$$

【例 1.3.4】　分房问题（盒子模型） 设有 n 个球，每个球都等可能地被放入 $N\,(n\leqslant N)$ 个盒子中的任何一个，每个盒子中所放球数不限。试求：

（1）指定的 n 个盒子中各有一球的概率。

（2）恰有 n 个盒子中各有一球的概率。

解　因为每个球都等可能地被放入 N 个盒子中的任何一个，所以 n 个球放的方式共有 N^n 种，它们是等可能的。

（1）设 $A=$ “指定的 n 个盒子中各有一球”，考虑指定的 n 个盒子中各放一球的放法数。可以想见，第 1 个球有 n 种放法，第 2 个球有 $n-1$ 种放法，…，第 n 个只有 1 种放法。所以，事件 A 包含的样本点数为 $n!$，得其概率为

$$P(A)=\frac{n!}{N^n}$$

（2）设 $B=$ “恰有 n 个盒子中各有一球”，与（1）的差别在于：此 n 个盒子可以在 N 个盒子中任何选取。此时分两步完成：第一步，从 N 个盒子中任意选取 n 个盒子，共有 C_N^n 种取法；第二步，将 n 个球放入选中的 n 个盒子中，共有 $n!$ 种放法。所以，事件 B 包含的样本点数为 $C_N^n\times n!=A_N^n$，得其概率为

$$P(B)=\frac{A_N^n}{N^n}=\frac{N!}{N^n(N-n)!}$$

表面上看，盒子模型讨论的是球和盒子问题，似乎是一种游戏，但实际上这个模型可以应用到许多实际问题中。下面应用盒子模型来讨论概率论历史上颇为有名的“生日问题”。

【例 1.3.5】 求 n 个人中至少有两人生日相同的概率。

解 设 $A=$ “n 个人中至少有两人生日相同”，则 $\overline{A}=$ “n 个人的生日全不相同”。把 n 个人看成 n 个球，将一年 365 天看成是 $N=365$ 个盒子，则“n 个人的生日全不相同”相当于“恰好有 n 个盒子各有一球”，所以

$$P(A)=1-P(\overline{A})=1-\frac{365!}{365^n(365-n)!}$$

1.3.3 确定概率的几何方法

古典概型是关于试验的结果为有限且每个结果出现的可能性相同的概率模型。一个直接的推广是：保留等可能性，而允许试验的所有可能结果为直线上的某一线段，平面上的某一区域或空间中的某一物体具有无限多个结果的情形。

如果一个随机试验相当于向直线、平面或空间的某一区域 G 中投掷一个质点，而且点必落在 G 内，且落在 G 内任何子区域 A 上的可能性只与 A 的度量（如长度、面积、……）成正比，与 A 的位置及形状无关，则这个试验称为**几何概型**的试验。此时，点落在 A 中的概率定义为

$$P(A)=\frac{A\text{的度量}}{\Omega\text{的度量}}$$

这样定义的概率称为**几何概率**。

【例 1.3.6】（会面问题）甲、乙两人相约在 $0\sim T$ 这段时间内在预定地点会面，先到的人等候另一个人，经过时间 t（$t<T$）后离去（每人在 $0\sim T$ 这段时间内各时刻到达该地是等可能的）。求甲、乙两人能会面的概率。

解 设 x，y 分别为甲、乙两人到达的时刻，则样本空间为

$$\Omega=\{(x,\ y):0\leqslant x\leqslant T,\ 0\leqslant y\leqslant T\}$$

“两人能会面”这一事件为

$$A=\{(x,\ y):|x-y|\leqslant t\}$$

“两人能会面”事件如图 1.3.1 所示。由几何概率公式，得

$$P(A)=\frac{T^2-(T-t)^2}{T^2}$$

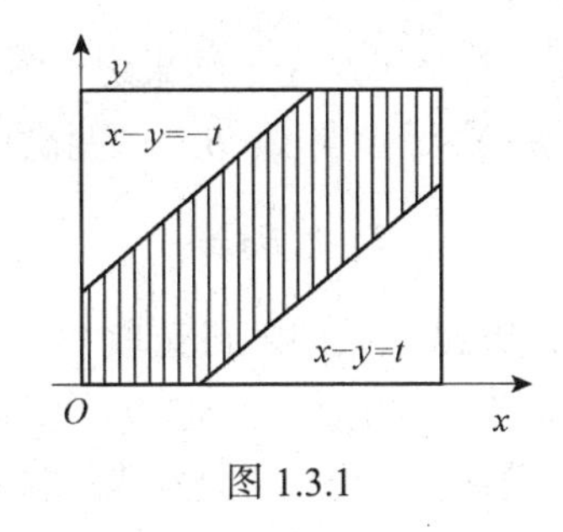

图 1.3.1

练习 1.3

1. 从一批 9 个正品、3 个次品的产品中任取 5 件。试求：
   （1）恰有两件次品的概率。
   （2）至少有一件次品的概率。
   （3）至多有一件次品的概率。
2. 在 52 张扑克中任抽 2 张，试求：
   （1）抽到的 2 张都是红心的概率。
   （2）抽到的 2 张是不同花色的概率。
3. 在区间[0，1]中随机取两点，求它们的平方和小于 1 的概率。

1.4　条件概率及其三大公式

1.4.1　条件概率的定义

条件概率是概率论中一个既重要又实用的概念，它是在给定部分信息的基础上对试验结果的一种推断。下面是一些例子。

（1）连续掷一颗均匀的骰子两次，已知所得点数的总和为 10，求第一次得 6 点的可能性有多大?

（2）设在 N 个人中，有 N_{H} 个女性。色盲患者有 N_{A} 个，其中 N_{AH} 个女性。已知随机选取的一人是女的，问她是色盲患者的概率是多少?

（3）在检查身体时，为检查是否患某种疾病，需要检测某项指标。已知某人该项指标为阳性，问这个人得病的可能性有多大?

我们已经知道，给定一个试验，有与这个试验相对应的样本空间和概率律。假定已知某个给定的事件 B 发生了，希望知道另一个给定的事件 A 发生的概率，此时需要构造一个新的概率律。它结合事件 B 已经发生的信息，求出任何事件 A 发生的概率。把在事件 B 发生的条件下，事件 A 发生的概率称为事件 B 发生条件下事件 A 的**条件概率**，记为 $P(A|B)$。

例如，在（1）的试验中，共有 6^2=36 种等可能的结果。已知两次所得点数的总和为 10，即（6，4）、（5，5）和（4，6）这 3 个结果之一发生了，且这 3 个结果发生是等可能的。这样，若设 $A=$ “第一次得 6 点”，$B=$ “两次所得点数的总和为 10”，则

$$P(A|B)=\frac{1}{3}$$

又如，在（2）的试验中，从 N 个人中随机选取一人，共有 N 种等可能的结果。已知所取的是女性，即 N_H 个结果之一发生了，且这 N_H 个结果发生是等可能的，而女性中色盲患者有 N_{AH} 个。这样，若设事件 A 及 H 分别表示随机选取的一人是色盲患者和女性，则

$$P(A|H)=\frac{N_{AH}}{N_H}$$

从上述结果的推导过程看出，对于古典概型，下面关于条件概率的定义是合适的，即

$$P(A|B)=\frac{AB\text{中的样本点个数}}{B\text{中的样本点个数}}$$

推广这个公式，可得如下条件概率的定义。

定义 1.4.1 设 A 与 B 是试验 E 中的两个事件，且 $P(B)>0$，则称

$$P(A|B)=\frac{P(AB)}{P(B)} \tag{1.4.1}$$

为事件 B 发生的条件下事件 A 的条件概率。

注：如果 $P(B)=0$，则条件概率 $P(A|B)$ 是没有定义的。

【例 1.4.1】 某种动物由出生算起，活到 20 岁以上的概率为 0.8，活到 25 岁以上的概率为 0.4。如果现在有一个 20 岁的这种动物，问它能活到 25 岁以上的概率是多少?

解 设 A 表示“能活到 20 岁以上”的事件，B 表示“能活到 25 岁以上”的事件。因为 $P(A)=0.8$，$P(B)=0.4$，$P(AB)=P(B)$，则有

$$P(B|A)=\frac{P(AB)}{P(A)}=\frac{0.4}{0.8}=\frac{1}{2}$$

【例 1.4.2】 10 个产品中有 7 个正品、3 个次品，从中不放回地抽取 2 个。已知第一个取到次品，求第二个又取到次品的概率。

解 A 表示“第一个取到次品”的事件，B 表示“第二个又取到次品”的事件。因为 A 已发生，即第一次取得的是次品；第二次取产品时，所有可取的产品只有 9 个，其中次品只剩下 2 个，所以

$$P(B|A)=\frac{2}{9}$$

注：条件概率也是一种概率，它满足概率的所有性质。例如，

（1）（非负性）对任意事件 A，有 $P(A|B)\geqslant 0$。

（2）（可加性）如果随机事件 A_1，A_2，…，A_n，…两两互不相容，则

$$P\left(\bigcup_{n=1}^{\infty}A_n|B\right)=\sum_{n=1}^{\infty}P(A_n|B)$$

（3）（归一化）$P(\Omega|B)=1$。

下面给出条件概率特有的三个非常实用的公式：乘法公式、全概率公式和贝叶斯公式。这些公式有助于计算一些复杂事件的概率。

1.4.2　条件概率的三大公式

1. 乘法公式

定理 1.4.1　（乘法公式）对任意事件 A、B，若 $P(A)>0$，则有

$$P(AB)=P(B|A)P(A) \tag{1.4.2}$$

一般地，设 A_1，A_2，…，A_n 为 n 个事件，$n\geqslant 2$，且 $P(A_1A_2\cdots A_{n-1})>0$，则有

$$P(A_1A_2\cdots A_n)=P(A_1)P(A_2|A_1)P(A_3|A_1A_2)\cdots P(A_n|A_1A_2\cdots A_{n-1})$$

【例 1.4.3】　一批零件共 100 个，其中 10 个次品。每次从中任取 1 个零件，取出的零件不再放回去。

（1）求第三次才取得合格品的概率。

（2）如果取得一个合格品后，不再继续取零件。求三次内取得合格品的概率。

解　$A_i=$ “第 i 次取得合格品”，$\overline{A}_i=$ “第 i 次取得次品”（$i=1，2，3$）。

（1）所求概率为

$$P(\overline{A}_1\overline{A}_2A_3)=P(\overline{A}_1)P(\overline{A}_2|\overline{A}_1)P(A_3|\overline{A}_1\overline{A}_2)=\frac{10}{100}\times\frac{9}{99}\times\frac{90}{98}=0.0083$$

（2）设 A 表示事件“三次内取得合格品”，则 $A=A_1\cup\overline{A}_1A_2\cup\overline{A}_1\overline{A}_2A_3$，于是

$$\begin{aligned}P(A)&=P(A_1)+P(\overline{A}_1A_2)+P(\overline{A}_1\overline{A}_2A_3)\\&=P(A_1)+P(\overline{A_1})P(A_2|\overline{A_1})+P(\overline{A_1})P(\overline{A_2}|\overline{A_1})P(A_3|\overline{A_1}\ \overline{A_2})\\&=\frac{90}{100}+\frac{10}{100}\times\frac{90}{99}\times\frac{10}{100}\times\frac{9}{99}\times\frac{90}{98}=0.9993\end{aligned}$$

2. 全概率公式

概率论的重要课题之一是希望从已知的简单事件的概率推算出未知的复杂事件的概率。为了达到这个目的，经常把一个复杂事件分解为若干个不相容的简单事件之和，再通过分别计算这些简单事件的概率，利用概率的有限可加性得到结果。

定理 1.4.2　（全概率公式）设 A_1，A_2，…，A_n 是样本空间 Ω 的一个分割，且 $P(A_i)>0$，$i=1，2，\cdots，n$，则对任一事件 B，都有

$$P(B)=\sum_{k=1}^{n}P(A_k)P(B|A_k) \tag{1.4.3}$$

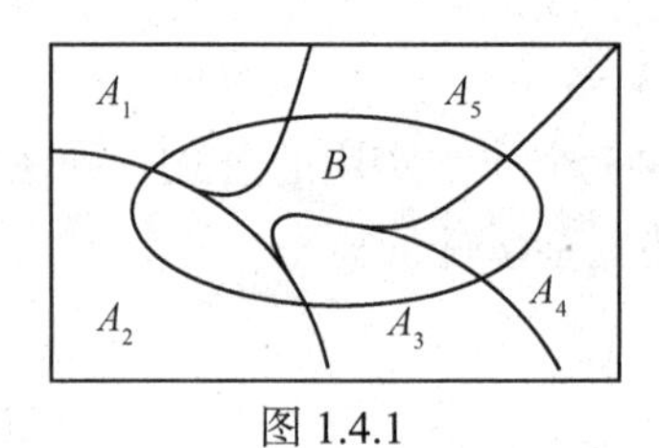

图 1.4.1

样本空间的分割如图 1.4.1 所示，它形象地展示了全概率公式的内容。由于事件 A_1，A_2，…，A_n 是样本空间的一个分割，事件 B 可以分解成互不相容的 n 个事件的并，即

$$B=(A_1B)\cup\cdots\cup(A_nB)$$

利用概率的可加性，得到

$$P(B)=P(A_1B)+\cdots+P(A_nB)$$

利用乘法公式，可知

$$P(A_k\cap B)=P(A_k)P(B\mid A_k)$$

将上式代入前一式，得到

$$P(B)=P(A_1)P(B\mid A_1)+\cdots+P(A_n)P(B\mid A_n)$$

注 1：全概率公式用于求复杂事件的概率。使用全概率公式，关键在于寻找样本空间合适的分割 A_1，A_2，…，A_n；而合适的分割与问题的实际背景有关。

注 2：设事件 A_1，A_2，…，A_n；是互不相容的，若 $P(A_i)>0$，$i=1$，2，…，n，且 $B\subset\bigcup\limits_{k=1}^{n}A_k$，则

$$P(B)=\sum_{k=1}^{n}P(A_k)P(B\mid A_k)$$

【例 1.4.4】 有一批同一型号的产品。已知其中由一厂生产的占 30%，二厂生产的占 50%，三厂生产的占 20%；又知这三个厂的产品次品率分别为 2%、1%和 1%。问从这批产品中任取一件是次品的概率是多少?

解 设事件 A= “任取一件为次品”，B_i = “任取一件为 i 厂的产品”，$i=1$，2，3，则 B_1、B_2、B_3 为样本空间的一个分割；又

$$P(B_1)=0.3,\quad P(B_2)=0.5,\quad P(B_3)=0.2$$

$$P(A\mid B_1)=0.02,\quad P(A\mid B_2)=0.01,\quad P(A\mid B_3)=0.01$$

由全概率公式，得

$$P(A)=P(B_1)P(A\mid B_1)+P(B_2)P(A\mid B_2)+P(B_3)P(A\mid B_3)$$
$$=0.02\times0.3+0.01\times0.5+0.01\times0.2=0.013$$

【例 1.4.5】 假设你参加一项棋类比赛。其中，50%是一类棋手，你赢他们的概率为 0.3；25%是二类棋手，你赢他们的概率为 0.4；剩下的是三类棋手，你赢他们的概率为 0.5。从他们中间随机地选一位棋手与你比赛，你的胜算有多大?

解 记 A_i 表示“选取的是 i 类棋手”。依题意，

$$P(A_1)=0.5,\quad P(A_2)=0.25,\quad P(A_3)=0.25$$

记 B 表示你赢得比赛，有

$$P(B \mid A_1)=0.3,\quad P(B \mid A_2)=0.4,\quad P(B \mid A_3)=0.5$$

由全概率公式，得

$$\begin{aligned}P(B)&=P(B \mid A_1)P(A_1)+P(B \mid A_2)P(A_2)+P(B \mid A_3)P(A_3)\\&=0.5\times 0.3+0.25\times 0.4+0.25\times 0.5\\&=0.375\end{aligned}$$

【例 1.4.6】　（**敏感性问题的调查**）学生阅读黄色书刊和观看黄色影像会严重影响身心健康，但这些都是避着老师与家长进行的，属于个人隐私行为。现要设计一个调查方案，从调查数据中估计出学生阅读黄色书刊和观看黄色影像的比例 p。

这类敏感性问题的调查是社会调查的一类，如一群人中参加赌博者的比例、吸毒人的比例、经营者中偷税漏税户的比例、学生中考试作弊的比例等。

对敏感性问题的调查方案，关键要使被调查者愿意作出真实回答，又能保守个人秘密。经过多年研究和实践，一些心理学家和统计学家设计了一种调查方案。在此方案中，被调查者只需回答以下两个问题中的一个，而且只需回答“是”或“否”：

问题 A：你的生日是否在 7 月 1 日以前？

问题 B：你是否阅读黄色书刊和观看黄色影像？

这个调查方案看似简单，但为了消除被调查者的顾虑，使被调查者确信他（她）参加这次调查不会泄露个人秘密，在操作上有以下关键点：

（1）被调查者在没有旁人的情况下，独自一人在一个房间内操作和回答问题。

（2）被调查者抛一枚均匀硬币一次。若正面出现，则回答 A，否则回答 B。答题纸上只有“是”“否”两个选项。

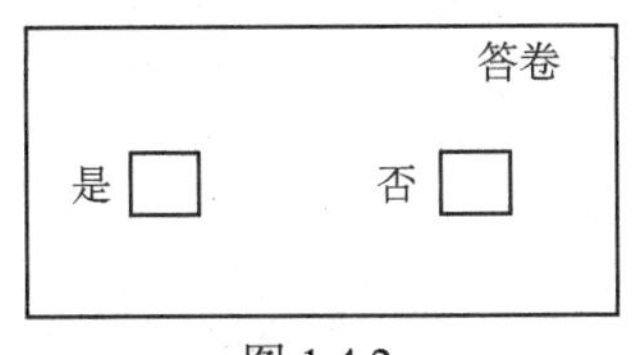

图 1.4.2

被调查者无论回答 A 或 B，只需在答题纸（如图 1.4.2 所示）上认可的方框内打钩，然后把答题纸放入一只密封的投票箱内。如此调查方法，主要在于旁人无法知道被调查者回答问题 A 还是问题 B，由此可极大地消除被调查者的顾虑。

现在的问题是：如何分析调查的结果？很显然，我们对问题 A 不感兴趣。

设有 n 张答卷（n 较大，比如 1 000 以上），其中有 k 张回答“是”。当然，我们无法知道这 n 张答卷中有多少张是回答问题 B 的，同样无法知道 k 张回答“是”的答卷中有多少张是回答问题 B 的；但在参加人数较多的情形下，有两个信息是预先知道的：

（1）任选一人其生日在 7 月 1 日之前的概率为 0.5。

（2）抛一枚均匀硬币一次，正面出现的概率为 0.5。

这样，由全概率公式，得

$$P(\text{是})=P(\text{正面})P(\text{是} \mid \text{正面})+P(\text{反面})P(\text{是} \mid \text{反面})$$

所以，将 P（正面）=0.5，P（是|正面）=0.5，P（反面）=0.5，P（是|反面）=p 代入上式右边，上式左边用频率 k/n 代替，得

$$\frac{k}{n}=0.5\times 0.5+0.5p$$

由此得

$$p=\frac{k/n-0.25}{0.5}$$

因为用频率 k/n 代替了概率 P（是），所以从上式得到的是 p 的估计。

例如，在一次实际调查中，调查结束后共收到 1 280 张有效答卷，其中 368 张回答“是”，由此计算得

$$p=\frac{368/1\,280-0.25}{0.5}=0.075$$

3. 贝叶斯（Bayes）公式

在乘法公式和全概率公式的基础上，推得著名的贝叶斯公式。

定理 1.4.3 （**贝叶斯公式**）设 A_1，A_2，…，A_n 是样本空间 Ω 的一个分割，且 $P(A_i)>0$，i=1，2，…，n。对任一事件 B，若它满足 $P(B)>0$，则

$$P(A_i\mid B)=\frac{P(A_i)P(B\mid A_i)}{\sum_{k=1}^{n}P(A_k)P(B\mid A_k)},\quad i=1,\ 2,\ \cdots,\ n$$

证明　由条件概率的定义，有

$$P(A_i\mid B)=\frac{P(A_iB)}{P(B)}$$

对上式的分子用乘法公式、分母用全概率公式，有

$$P(A_iB)=P(A_i)P(B\mid A_i)$$

$$P(B)=\sum_{k=1}^{n}P(A_k)P(B\mid A_k)$$

即得

$$P(A_i\mid B)=\frac{P(A_i)P(B\mid A_i)}{\sum_{k=1}^{n}P(A_k)P(B\mid A_k)}$$

贝叶斯公式可以用来进行因果推理。有许多“原因”可以造成某一“结果”。现设观察到某一“结果”，希望推断造成这个结果出现的“原因”。设事件 A_1，A_2，…，A_n 是原因，事件 B 是由原因引起的结果，$P(B\mid A_i)$ 表示由“原因” A_i 造成结果 B 出现的概率。当观察到结果 B 时，希望反推结果 B 是由原因 A_i 造成的概率 $P(A_i\mid B)$。由于 $P(A_i\mid B)$ 为有了新近得到的信息 B 之后 A_i 出现的概率，称之为后**验概率**，原来的 $P(A_i)$ 就称为先**验概率**。

【例 1.4.7】　某商品由三个厂家供应，其供应量为：甲厂家是乙厂家的 2 倍；乙、丙两厂相等。各厂产品的次品率为 2%、2%和 4%。若从市场上随机抽取一件这种商品，发现是次品，求它是甲厂生产的概率是多少？

解　用 1、2、3 分别表示甲、乙、丙厂，设 $A_i=$ "取到第 i 个工厂的产品"，$B=$ "取到次品"。由题意，得

$P(A_1)=0.5$，$P(A_2)=P(A_3)=0.25$；$P(B|A_1)=P(B|A_2)=0.02$，$P(B|A_3)=0.04$ 由贝叶斯公式，得

$$P(A_1|B)=\frac{P(A_1)P(B|A_1)}{\sum_{i=1}^{3}P(A_i)P(B|A_i)}=0.4$$

【例 1.4.8】　（假阳性之迷）临床诊断记录表明，利用某种试验检查某种少见的疾病具有如下效果：对该疾病患者进行试验，结果呈阳性反应者占 95%；对非这种疾病患者进行试验，结果呈阴性反应者占 95%。假定某一人群中患有这种疾病的概率为 0.001。现从此人群中随机地抽取一个人进行检测，检查结果为阳性。问这个人患有这种疾病的概率有多大？

解　记 $A=$ "这个人患有这种疾病"，$B=$ "这个人的检查结果为阳性"。由题意，得

$$P(A)=0.001,\quad P(B|A)=0.95,\quad P(B|\overline{A})=1-P(\overline{B}|\overline{A})=1-0.96=0.05$$

利用贝叶斯公式，得

$$\begin{aligned}P(A|B)&=\frac{P(A)P(B|A)}{P(A)P(B|A)+P(\overline{A})P(B|\overline{A})}\\&=\frac{0.001\times0.95}{0.001\times0.95+0.999\times0.05}\\&=0.018\,7\end{aligned}$$

尽管检验方法非常精确，一个经检测为阳性的人仍然不大可能患有这种疾病（患有这种疾病的概率不到 2%）。根据《经济学人》(The Economist)1999 年 2 月 20 日的报道，在一家美国著名的大医院中，80%的受访者不知道这类问题的正确答案，而大部分人回答："这个经检测为阳性的人患有这种疾病的概率为 0.95。"

练习 1.4

1. 某人忘记了电话号码的最后一个数字，因而他随意地拨号。求他拨号不超过三次而接通所需电话的概率。

2. 袋中有 50 个乒乓球，其中 20 个黄球，30 个白球。甲、乙两人依次各取一球，取后不放回。甲先取，求乙取得黄球的概率。

3. 假设一批产品中一、二、三等品各占 60%、30%、10%。今从中随机取一件产品，结果不是三等品，它是二等品的概率为多少？

1.5 随机事件的独立性

1.5.1 两个事件的独立性

1.4节中引入了条件概率$P(A|B)$的概念，它刻画了事件B的发生给事件A带来的信息。一般地，$P(A|B)\neq P(A)$，意味着事件B的发生对事件A发生的概率有影响。然而，在一些特殊情形下，事件B的发生并没有给事件A带来新的信息，它不会改变事件A发生的概率，即

$$P(A|B)=P(A)$$

此时，称事件A是独立于事件B的。注意，由条件概率公式，上式可化为

$$P(AB)=P(A)P(B) \tag{1.5.1}$$

用式（1.5.1）作为事件A与事件B独立的正式定义。因为对于$P(B)=0$，式（1.5.1）仍然成立；而当$P(B)=0$时，$P(A|B)$是没有定义的。另外，在这个关系中，A和B具有对称的地位。

定义 1.5.1 对于两个事件A与B，如果式（1.5.1）成立，则称A与B相互独立，简称A与B独立；否则，称A与B不独立或相依。

【例 1.5.1】 一个家庭中有若干个小孩。假定生男生女是等可能的，令A=“家庭中男女孩都有”，B=“家庭中最多有一个女孩”。对以下两种情形，试问事件A与B是否独立：

（1）家庭中有两个小孩。

（2）家庭中有三个小孩。

解 （1）样本空间Ω中含有4个样本点，且它们是等可能出现的，所以

$$P(A)=\frac{2}{4}=\frac{1}{2},\quad P(B)=\frac{3}{4},\quad P(AB)=\frac{1}{2}$$

于是

$$P(AB)\neq P(A)P(B)$$

即事件A与B是不相互独立的。

（2）样本空间Ω中含有$2^3=8$个样本点，且它们是等可能出现的，所以

$$P(A)=\frac{6}{8}=\frac{3}{4},\quad P(B)=\frac{4}{8}=\frac{1}{2},\quad P(AB)=\frac{3}{8}$$

故有

$$P(AB)=P(A)P(B)$$

即事件A与B相互独立。

在实际问题中，人们往往从直观判断独立性。如果两个事件的发生与否彼此间没有影响，可以认为这两个事件是相互独立的。

【例 1.5.2】 甲、乙两位射手独立地向同一目标射击一次，其命中率分别为 0.9 和 0.8。求目标被击中的概率。

解 设 A、B 分别表示甲、乙击中目标，C 表示目标被击中，则 A 与 B 独立，且 $C=A\bigcup B$。由题设，知 $P(A)=0.9$，$P(B)=0.8$，于是所求概率

$$P(C)=P(A\bigcup B)=1-P(\overline{A}\,\overline{B})=1-P(\overline{A})P(\overline{B})=1-0.1\times 0.2=0.98$$

性质 1.5.1 若事件 A 满足 $P(A)>0$，则事件 A 与 B 相互独立等价于

$$P(B|A)=P(B)$$

性质 1.5.2 若随机事件 A 与 B 相互独立，则 $\overline{A}$与B、A与$\overline{B}$、$\overline{A}$与$\overline{B}$也相互独立。

证明 由概率的性质知

$$P(A\overline{B})=P(A)-P(AB)$$

又由 A 与 B 相互独立，知

$$P(AB)=P(A)P(B)$$

所以

$$P(A\overline{B})=P(A)-P(A)P(B)=P(A)(1-P(B))=P(A)P(\overline{B})$$

表明 A与$\overline{B}$ 相互独立。类似地，可证 $\overline{A}$与B 相互独立，$\overline{A}$与$\overline{B}$ 相互独立。

顺便指出，事件间的独立性不能直观地从事件包含的样本点看出，它与互不相容是两个不同的概念。注意，若事件 A 与事件 B 互不相容，且 $P(A)>0$，$P(B)>0$，则 A 与 B 是不相互独立的。因为 $A\cap B=\phi$，从而 $P(A\bigcap B)=0\neq P(A)P(B)$。

1.5.2　一组事件的独立性

两个事件的相互独立性概念能够推广到多个事件的相互独立性。首先，给出三个事件的相互独立性概念。

定义 1.5.2 设 A、B、C 是三个随机事件，如果

$$\begin{cases} P(AB)=P(A)P(B) \\ P(BC)=P(B)P(C) \\ P(AC)=P(A)P(C) \\ P(ABC)=P(A)P(B)P(C) \end{cases}$$

则称 A、B、C 是相互独立的随机事件。

上述定义中，前三个等式成立（称为两两相互独立）并不能推得第四个等式成立；反之，第四个等式成立也不能推出前三个等式成立。这四个等式在定义中缺一不可。

下面给出 n 个事件相互独立的定义。

定义 1.5.3 设 A_1，A_2，…，A_n 是 n 个随机事件，若对任意的 $m(2\leqslant m\leqslant n)$和任意的一组 $1\leqslant i_1\leqslant i_2\leqslant\cdots\leqslant i_m\leqslant n$，都有

$$P(A_{i_1}A_{i_2}\cdots A_{i_m})=P(A_{i_1})P(A_{i_2})\cdots P(A_{i_n})$$

则称 A_1，A_2，…，A_n 这 n 个随机事件相互独立。

一组事件独立性的直观背景与两个事件独立性是一样的。独立性意味着下面的一个事实：设把一组事件任意地分成两个小组，一个小组中的事件出现与不出现，都不会影响另一个小组中的事件是否出现。

性质 1.5.3 设 A_1，A_2，…，A_n 相互独立，则

（1）它们中的任意 $k(2\leqslant k\leqslant n)$ 个构成的一组事件相互独立。

（2）它们中任意 $k(2\leqslant k\leqslant n)$ 个换成其对立事件后得到的一组事件相互独立。

【例 1.5.3】 加工某一零件共需经过三道工序。设第一、二、三道工序的次品率分别是 2%、3%、5%。假定各道工序是相互独立的，问加工出来的零件次品率是多少？

解 设 A_i= “第 i 道工序出现次品”，$i=1$，2，3，A= “加工出来的零件是次品”，则 A_1、A_2、A_3 相互独立，且 $A=A_1\cup A_2\cup A_3$。已知

$$P(A_1)=2\%,\ P(A_2)=3\%\ ,\ P(A_3)=5\%$$

所以

$$\begin{aligned}P(A_1)&=P(A_1\cup A_2\cup A_3)\\&=1-P(\overline{A}_1\overline{A}_2\overline{A}_3)\\&=1-P(\overline{A}_1)P(\overline{A}_2)P(\overline{A}_3)\\&=1-0.98\times0.97\times0.95\\&=0.096\ 93\end{aligned}$$

1.5.3 试验的独立性

定义 1.5.4 若试验 E_1 的任一结果与试验 E_2 的任一结果都是相互独立的事件，则称这两个试验相互独立，或称独立试验。

类似地，定义 n 个试验 E_1，E_2，…，E_n 的相互独立性：如果 E_1 的任一结果、试验 E_2 的任一结果、…、试验 E_n 的任一结果都是相互独立的事件，则称试验 E_1，E_2，…，E_n 相互独立。如果这 n 个试验还是相同的，称其为 n 重独立重复试验。

定义 1.5.5 若某种试验可能的结果只有两个：A 或 $\overline{A}$，则称该试验为伯努里试验。将伯努里试验独立重复进行 n 次，称这 n 次重复试验为 n 重伯努里试验。

例如，掷 n 枚硬币，检查 n 件产品是否为“合格品”，观察 n 颗种子是否“发芽”等，都是 n 重伯努里试验。

定理 1.5.1 在 n 重伯努里试验中，设每次试验中事件 A 出现的概率为 P。若记 X = “n 重伯努里试验中事件 A 出现的次数”，则

$$P(X=k)=C_n^k p^k(1-P)^{n-k}\ ,\ k=0,\ 1,\ \cdots,\ n$$

【例 1.5.4】 灯泡使用时数在 1 000 小时以上的概率为 0.2，求三只灯泡在使用 1 000 小时以后最多只有一个坏了的概率。

解 设 k 表示三只灯泡中能使用 1 000 小时以上灯泡的只数，则

$$P(X=k)=C_3^k(0.2)^k(0.8)^{3-k}，k=0，1，2，3$$

所求事件的概率为

$$P(X\geqslant 2)=P(X=2)+P(X=3)=C_3^2(0.2)^2(0.8)+(0.2)^3=0.104$$

【例 1.5.5】　一个工人负责维修 10 台同类型的机床，在一段时间内每台车机发生故障需要维修的概率为 0.3。求：

（1）在这段时间内，有 2～4 台机床需要维修的概率。

（2）在这段时间内，至少有 1 台机床需要维修的概率。

解　设 k 台机床在一段时间内发生故障需要维修的台数，则

$$P(X=k)=C_3^k(0.3)^k(0.8)^{10-k}，k=0，1，\cdots，10$$

（1）$P(2\leqslant X\leqslant 4)=P(X=2)+P(X=3)+P(X=4)$

$$=C_{10}^2 0.3^2\times 0.7^8+C_{10}^3 0.3^3\times 0.7^7+C_{10}^4 0.3^4\times 0.7^6$$

$$\approx 0.700\,4$$

（2）$P(X\geqslant 1)=1-P(X=0)=1-0.7^{10}\approx 0.971\,8$

练习 1.5

1. 设 A、B、C 是三个相互独立的事件，且 $0<P(C)<1$，则在下列给定的四对事件中，不相互独立的是（　　）。

（A）$\overline{A\cup B}$ 与 C　　（B）AC 与 $\overline{C}$

（C）$\overline{A-B}$ 与 $\overline{C}$　　（D）$\overline{AB}$ 与 $\overline{C}$

2. 一个产品须经过两道工序，每道工序产生次品的概率分别为 0.3 和 0.2，则一个产品出厂后是次品的概率为________。

3. 某类灯泡使用时数在 1 000 小时以上的概率为 0.2，则三个灯泡在使用 1 000 小时以后最多只有一个坏的概率为________。

习　题　1

1. 已知在 10 只晶体管中有 2 只次品。在其中取 2 次，每次任取 1 只，做不放回抽样。求下列事件的概率：

（1）2 只都是正品。

（2）2 只都是次品。

（3）1 只是正品，1 只是次品。

（4）第 2 次取出的是次品。

2. 假设一批产品中，一、二、三等品各占 60%、30%、10%。今从中随机取一件产品，结果不是三等品，则它是二等品的概率为多少？

3. 甲盒中有 2 个白球和 3 个黑球，乙盒中有 3 个白球和 2 个黑球。今从每个盒中各取 2 个球，发现它们是同一颜色的，则这颜色是黑色的概率为多少？

4. 第16届亚运会于2010年11月12日在中国广州举行，运动会期间有来自A大学2名大学生和B大学4名大学生共计6名志愿者。现从这6名志愿者中随机抽取2人到体操比赛场馆服务，试求至少有1名A大学志愿者的概率。

5. 将3只小球随机地放入5只盒子，设每只球落入各个盒子是等可能的。求下列事件概率：

（1）前3个盒子中各有1球。

（2）恰有3个盒子中各有1球。

（3）第1个盒子中恰有2个球。

6. 两船欲停同一码头，两船在一昼夜内独立随机地到达码头。若两船到达后需在码头停留的时间分别是1小时与2小时。试求在一昼夜内，任一船到达时，需要等待空出码头的概率。

7. 据以往资料表明，某一3口之家患某种传染病的概率有以下规律：$P\{$孩子得病$\}=0.6$，$P\{$母亲得病$|$孩子得病$\}=0.5$，$P\{$父亲得病$|$母亲及孩子得病$\}=0.4$。求母亲及孩子得病但父亲未得病的概率。

8. 装有10件某产品（其中一等品5件，二等品3件，三等品2件）的箱子中丢失1件产品，但不知是几等品。今从箱中任取2件产品，结果都是一等品，求丢失的也是一等品的概率。

9. 已知一批产品中90%是合格品。检查时，一个合格品被误认为是次品的概率为0.05，一个次品被误认为是合格品的概率为0.02。求：

（1）一个产品经检查后被认为是合格品的概率。

（2）一个经检查后被认为是合格品的产品确是合格品的概率。

10. 有两箱同种类的零件，第一箱装50只，其中10只一等品；第二箱装30只，其中18只一等品。今从两箱中任挑出一箱，然后从该箱中取零件两次，每次任取1只，做不放回抽样。试求：

（1）第一次取到的零件是一等品的概率。

（2）第一次取到的零件是一等品的条件下，第二次取到的也是一等品的概率。

11. 设第一只盒子中装有3只蓝球，2只绿球，2只白球；第二只盒子中装有2只蓝球，3只绿球，4只白球。独立地分别在两只盒子中各取1只球。

（1）求至少有1只蓝球的概率。

（2）求有1只蓝球、1只白球的概率。

（3）已知至少有1只蓝球，求有1只蓝球、1只白球的概率。

12. 设玻璃杯整箱出售，每箱20只，各箱含0、1、2只残次品的概率分别为0.8、0.1、0.1。一位顾客欲购买一箱玻璃杯。由售货员任取一箱，经顾客随机查看4只玻璃杯。若无残次品，则买此箱玻璃杯，否则不买。求：

（1）顾客买此箱玻璃杯的概率。

（2）在顾客买的此箱玻璃杯中，确实没有残次品的概率。

13. 设考生的报名表来自三个地区，分别有10份、15份、25份。其中，女生的分别为3份、7份、5份。随机地从一个地区先后任取两份报名表，求：

（1）先取的那份报名表是女生的概率。

（2）已知后取到的报名表是男生的，那么先取的那份报名表是女生的概率。

14. 三人独立地破译一份密码，已知各人能译出的概率分别为 1/5、1/3、1/4，问三人中至少有一人能将此密码译出的概率为多少？

15. 设两个相互独立的事件 A 和 B 都不发生的概率为 1/9，A 发生 B 不发生的概率与 B 发生 A 不发生的概率相等，试求 $P(A)$。

16. A、B、C 三人在同一间办公室工作，房间里有一部电话。据统计知，打给 A、B、C 的电话的概率分别为 2/5、2/5、1/5。他们三人常因工作外出，A、B、C 三人外出的概率分别为 1/2、1/4、1/4。设三人的行动相互独立。求：

（1）无人接电话的概率。

（2）被呼叫人在办公室的概率。

若某一时间段打进 3 个电话，求：

（3）这 3 个电话打给同一个人的概率。

（4）这 3 个电话打给不相同的人的概率。

（5）这 3 个电话都打给 B，B 却都不在的概率。

17. 对于某厂生产的每台仪器，可直接出厂的占 0.7，需调试的占 0.3，调试后可出厂的占 0.8，不能出厂的不合格品占 0.2。现新生产 n（$n \geqslant 2$）台仪器（设每台仪器的生产过程相互独立），求：

（1）全部能出厂的概率。

（2）恰有两台不能出厂的概率。

（3）至少有两台不能出厂的概率。

18. 设甲、乙、丙三枚导弹向同一架敌机射击，甲、乙、丙击中敌机的概率分别为 0.4、0.5、0.7。如果只有一弹击中，飞机坠毁的概率为 0.2；如果有两弹击中，飞机坠毁的概率为 0.6；如果有三弹击中，飞机坠毁的概率为 0.9。试求：

（1）飞机坠毁的概率。

（2）如果已知飞机坠毁的概率，求是两弹击中的概率。

19. 一条自动生产线上生产的产品一级品率为 0.6。现从中随机抽取 10 件检查。试求：

（1）恰有 2 件一级品的概率。

（2）至少有 2 件一级品的概率。

20. 设一枚深水炸弹击沉一艘潜水艇的概率为 1/3，击伤的概率为 1/2，击不中的概率为 1/6，并设击伤两次也会导致潜水艇下沉。求释放四枚深水炸弹能击沉潜水艇的概率。

第 2 章　随机变量及其分布

为了研究随机事件发生的概率，从随机事件的角度出发往往不方便。因此，为了便于数学推理和计算，有必要将随机试验结果数量化，进而使用高等数学的相关工具来深入研究随机试验的结果。为此，本章将引入随机变量的概念。

2.1　随机变量和分布函数

2.1.1　随机变量

从第 1 章看到，一些随机试验的结果可以用数字来描述。例如，抛掷一颗骰子，所有可能出现的点数是 1、2、3、4、5、6 这六个数字之一；观察某路段一年内的交通事故数是自然数；从一批灯泡中抽取一只灯泡，测试其使用寿命，其结果是非负实数等。

另外，有一些随机试验的结果本身并不带有数量性标识，但是也常常能联系数字来描述。例如，投掷一枚均匀的硬币，每次得到的结果为正面朝上或反面朝上，与数字没有关系，但是能用下面的方法使它与数字联系起来：正面朝上时对应数字“1”，反面朝上时对应数字“0”。为了计算 n 次投掷中出现正面朝上的次数，只需要计算其中“1”出现的次数。

在这些例子中，随机试验的结果能用一个数 X 来表示，X 随着试验的结果不同而变化，也就是说，它是样本点的一个函数。由此，引入如下定义。

定义 2.1.1　设随机试验的样本空间为 Ω。如果对每一个样本点 $\omega\in\Omega$，均有唯一实数 $X(\omega)$ 与之对应，则称 $X(\omega)$ 为定义在样本空间 Ω 上的**随机变量**，简记为 X。

常用大写字母 X、Y、Z 等表示随机变量。

随机变量是一个函数，但它与普通的函数有着本质的差别：普通函数定义在实数上，而随机变量定义在样本空间上（样本空间的元素不一 定是实数）。

随机变量随着试验的结果不同而取不同的值，由于试验的各个结果的出现具有一定的概率，因此随机变量的取值有一定的概率规律。

随机变量的引入，使得随机试验中的各种事件都可以用随机变量来描述。例如，在抛掷骰子的试验中，如果用 X 表示出现的点数，则 X 是一个随机变量，“出现的点数为偶数”这样的事件用 X 简单地描述为 $\{X=2,\ 4,\ 6\}$；如果用 X 表示某路段一年内的交通事故数，则 X 是一个随机变量，“交通事故数不超过 5 起”这样的事件用 X 简单地描述为 $\{X\leqslant5\}$；又如，如果用 X 表示一只灯泡的使用寿命，则 X 是一个随机变量，“灯泡使用寿命超过 4000 小时” 这样的事件用 X 简单地描述为 $\{X\geqslant 4000\}$。

事实上，如果 X 是一个随机变量，$a<b\in\mathbb{R}$，则 $\{X=a\}$、$\{X<a\}$、$\{X\leqslant a\}$、$\{a\leqslant X\leqslant b\}$ 等都是随机事件。为了更好地研究上述随机事件的概率，引入分布函数的概念。

2.1.2 分布函数

定义 2.1.2 设 X 是一个随机变量，对任意的 $x\in\mathbb{R}$，称函数

$$F(x)=P\{X\leqslant x\},\quad x\in\mathbb{R}$$

为 X 的分布函数。

分布函数具有如下基本性质：

（1）单调性：若 $x_1<x_2$，则 $F(x_1)\leqslant F(x_2)$。

（2）$F(-\infty)=\lim\limits_{x\to-\infty}F(x)=0$，$F(+\infty)=\lim\limits_{x\to+\infty}F(x)=1$。

（3）右连续性：$\forall x_0\in\mathbb{R}$，$\lim\limits_{x\to x_0^+}F(x)=F(x_0)$。

值得指出的是，分布函数的这三个基本性质与概率公理化定义中的三条是一一对应的。同时，若某一函数具有上述性质，则它一定是某个随机变量的分布函数。

【例 2.1.1】 设随机变量 X 的分布函数为 $F(x)=A+B\arctan\dfrac{x}{2}$，$-\infty<x<+\infty$，求系数 A 和 B。

解 由分布函数性质 $F(-\infty)=0,F(+\infty)=1$，得

$$\begin{cases}A+B\times\left(-\dfrac{\pi}{2}\right)=0\\[2ex] A+B\times\dfrac{\pi}{2}=1\end{cases}$$

解之，得

$$A=\frac{1}{2},\quad B=\frac{1}{\pi}。$$

有了分布函数的定义，上述随机事件的概率就可以用分布函数表示出来，如

$$P\{X<a\}=F(a^-)$$
$$P\{X=a\}=F(a)-F(a^-)$$
$$P\{X>a\}=1-F(a)$$
$$P\{a<X<b\}=P\{X<b\}-P\{X\leqslant a\}=F(b^-)-F(a)$$
$$P\{a<X\leqslant b\}=P\{X\leqslant b\}-P\{X\leqslant a\}=F(b)-F(a)$$
$$P\{a\leqslant X\leqslant b\}=P\{X\leqslant b\}-P\{X<a\}=F(b)-F(a^-)$$

由此可知，只要知道一个随机变量的分布函数，就可以计算该随机变量在任何区间

取值的概率。

分布函数是定义在$\mathbb{R}$上的普通实值函数，其本质是随机事件$\{X\leqslant x\}$的概率，因此对随机事件的研究可以转化为对普通实值函数的研究。对于后者的研究，可以借助于高等数学这一强有力的工具。

对于随机变量，其常见的类型主要有两种：离散型和连续型。下一节将分别讨论这两种类型的随机变量。

练习 2.1

1. 判断函数 $F(x)=\dfrac{1}{1+x^2}$ 能否作为某个随机变量的分布函数。

2. 设 $F_1(x)$ 与 $F_2(x)$ 分别为随机变量 X_1 与 X_2 的分布函数。试问：

(1) $F_1(x)+F_2(x)$ 是否为分布函数？

(2) 为使 $F(x)=aF_1(x)+bF_2(x)$ 是某一随机变量的分布函数，a 和 b 应满足什么条件？

2.2　离散型随机变量

2.2.1　离散型随机变量定义

有些随机变量的全部可能取值是有限个或可列无限多个，称这类随机变量为**离散型随机变量**。

容易知道，要掌握一个离散型随机变量的统计规律，只需要知道它的所有可能取值以及取每一个值的概率。

定义 2.2.1　设随机变量 X 的所有可能取值为 $x_k(k=1,\ 2,\ \cdots)$，且 X 取值 x_k 的概率为 p_k，即

$$P\{X=x_k\}=p_k,\quad k=1,\ 2,\ \cdots,\tag{2.2.1}$$

并满足以下两个条件：

（1）$p_k\geqslant 0$，$k=1$，2，…

（2）$\sum\limits_{k=1}^{\infty}p_k=1$

称 X 为**离散型随机变量**，称式（2.2.1）为随机变量 X 的**分布律**或**概率分布**。

分布律用表格形式表示如下：

X	x_1	x_2	…	x_k	…
P	p_1	p_2	…	p_k	…

有了分布律，可以通过如下方法求随机变量 X 的分布函数：

$$F(x)=P\{X\leqslant x\}=\sum_{k:x_k\leqslant x}p_k$$

显然，这时 $F(x)$ 是一个跳跃函数，它在每个取值 x_k 处有跳跃度 p_k ；反之，$F(x)$ 可以唯一决定 x_k 和 p_k 。因此，利用分布函数或分布列，都能描述离散型随机变量。

例 2.2.1 设随机变量 X 的分布律为

X	0	1	2	3
P	0.1	0.6	0.1	0.2

（1）求 X 的分布函数，并画出分布函数图像。

（2）求 $P\{X\leqslant 0.5\}$ ，$P\{1\leqslant X\leqslant 2\}$ 。

解 （1）X 的分布函数为

$$F(x)=\begin{cases}0, & x<0\\ 0.1, & 0\leqslant x<1\\ 0.1+0.6, & 1\leqslant x<2\\ 0.1+0.6+0.1, & 2\leqslant x<3\\ 0.1+0.6+0.1+0.2, & x\geqslant 3\end{cases}$$

$$=\begin{cases}0, & x<0\\ 0.1, & 0\leqslant x<1\\ 0.7, & 1\leqslant x<2\\ 0.8, & 2\leqslant x<3\\ 1, & x\geqslant 3\end{cases}$$

分布函数 $F(x)$ 的图像如图 2.1.1 所示。

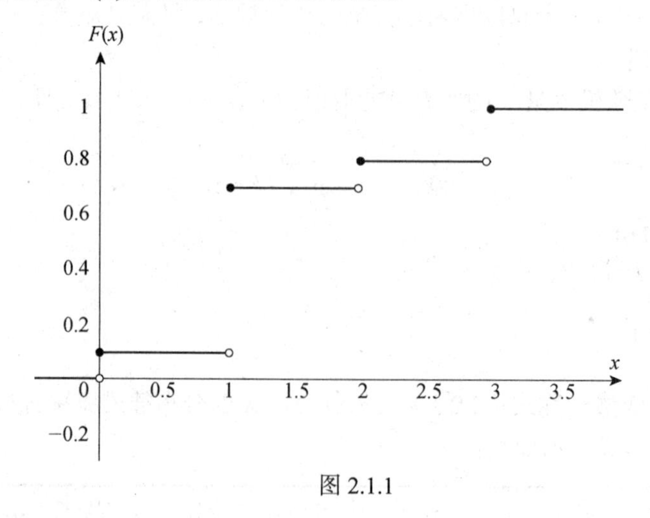

图 2.1.1

（2）由分布函数的定义，得

$$P\{X\leqslant 0.5\}=F(0.5)=0.1$$

$$P\{1 \leqslant X \leqslant 2\} = F(2) - F(1^-) = 0.8 - 0.1 = 0.7$$

由此例可见，分布函数 $F(x)$ 是右连续的。

2.2.2　几类常见离散型随机变量

1. 两点分布

如果随机变量 X 的概率分布为

$$P\{X = k\} = p^k (1-p)^{1-k}，\quad k = 0，1$$

其中 $0< p<1$，则称随机变量 X 服从两点分布或者（0−1）分布。

两点分布是一种简单、常用的分布。例如在质量检验中，产品质量是否合格，可以用两点分布来描述。在随机试验中，如果只关心事件 A 是否发生，可以定义一个服从两点分布的随机变量

$$X = \begin{cases} 0, & \overline{A} \text{ 发生} \\ 1, & A \text{ 发生} \end{cases}$$

2. 二项分布

如果随机变量 X 的概率分布为

$$P\{X = k\} = C_n^k p^k (1-p)^{n-k}，\quad k = 0，1，\cdots，n$$

其中 $0 < p < 1$，则称 X 服从参数为 n 和 p 的二项分布，记为 $X \sim B(n，p)$。特别地，当 $n=1$ 时，二项分布 $B(1，p)$ 就是两点分布。

在 n 重伯努利试验中，记事件 A 发生的概率 p，X 表示 n 重伯努利试验中 A 发生的次数，则 X 是一个随机变量并服从 $B(n，p)$。因此，二项分布是以伯努利试验为背景的，可以以此判断一个随机变量是否服从二项分布。

【例 2.2.2】　已知某批次产品的废品率为 10%，现对该批次产品做 10 次有放回抽样检查。若废品数不多于 1 件，则允许该批次产品出厂。问该批次产品能够出厂的概率是多少?

解　由于是有放回的抽样，因此这是 10 重伯努利试验。记 X 为 10 次抽样中的废品数量，则 $X \sim B(10，0.1)$。又由题意可知，该批次产品出厂的概率等价于 10 次抽样中废品数量为 0 件或 1 件的概率，因此以 A 表示“该批次产品能够出厂”这一事件，则

$$P(A) = P\{X = 0\} + P\{X = 1\} = C_{10}^0 0.1^0 0.9^{10} + C_{10}^1 0.1^1 0.9^9 \approx 0.736$$

因此，该批次产品能够出厂的概率约为 0.736。

3. 几何分布

如果随机变量 X 的概率分布为

$$P\{X = k\} = (1-p)^{k-1} p，\quad k = 1，2，\cdots$$

其中 $0 < p < 1$，则称 X 服从参数为 p 的几何分布，记为 $X \sim G(p)$。

设随机试验 E 只有两个可能的结果 A 与 $\bar{A}$，且 A 发生的概率为 p。将实验独立重复进行下去，直到事件 A 发生为止。如果用 X 表示所需试验的总次数，则 X 是一个随机变量并服从几何分布。

【例 2.2.3】 社会上定期发行某种彩票，每张 1 元，中奖率为 p。某人每次购买 1 张彩票，如果不中，下次继续购买 1 张。直到中奖为止。试求该人购买次数 X 的概率分布。

解 设 A_i 表示第 i 次购买的彩票中奖，$i=1$，2，…。由假设知，每次中奖概率为 p，并且每次中奖与否相互独立，因此

$$\begin{aligned} P\{X=k\} &= P(\overline{A_1}\,\overline{A_2}\cdots\overline{A_{k-1}}A_k) \\ &= P(\overline{A_1})P(\overline{A_2})\cdots P(\overline{A_{k-1}})P(A_k) \\ &= (1-p)^{k-1}p \end{aligned}$$

即 $X \sim G(p)$。

4. 泊松分布

如果随机变量 X 的概率分布为

$$P\{X=k\}=\frac{\lambda^k}{k!}\mathrm{e}^{-\lambda}, \quad k=0，1，2，\cdots$$

其中 $\lambda>0$ 是常数，则称 X 服从参数为 λ 的泊松分布，记为 $X \sim P(\lambda)$。

在大量实验中，小概率事件发生的次数常常服从泊松分布。例如，医院在一天内到来的急诊的人数；火车站候车室的乘客人数；一本书一页中印刷的错误数；放射性物质在某单位时间内放射的粒子数等。

【例 2.2.4】 某商店出售某种商品，根据历史记录分析，每月销售量服从泊松分布，参数为 7。问在月初进货时，要库存多少件此种商品，才能以 0.99 的概率充分满足顾客的需求？

解 设商店每月销售此种商品 X，月初的进货为 x 件。由假设可知，当 $X \leqslant x$ 时，能充分满足顾客的需求。因此，需要 x 满足

$$P\{X \leqslant x\} \geqslant 0.99$$

因为 $X \sim P(7)$，上式等价于

$$\sum_{k=0}^{x}\frac{7^k}{k!}\mathrm{e}^{-7} \geqslant 0.99$$

通过查阅附表 1，可得

$$\sum_{k=0}^{13}\frac{7^k}{k!}\mathrm{e}^{-7} \approx 0.987 < 0.99$$

$$\sum_{k=0}^{14}\frac{7^k}{k!}\mathrm{e}^{-7} \approx 0.994 > 0.99$$

因此，这家商店只要在月初进货时保证库存不少于 14 件，就能以 0.99 的概率充分满足顾客的需求。

除在上述模型中有重要用途外，泊松分布还可以用来对二项分布作近似计算。

定理 2.2.1（泊松定理）　设 $\lambda>0$ 是常数，n 为任意正整数，且满足 $np_n=\lambda$，则对任意固定的非负整数 k，有

$$\lim_{n\to\infty} C_n^k p_n^k (1-p_n)^{n-k}=\frac{\lambda^k}{k!}e^{-\lambda}, \quad k=0,\ 1,\ 2,\ \cdots$$

证明略。

利用该结论，可以将二项分布的相关问题近似转化为泊松分布来计算，即当 n 很大，p 很小时，近似地有

$$C_n^k p_n^k (1-p_n)^{n-k}\approx\frac{\lambda^k}{k!}e^{-\lambda}$$

【例 2.2.5】　保险行业是最早使用概率方法的部门之一，现在已经形成了一门利用概率及相关方法研究保险行业的一门学科——精算数学。保险公司为了估计保险金数额、公司的利润以及公司破产的风险，需要计算各种概率。下面介绍一个简化的模型。

根据相关统计资料，某年龄段参保者里，一年中个体死亡的概率为 0.001。现有 10 000 个这类人参加了人寿保险。试求在未来一年中，在这些参保者中：（1）死亡 5 个人的概率；（2）死亡人数不超过 20 个的概率。

解　可以近似地认为参保者在一年中死亡与否是相互独立的。因此，这是一个伯努利概型，$n=10\,000$，$p=0.001$。设 X 为未来一年中这些参保者中的死亡人数，则 $X\sim B(n,\ p)$。利用泊松逼近 $\lambda=np=10$，所求概率分别为：

（1）$P\{X=5\}=C_{10\,000}^5 0.001^5 0.999^{9\,995}$

$$\approx\frac{10^5}{5!}e^{-10}\approx 0.0378$$

（2）$P\{X\leqslant 20\}=\sum_{k=0}^{20} C_{10\,000}^k 0.001^k 0.999^{10\,000-k}$

$$\approx\sum_{k=0}^{20}\frac{10^k}{k!}e^{-10}\approx 0.998$$

如果不使用泊松逼近，直接计算上述概率，相对而言更麻烦。

【例 2.2.6】　一本 500 页的书共有 500 个错字，每个错字等可能地出现在每一页上。试求在给定的一页上至少有 3 个错字的概率。

解　虽然前面已经指出“一本书一页中印刷的错误数服从泊松分布”，但是如果题设本身没有陈述该事实，不能直接使用。对每一个错字来说，它要么出现在给定的一页上，要么不在给定的一页上，并且是否出现在给定的一页上相互独立，因此这是一个伯努利概型，$n=500$，$p=1/500$。设 X 为给定一页上的错字数，则 $X\sim B(n,\ p)$。利用泊松逼近 $\lambda=np=1$，所求概率为

$$\begin{aligned}P\{X\geqslant 3\}&=1-P\{X=0\}-P\{X=1\}-P\{X=2\}\\&=1-\sum_{k=0}^{2} C_{500}^k\left(\frac{1}{500}\right)^k\left(1-\frac{1}{500}\right)^{500-k}\\&\approx 1-\sum_{k=0}^{2}\frac{1^k}{k!}e^{-1}\approx 1-0.92=0.08\end{aligned}$$

练习 2.2

1. 已知随机变量 X 的概率分布为 $P(X=1)=0.2$ ，$P(X=2)=0.3$ ，$P(X=3)=0.5$ 。试求 X 的分布函数 $F(x)$ 并画出其图形；求 $P(0.5\leqslant X\leqslant 2)$ 。

2. 设离散型随机变量 X 的分布函数为

$$F(x)=\begin{cases}0, & x<-1\\ 0.4, & -1\leqslant x<1\\ 0.8, & 1\leqslant x<3\\ 1, & x\geqslant 3\end{cases}$$

试求 X 的概率分布。

3. 一张考卷上有 5 道选择题，每道题列出 4 个可能的答案，其中有 1 个答案是正确的。求某学生靠猜测能答对至少 4 道题的概率是多少?

4. 设随机变量 X 服从参数为 λ 的泊松分布，且 $P(X=0)=\dfrac{1}{2}$ 。求：（1）λ；（2）$P(X>1)$ 。

2.3　连续型随机变量

2.3.1　连续型随机变量及其概率密度函数

定义 2.3.1　设随机变量 X 的分布函数为 $F(x)$，若存在非负可积函数 $f(x)$，使得对任意 $x\in\mathbb{R}$，有

$$F(x)=\int_{-\infty}^{x}f(t)\mathrm{d}t$$

则称 X 为连续型随机变量，称 $f(x)$ 为 X 的概率密度函数，简称密度函数。

设 X 为连续型随机变量，$F(x)$ 和 $f(x)$ 分别为 X 的分布函数和密度函数，有下面的性质：

性质 2.3.1　$f(x)\geqslant 0$

性质 2.3.2　$\int_{-\infty}^{+\infty}f(t)\mathrm{d}t=1$

性质 2.3.3　对任意 a，$b\in\mathbb{R}$，有

$$P\{a<X\leqslant b\}=F(b)-F(a)=\int_{a}^{b}f(x)\mathrm{d}x$$

证明　$P\{a<X\leqslant b\}=F(b)-F(a)$

$$=\int_{-\infty}^{b}f(x)\mathrm{d}x-\int_{-\infty}^{a}f(x)\mathrm{d}x$$

$$=\int_{a}^{b}f(x)\mathrm{d}x$$

由以上性质可知，概率密度函数曲线总位于 x 轴上方，并且介于它和 x 轴之间的面积等于 1（如图 2.3.1 所示）；随机变量落在区间 $(a,b]$ 的概率 $P\{a<X\leqslant b\}$ 等于区间 $(a,b]$ 上曲线 $y=f(x)$ 之下的曲边梯形的面积（如图 2.3.2 所示）。

性质 2.3.4　$F(x)$ 在 $\mathbb{R}$ 上处处连续。

证明　对任意 $x\in\mathbb{R}$，有

$$\begin{aligned}\lim_{\Delta x\to 0}\Delta F&=\lim_{\Delta x\to 0}[F(x+\Delta x)-F(x)]\\&=\lim_{\Delta x\to 0}\int_x^{x+\Delta x}f(t)\mathrm{d}t=0\end{aligned}$$

由 x 的任意性知，$F(x)$ 在 $\mathbb{R}$ 上处处连续。

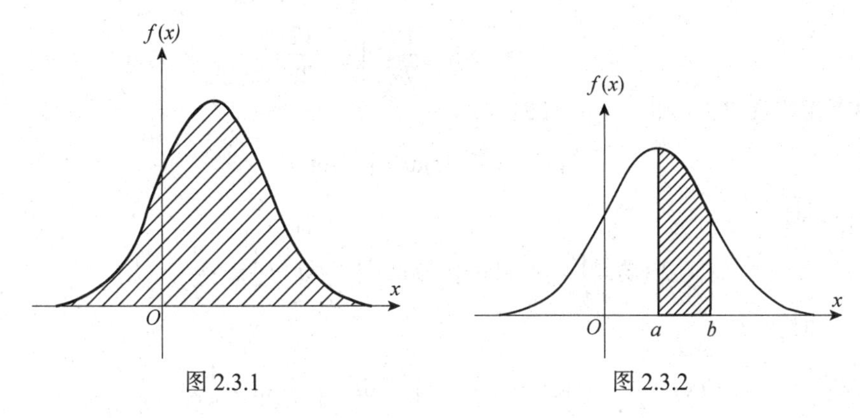

图 2.3.1　　图 2.3.2

性质 2.3.5　对任意 $a\in\mathbb{R}$，有 $P\{X=a\}=0$。

证明　对任意 $\Delta x>0$，有

$$\begin{aligned}0\leqslant P\{X=a\}&\leqslant P\{a-\Delta x<X\leqslant a\}\\&=\int_{a-\Delta x}^{a}f(x)\mathrm{d}x\to 0\ （当\ \Delta x\to 0\ 时）\end{aligned}$$

因此，$P\{X=a\}=0$。

性质 2.3.5 表明，一个事件的概率等于 0，这件事并不一定是不可能事件；同样地，一个事件的概率等于 1，这件事不一定是必然事件。

性质 2.3.6　在 $f(x)$ 的连续点处，有 $F'(x)=f(x)$。

性质 2.3.6 告诉我们如何通过分布函数求连续型随机变量的密度函数。在 $f(x)$ 的连续点处，通过对分布函数求导，可得其密度函数；在 $f(x)$ 的不连续点处，可以将其值定义为 0，因为在可列个点处改变密度函数值不会影响相应的分布函数值。

【例 2.3.1】　设随机变量 X 的密度函数为

$$f(x)=\begin{cases}a, & 1\leqslant x\leqslant 2\\ ax, & 2<x<3\\ 0, & 其他\end{cases}$$

其中 $a>0$。试求：（1）常数 a；（2）$P\{-1<X\leqslant 2.5\}$；（3）X 的分布函数 $F(x)$。

解　（1）由密度函数的性质 2.3.2，有

$$1=\int_{-\infty}^{+\infty}f(x)\mathrm{d}x=\int_1^2 a\mathrm{d}x+\int_2^3 ax\mathrm{d}x$$
$$=ax\Big|_1^2+\frac{1}{2}ax^2\Big|_2^3$$
$$=\frac{7}{2}a$$

所以 $a=\dfrac{2}{7}$。

（2）由密度函数的性质 2.3.3，有

$$P\{-1<X\leqslant 2.5\}=\int_{-1}^{2.5}f(x)\mathrm{d}x=\int_1^2\frac{2}{7}\mathrm{d}x+\int_2^{2.5}\frac{2}{7}x\mathrm{d}x$$
$$=\frac{2}{7}x\Big|_1^2+\frac{1}{7}x^2\Big|_2^{2.5}=\frac{17}{28}$$

（3）由定义 2.3.1 知，当 $x<1$ 时，

$$F(x)=\int_{-\infty}^{x}f(t)\mathrm{d}t=\int_{-\infty}^{x}0\mathrm{d}t=0$$

当 $1\leqslant x\leqslant 2$ 时，

$$F(x)=\int_{-\infty}^{x}f(t)\mathrm{d}t=\int_{-\infty}^{1}0\mathrm{d}t+\int_1^x\frac{2}{7}\mathrm{d}t=\frac{2}{7}x-\frac{2}{7}$$

当 $2<x<3$ 时，

$$F(x)=\int_{-\infty}^{x}f(t)\mathrm{d}t=\int_{-\infty}^{1}0\mathrm{d}t+\int_1^2\frac{2}{7}\mathrm{d}t+\int_2^x\frac{2}{7}t\mathrm{d}t=\frac{1}{7}x^2-\frac{2}{7}$$

当 $x>3$ 时，

$$F(x)=\int_{-\infty}^{x}f(t)\mathrm{d}t=1$$

所以，X 的分布函数 $F(x)$ 为

$$F(x)=\begin{cases}0, & x<1\\ \dfrac{2}{7}x-\dfrac{2}{7}, & 1\leqslant x\leqslant 2\\ \dfrac{1}{7}x^2-\dfrac{2}{7}, & 2<x<3\\ 1, & x\geqslant 3\end{cases}$$

【例 2.3.2】 设连续型随机变量 X 的分布函数为

$$F(x)=\begin{cases}a+b\mathrm{e}^{-\frac{x^2}{2}}, & x\geqslant 0\\ 0, & x<0\end{cases}$$

试求：（1）常数 a 和 b；（2）$P\{X\leqslant 2\}$；（3） X 的密度函数。

解 因为连续型随机变量分布函数处处连续，因此

$$\lim_{x\to 0}a+b\mathrm{e}^{-\frac{x^2}{2}}=0$$

又利用分布函数的性质 $F(+\infty)=1$，有

$$\lim_{x\to+\infty} a+b\mathrm{e}^{-\frac{x^2}{2}}=1$$

所以

$$\begin{cases} a+b=0 \\ a=1 \end{cases}$$

即

$$\begin{cases} b=-1 \\ a=1 \end{cases}$$

（2）由分布函数定义，得

$$P\{X\leqslant 2\}=F(2)=1-\mathrm{e}^{-2}$$

（3）由性质 2.3.6，得

$$f(x)=F'(x)=\begin{cases} x\mathrm{e}^{-\frac{x^2}{2}}, & x\geqslant 0 \\ 0, & x<0 \end{cases}$$

2.3.2　几类常见连续型随机变量

1. 均匀分布

设随机变量 X 的密度函数为

$$f(x)=\begin{cases} \dfrac{1}{b-a}, & a<x<b \\ 0, & 其他 \end{cases}$$

则称 X 在区间 $(a,\ b)$ 上服从均匀分布，记为 $X\sim U(a,\ b)$。计算易得 X 的分布函数为

$$F(x)=\begin{cases} 0, & x\leqslant a \\ \dfrac{x-a}{b-a}, & a<x<b \\ 1, & x\geqslant b \end{cases}$$

X 的密度函数和分布函数图形分别如图 2.3.3 和图 2.3.4 所示。

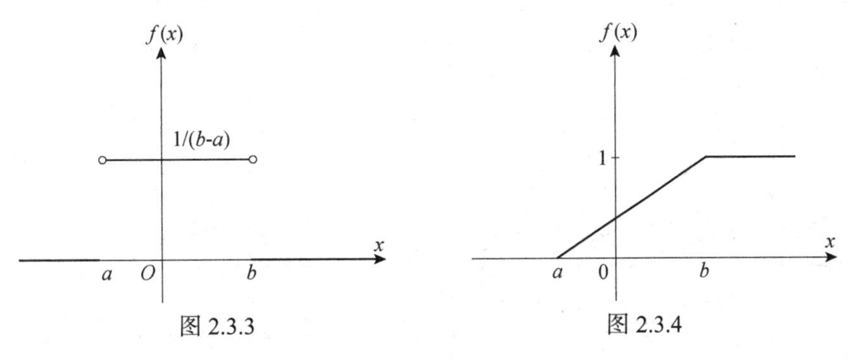

图 2.3.3　　图 2.3.4

设 $X\sim U(a,\ b)$，且 $F(x)$ 为 X 的分布函数。若 $a\leqslant c<c+d\leqslant b$，则 X 落入区间

$[c,c+d]$内的概率为

$$P\{c \leqslant X \leqslant c+d\} = F(c+d) - F(c) = \frac{c+d-a}{b-a} - \frac{c-a}{b-a} = \frac{d}{b-a}$$

由此可见，X落入区间$[c,\ c+d]$的概率与区间的端点无关，仅与区间的长度有关，即只要区间长度一样，X落入这些区间的概率是相等的。这就是“均匀”的含义。均匀分布在实际中有广泛的应用，前面所学的几何概型中涉及的随机变量都服从均匀分布，如乘客的候车时间X，在某个区间随机取一个数X等。

【例 2.3.3】 在区间$(0,\ 5)$中任意取一个点X，求方程$4x^2+4Xx+X+2=0$有实根的概率。

解 显然$X \sim U(0,\ 5)$，又因为“方程$4x^2+4Xx+X+2=0$有实根”这一事件等价于事件

$$\{(4X)^2 - 4\times 4\times (X+2) \geqslant 0\}$$

故所求概率为

$$P\{(4X)^2 - 4\times 4\times (X+2) \geqslant 0\} = P\{\{X \leqslant -1\} \cup \{X \geqslant 2\}\} = P\{2 \leqslant X < 5\} = \frac{3}{5}$$

2. 指数分布

设随机变量X的密度函数为

$$f(x) = \begin{cases} \dfrac{1}{\theta}\mathrm{e}^{-\frac{1}{\theta}x}, & x \geqslant 0 \\ 0, & x < 0 \end{cases}$$

其中$\theta > 0$是常数，则称X服从参数为θ的指数分布，记为$X \sim \mathrm{Exp}(\theta)$。计算易得$X$的分布函数为

$$F(x) = \begin{cases} 1-\mathrm{e}^{-\frac{x}{\theta}}, & x \geqslant 0 \\ 0, & x < 0 \end{cases}$$

X的密度函数和分布函数图形分别如图 2.3.5 和图 2.3.6 所示。

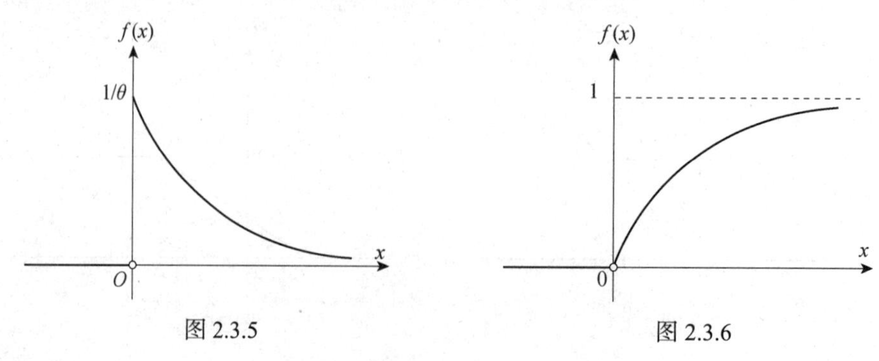

图 2.3.5　　图 2.3.6

指数分布有很广泛的应用，常用它来作为各种“寿命”分布的近似。例如，电子元

件的寿命，保险丝的寿命，以及电话问题中的通话时间，随机服务系统中的服务时间等。

【例 2.3.4】 某个系统有 3 只独立工作的同类型电子元件，它们的寿命 X 服从参数为 600 的指数分布。求在系统使用的最初 200 小时内，至少有 1 只电子元件损坏的概率。

解 1 只电子元件寿命超过 200 小时的概率为

$$p = P\{X \geqslant 200\} = \int_{200}^{\infty} \frac{1}{600} e^{-\frac{x}{600}} dx = e^{-\frac{1}{3}}$$

令 Y 表示 3 个电子元件中损坏的个数，显然有 $Y \sim B(3,\ 1-p)$，所以所求概率为

$$P\{Y \geqslant 1\} = 1 - P\{Y = 0\} = 1 - C_3^0 (1-p)^0 (p)^3 = 1 - \left(e^{-\frac{1}{3}} \right)^3 = 1 - e^{-1}$$

3. 正态分布

设随机变量 X 的密度函数为

$$f(x) = \frac{1}{\sqrt{2\pi}\sigma} e^{-\frac{(x-\mu)^2}{2\sigma^2}}, \qquad x \in \mathbb{R}$$

其中 $\mu,\ \sigma > 0$ 是常数，则称 X 服从参数为 $\mu,\ \sigma^2$ 的正态分布，记为 $X \sim N(\mu,\ \sigma^2)$。$f(x)$ 的图形如图 2.3.7 所示。X 的分布函数为

$$F(x) = \int_{-\infty}^{x} \frac{1}{\sqrt{2\pi}\sigma} e^{-\frac{(t-\mu)^2}{2\sigma^2}} dt, \qquad x \in \mathbb{R}$$

X 的分布函数没有解析表达式，其图形如图 2.3.8 所示。

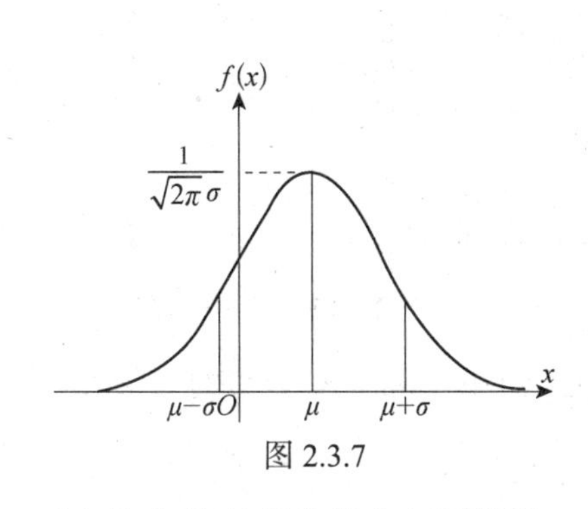

图 2.3.7

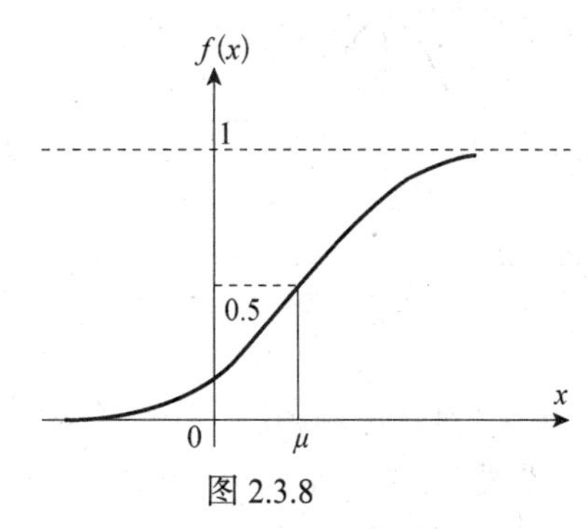

图 2.3.8

正态分布的密度曲线有如下特性：

（1）密度曲线关于 $x = \mu$ 对称，并在 $x = \mu$ 处达到最大值 $\frac{1}{\sqrt{2\pi}\sigma}$。

（2）密度曲线在 $x = \mu \pm \sigma$ 处有拐点，以 x 轴为渐近线。

（3）固定 σ，改变 μ 值，密度曲线沿 x 轴方向平移，但形状不变，因此 μ 为位置参数（固定 σ 值的密度曲线如图 2.3.9 所示）；固定 μ，σ 值越大，曲线越平坦，σ 值越小，曲线越陡峭，因此 σ 为形状参数（固定 μ 值的密度曲线如图 2.3.10 所示）。

正态分布在概率论以及实际应用中都占有特殊的地位，实际问题中的许多随机变量都服从正态分布，例如误差、袋装物体的质量、人的身高体重等。一般地，如果一个变

量受到众多微小独立的随机因素的影响，那么这个变量近似服从正态分布。

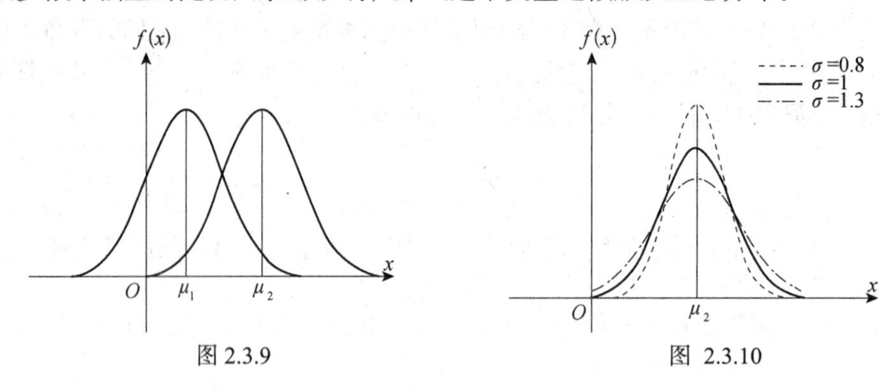

图 2.3.9　　图 2.3.10

设 $X\sim N(\mu,\ \sigma^2)$，如果 $\mu=0$，$\sigma=1$，称 X 服从标准正态分布，记为 $X\sim N(0,\ 1)$。它的密度函数和分布函数分别记为 $\varphi(x)$ 和 $\Phi(x)$，即

$$\varphi(x)=\frac{1}{\sqrt{2\pi}}\mathrm{e}^{-\frac{x^2}{2}},\quad x\in\mathbb{R}$$

$$\Phi(x)=\int_{-\infty}^{x}\frac{1}{\sqrt{2\pi}}\mathrm{e}^{-\frac{t^2}{2}}\mathrm{d}t,\quad x\in\mathbb{R}$$

其图像分别如图 2.3.11 和图 2.3.12 所示。

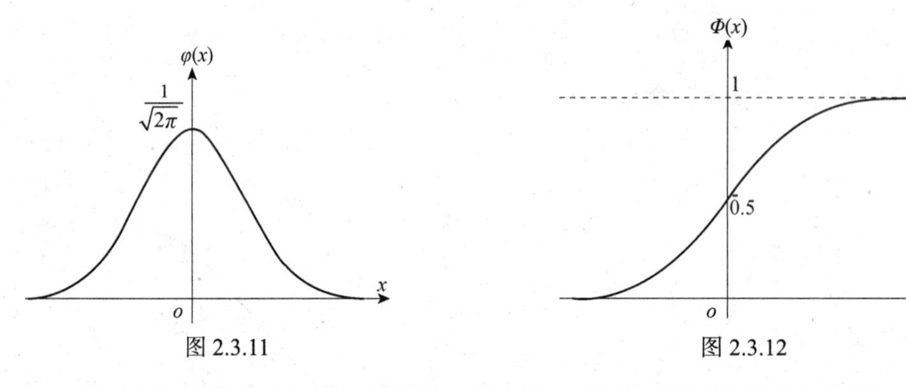

图 2.3.11　　图 2.3.12

由于 $\varphi(x)$ 是偶函数，其图形关于 y 轴对称，所以可得标准正态分布的一条重要性质：

性质 2.3.7　$\Phi(-x)=1-\Phi(x)$，$x\in\mathbb{R}$

【例 2.3.5】　设 $X\sim N(0,\ 1)$，求：

（1）$P\{|X|<1\}$；（2）$P\{|X|>2\}$；（3）$P\{2<X<3\}$。

解　由性质 1，查附表 2，可得

（1）$P\{|X|<1\}=2\Phi(1)-1=2\times 0.841\,3-1=0.682\,6$

（2）$P\{|X|>2\}=2(1-\Phi(2))=2(1-0.977\,2)=0.045\,6$

（3）$P\{X<-3\}=1-\Phi(3)=1-0.998\,7=0.001\,3$

标准正态分布的另一个重要性质是：任何正态分布都可以通过线性变换转化为标准正态分布，即

性质 2.3.8　若 $X\sim N(\mu,\ \sigma^2)$，则 $Y=\dfrac{X-\mu}{\sigma}\sim N(0,\ 1)$。

证明　记 Y 的分布函数为 $F_Y(y)$，则

$$F_Y(y)=P\{Y\leqslant y\}=P\left\{\frac{X-\mu}{\sigma}\leqslant y\right\}=P\{X\leqslant y\sigma+\mu\}$$
$$=\int_{-\infty}^{y\sigma+\mu}\frac{1}{\sqrt{2\pi}\sigma}\mathrm{e}^{-\frac{(x-\mu)^2}{2\sigma^2}}\mathrm{d}x$$

令 $t=\dfrac{(x-\mu)}{\sigma}$，可得

$$F_Y(y)=\int_{-\infty}^{y}\frac{1}{\sqrt{2\pi}\sigma}\mathrm{e}^{-\frac{t^2}{2}}\sigma\,\mathrm{d}t=\int_{-\infty}^{y}\frac{1}{\sqrt{2\pi}}\mathrm{e}^{-\frac{t^2}{2}}\mathrm{d}t=\varPhi(y)$$

即 $Y\sim N(0,1)$。

若 $X\sim N(\mu,\sigma^2)$，利用上述性质，其分布函数 $F(x)$ 可以写为

$$F(x)=P\{X\leqslant x\}=P\left\{\frac{X-\mu}{\sigma}\leqslant\frac{x-\mu}{\sigma}\right\}=\varPhi\left\{\frac{x-\mu}{\sigma}\right\}$$

从而对于任意的实数 $a<b$，有

$$P\{a<X<b\}=P\{a<X\leqslant b\}=P\left\{\frac{a-\mu}{\sigma}<\frac{X-\mu}{\sigma}\leqslant\frac{b-\mu}{\sigma}\right\}$$
$$=\varPhi\left(\frac{b-\mu}{\sigma}\right)-\varPhi\left(\frac{a-\mu}{\sigma}\right)$$

因此，一般正态分布可化为标准正态分布进行计算。

【例 2.3.6】　设 $X\sim N(3,4)$，求

（1）$P\{2\leqslant X<5\}$。

（2）$P\{X\geqslant 4.3\}$。

（3）确定常数 c，使得 $P\{X>c\}=P\{X<c\}$。

解　（1）查附表 2，得

$$P\{2\leqslant X<5\}=\varPhi\left(\frac{5-3}{2}\right)-\varPhi\left(\frac{2-3}{2}\right)$$
$$=\varPhi(1)-\varPhi(-0.5)=\varPhi(1)+\varPhi(0.5)-1$$
$$\approx 0.843+0.691\,5-1=0.532\,8$$

（2）$P\{X\geqslant 4.3\}=1-\varPhi\left(\dfrac{4.3-3}{2}\right)$

$$=1-\varPhi(0.65)\approx 1-0.742\,2=0.257\,8$$

（3）因为

$$P\{X>c\}=1-P\{X\leqslant c\}=1-P\{X<c\}$$

又由题意，得

$$P\{X>c\}=P\{X<c\}$$

所以

$$1-P\{X<c\}=P\{X<c\}$$

即

$$P\{X < c\} = 0.5$$

即$\Phi\left(\dfrac{c-3}{2}\right)=0.5$，也即$\dfrac{c-3}{2}=0$，所以$c=3$。

【例 2.3.7】 公共汽车车门的高度是按成年男性碰头机会不超过 1%来设计的。设成年男性身高$X \sim N(170,\ 6^2)$（单位为 cm），问车门高度h定为多少合理？

解 由题意，可得

$$P\{X > h\} \leqslant 0.01$$

即

$$P\left\{\frac{X-170}{6} > \frac{h-170}{6}\right\} \leqslant 0.01$$

所以

$$1-\Phi\left(\frac{h-170}{6}\right) \leqslant 0.01$$

查附表 2，可得

$$\Phi\left(\frac{h-170}{6}\right) \geqslant \Phi(2.33)$$

由标准正态分布的分布函数的单调性，可得

$$h \geqslant 170 + 6 \times 2.33 \approx 184$$

因此，车门高度h定为 184cm 为合理。

【例 2.3.8】 某地抽样调查结果表明，考生的外语成绩(百分制)近似服从正态分布，平均成绩为 72 分，96 分以上的占考生总数的 2.3%。试求考生的外语成绩在 60～84 分之间的概率。

解 设X为考生的外语成绩。由题意知$X \sim N(\mu,\ \sigma^2)$，其中$\mu = 72$，现求σ^2。由题意，得

$$P(X \geqslant 96) = 0.023$$

即

$$P\left(\frac{X-\mu}{\sigma} \geqslant \frac{96-\mu}{\sigma}\right) = 0.023$$

所以

$$1-\Phi\left(\frac{24}{\sigma}\right) = 0.023$$

查附表，可得

$$\frac{24}{\sigma} \approx 2$$

因此，$\sigma \approx 12$， 即$X \sim N(72,\ 12^2)$，所求概率为

$$\begin{aligned}P(60 \leqslant X \leqslant 84) &= P\left(\frac{60-72}{12} \leqslant \frac{X-72}{12} \leqslant \frac{84-72}{12}\right)\\&= \Phi(1)-\Phi(-1) = 2\Phi(1)-1 = 0.684\end{aligned}$$

因此，考生的外语成绩在 60～84 分之间的概率为 0.684。

练习 2.3

1. 设随机变量 X 的密度函数为 $f(x)=\begin{cases} ax+\dfrac{1}{2}, & 0<x<1 \\ 0, & 其他 \end{cases}$。试求：

（1）常数 a；（2）$P(X>1/2)$。

2. 设随机变量 X 的分布函数为 $F(x)=\begin{cases} 1-\mathrm{e}^{-x}, & x\geqslant 0 \\ 0, & x<0 \end{cases}$。求：

（1）$P(X>2)$；（2）X 的密度函数。

3. 设 X 为 $[-a, a]$ 上均匀分布的随机变量，确定满足关系 $P(X>1)=1/3$ 的正常数 a。

4. 设 $X\sim N(0,1)$，求 $P(X\leqslant -1.4)$ 及 $P(|X|>1.8)$。

2.4　随机变量函数的分布

在实际问题中，常常需要考虑随机变量函数的分布。例如，在无线信号问题中，某时刻收到的信号是一个随机变量 X，如果把这个信号通过平方检波器，则输出的信号是 $Y=X^2$，这时需要确定 Y 的分布信息。又如，单位商品的利润为 a，销售量是随机变量 X，则销售的总利润为 $Y=aX$。这类问题既常见，又重要。本节将讨论这样的问题。

2.4.1　离散型随机变量函数的分布

若 X 是一个离散型随机变量，其分布律为

$$P\{X=x_k\}=p_k\text{，}\quad k=1,\ 2,\ \cdots$$

$y=g(x)$是连续函数，则随机变量 $Y=g(X)$是一个离散型随机变量，可以先求出随机变量 Y 的值，然后计算相应的取值概率。

一般地，有

$$P\{Y=g(x_k)\}=p_k\text{，}\quad k=1,\ 2,\ \cdots$$

如果数值 $g(x_k)$ 有相等的，就把 Y 取这些值的概率相加，作为 Y 取该值的概率，求得 Y 的概率分布。

【例 2.4.1】　设随机变量 X 的分布律为

X	−2	−1	0	1	2
P	0.1	0.2	0.4	0.2	0.1

求 $Y=2X^2$ 的分布律。

解 随机变量$Y=2X^2$的可能取值为0、2、8，且Y取这些值的概率分别为

$$P\{Y=0\}=P\{X=0\}=0.4\,,\qquad P\{Y=2\}=P\{X=-1\}+P\{X=1\}=0.4$$

$$P\{Y=8\}=P\{X=-2\}+P\{X=2\}=0.2$$

所以，$Y=2X^2$的分布律为

X	0	2	8
P	0.4	0.4	0.2

【例 2.4.2】 已知随机变量X服从参数$p=0.5$的几何分布，试求$Y=\cos\left(\dfrac{\pi}{2}X\right)$的概率分布。

解 由题意，知

$$P(X=k)=\frac{1}{2^k}\,,\quad k=1,\ 2,\ \cdots$$

由于

$$Y=\cos\left(\frac{\pi}{2}k\right)=\begin{cases}-1, & k=4n-2\\ 0, & k=2n-1\\ 1, & k=4n\end{cases}\qquad n=1,\ 2,\ \cdots$$

则$Y=\cos\left(\dfrac{\pi}{2}X\right)$的所有可能取值为-1、0、1，且其取值的概率为

$$\begin{aligned}P(Y=-1)&=P(X=2)+P(X=6)+P(X=10)+\cdots\\&=\frac{1}{2^2}+\frac{1}{2^6}+\frac{1}{2^{10}}+\cdots\\&=\frac{1}{4}\times\frac{1}{1-2^{-4}}=\frac{4}{15}\end{aligned}$$

类似计算可得

$$P(Y=0)=\frac{2}{3}$$

$$P(Y=1)=\frac{1}{15}$$

所以，所求分布律为

Y	-1	0	1
P	4/15	2/3	1/15

2.4.2 连续型随机变量函数的分布

设X是一个连续型随机变量，其密度函数为$f_X(x)$，$y=g(x)$是连续函数。假定随机变量$Y=g(X)$是一个连续型随机变量。为了求Y的密度函数，先求出随机变量Y的分布函数$F_Y(y)$，即

$$F_Y(y)=P\{Y\leqslant y\}=P\{g(X)\leqslant y\}=P\{X\in S\}$$

其中$S=\{x\,|\,g(x)\leqslant y\}$；然后，根据连续性随机变量性质 2.3.6，通过求导，得到 Y 的密度函数，即

$$f_Y(y)=\begin{cases}\dfrac{\mathrm{d}F_Y(y)}{\mathrm{d}y}, & \text{当}F_Y(y)\text{在}y\text{处可导}\\ 0, & \text{当}F_Y(y)\text{在}y\text{处不可导}\end{cases}$$

【例 2.4.3】　设随机变量 X 的密度函数为

$$f_X(x)=\begin{cases}\dfrac{x}{8}, & 0<x<4\\ 0, & \text{其他}\end{cases}$$

求随机变量$Y=2X+8$的密度函数。

解　第 1 步，求 Y 的分布函数。

$$\begin{aligned}F_Y(y)&=P\{Y\leqslant y\}=P\{2X+8\leqslant y\}\\&=P\left\{X\leqslant\frac{y-8}{2}\right\}=\int_{-\infty}^{\frac{y-8}{2}}f_X(x)\,\mathrm{d}x\end{aligned}$$

因此，当$\dfrac{y-8}{2}\leqslant 0$时，

$$F_Y(y)=0$$

当$0<\dfrac{y-8}{2}<4$时，

$$F_Y(y)=\int_0^{\frac{y-8}{2}}\frac{x}{8}\,\mathrm{d}x=\frac{(y-8)^2}{64}$$

当$\dfrac{y-8}{2}>4$时，

$$F_Y(y)=1$$

因此，

$$F_Y(y)=\begin{cases}0, & y\leqslant 8\\ \dfrac{(y-8)^2}{64} & 8<y<16\\ 1 & y\geqslant 16\end{cases}$$

第 2 步，求 Y 的密度函数。

$$f_Y(y)=F_Y'(y)=\begin{cases}\dfrac{y-8}{32}, & 8<y<16\\ 0, & \text{其他}\end{cases}$$

总结上述方法，得到下面具有一般性的结论。

定理 2.4.1　设 X 是一个连续型随机变量，其密度函数为$f_X(x)$；函数$y=g(x)$处处可导且严格单调，其反函数$h(y)$有连续导数，则$Y=g(X)$的密度函数为

$$f_Y(y)=\begin{cases}f_X(h(y))\,|\,h'(y)\,|, & \alpha<y<\beta\\ 0, & \text{其他}\end{cases}$$

其中$\alpha=\min\{g(-\infty), g(+\infty)\}$，$\beta=\max\{g(-\infty), g(+\infty)\}$。

证明　当$g(x)$处处可导且严格单调增加时，其反函数$h(y)$在(α, β)内也处处可导且严格单调增加。所以，当$y\leqslant\alpha$时，有

$$F_Y(y)=P\{Y\leqslant y\}=0$$

当$y\geqslant\beta$时，有

$$F_Y(y)=P\{Y\leqslant y\}=1$$

当$\alpha<y<\beta$时，有

$$\begin{aligned}F_Y(y)&=P\{Y\leqslant y\}=P\{g(X)\leqslant y\}\\&=P\{X\leqslant h(y)\}=\int_{-\infty}^{h(y)}f_X(x)\,\mathrm{d}x\end{aligned}$$

所以，$Y=g(X)$的密度函数为

$$f_Y(y)=F_Y'(y)=\begin{cases}f_X(h(y))h'(y), & \alpha<y<\beta\\ 0, & 其他\end{cases}$$

当$g(x)$处处可导且严格单调减少时，其反函数$h(y)$在(α, β)内也处处可导且严格单调减少。所以，当$y\leqslant\alpha$时，有

$$F_Y(y)=P\{Y\leqslant y\}=0$$

当$y\geqslant\beta$时，有

$$F_Y(y)=P\{Y\leqslant y\}=1$$

当$\alpha<y<\beta$时，有

$$\begin{aligned}F_Y(y)&=P\{Y\leqslant y\}=P\{g(X)\leqslant y\}\\&=P\{X\geqslant h(y)\}=1-\int_{-\infty}^{h(y)}f_X(x)\,\mathrm{d}x\end{aligned}$$

所以，$Y=g(X)$的密度函数为

$$f_Y(y)=F_Y'(y)=\begin{cases}-f_X(h(y))h'(y), & \alpha<y<\beta\\ 0, & 其他\end{cases}$$

利用上述定理，可以证明比关于正态随机变量的性质2.3.8更一般的结论。

【例2.4.4】　设$X\sim N(\mu,\sigma^2)$，若$a\neq0$，则X的线性函数

$$Y=aX+b\sim N(a\mu+b, \ a^2\sigma^2)$$

解　设$f_X(x)$和$f_Y(y)$分别为X和Y的密度函数。因为$y=ax+b$的反函数为$x=\dfrac{y-b}{a}$，所以

$$\begin{aligned}f_Y(y)&=f_X\left(\frac{y-b}{a}\right)\left|\left(\frac{y-b}{a}\right)'\right|\\&=\frac{1}{\sqrt{2\pi}\sigma|a|}\mathrm{e}^{-\frac{(y-a\mu-b)^2}{2\sigma^2a^2}}\end{aligned}$$

所以

$$Y=aX+b\sim N(a\mu+b, \ a^2\sigma^2)$$

特别地，取 $a=\dfrac{1}{\sigma}$，$b=-\dfrac{\mu}{\sigma}$，则有

$$Y=\frac{X-\mu}{\sigma}\sim N(0,\ 1)$$

这就证明了上节的一个重要结论，即任何正态分布都可以通过线性变换转化为标准正态分布。

如果 $g(x)$ 不满足上述性质，且其形式不是很复杂，可以通过前述一般方法求 $Y=g(X)$ 的密度函数。

【例 2.4.5】 设随机变量 X 的密度函数为

$$f_X(x)=\begin{cases}0, & x<0\\ x^3\mathrm{e}^{-x^2}, & x\geqslant 0\end{cases}$$

求 $Y=X^2+1$ 的密度函数。

解 先求 Y 的分布函数 $F_Y(y)$。

$$F_Y(y)=P\{Y\leqslant y\}=P\{X^2+1\leqslant y\}=P\{X^2\leqslant y-1\}$$

因此，当 $y<1$ 时，

$$F_Y(y)=0$$

当 $y\geqslant 1$ 时，

$$\begin{aligned}F_Y(y)&=P\left\{-\sqrt{y-1}\leqslant X\leqslant\sqrt{y-1}\right\}\\&=F_X\left(\sqrt{y-1}\right)-F_X\left(-\sqrt{y-1}\right)\\&=\int_{-\infty}^{\sqrt{y-1}}f_X(x)\mathrm{d}x-\int_{-\infty}^{-\sqrt{y-1}}f_X(x)\mathrm{d}x\end{aligned}$$

再由分布函数求密度函数。当 $y\leqslant 1$ 时，

$$f_Y(y)=F_Y{}'(y)=0$$

当 $y>1$ 时，

$$\begin{aligned}f_Y(y)=F_Y{}'(y)&=f_X\left(\sqrt{y-1}\right)\left(\sqrt{y-1}\right)'-f_X\left(-\sqrt{y-1}\right)\left(-\sqrt{y-1}\right)'\\&=\frac{1}{2}(y-1)\mathrm{e}^{y-1}+0\times\frac{1}{2}(y-1)^{-\frac{1}{2}}\\&=\frac{1}{2}(y-1)\mathrm{e}^{y-1}\end{aligned}$$

所以，Y 的密度函数为

$$f_Y(y)=\begin{cases}0, & y\leqslant 1\\ \dfrac{1}{2}(y-1)\mathrm{e}^{y-1}, & y>1\end{cases}$$

习题 2.4

1. 设随机变量 X 的分布律为

X	−3	−1	0	2	4
P	0.1	0.2	0.4	0.2	0.1

求下列随机变量函数的分布律：

（1）$Y=X-3$；（2）$Y=-X+2$；（3）$Y=2X^2-1$。

2. 设随机变量 X 在(0，1)上服从均匀分布，求下列随机变量函数的密度函数：

（1）$Y=\mathrm{e}^X$；（2）$Y=-\ln X$。

习 题 2

1. 一个袋子中装有编号为 1、2、3、4、5 的 5 个球。现从袋中同时取出 3 个，以 X 表示取出的 3 个球中的最大号码。试求 X 的分布律及分布函数。

2. 据统计，我国著名篮球运动员姚明在 NBA 效力期间，罚球命中率高达 83.2%。假定姚明在某次训练中持续罚球，直到罚中为止，试求姚明投篮次数的概率分布。

3. 设随机变量 X 服从参数为 $(1,\ p)$ 的二项分布，随机变量 Y 服从参数为 $(3,\ p)$ 的二项分布。若 $P\{X\geqslant 1\}=\dfrac{5}{9}$，试求 $P\{Y\geqslant 1\}$。

4. 从学校乘汽车到火车站的途中有 3 个交通岗。假设在各个交通岗遇到红灯的事件是相互独立的，并且概率都是 $\dfrac{2}{5}$。设 X 为途中遇到红灯的次数，求随机变量 X 的分布律和分布函数。

5. 已知随机变量 Y 服从泊松分布，且 $P\{Y=1\}$ 和 $P\{Y=2\}$ 相等，求 $P\{Y=4\}$。

6. 设 X 和 Y 为两个随机变量，且 $P\{X\geqslant 0, Y\geqslant 0\}=\dfrac{3}{7}$，$P\{X\geqslant 0\}=P\{Y\geqslant 0\}=\dfrac{4}{7}$。求 $P\{\max\{X,\ Y\}\geqslant 0\}$。

7. 随机变量 X 的密度函数为 $f(x)=\begin{cases}2x, & 0<x<1\\ 0, & \text{其他}\end{cases}$，以 Y 表示对 X 的三次独立重复观测中事件 $\left\{X\leqslant\dfrac{1}{2}\right\}$ 出现的次数。求随机变量 Y 的分布律。

8. 设随机变量 X 在（2，5）上服从均匀分布。现对 X 进行三次独立观测，试求至少有两次观测值大于 3 的概率。

9. 假设随机变量 X 的绝对值不大于 1；$P\{X=-1\}=\dfrac{1}{8}$，$P\{X=1\}=\dfrac{1}{4}$。在事件 $\{-1<X<1\}$ 出现的条件下，X 在（−1，1）内的任一子区间上取值的条件概率与该子区间长度成正比。试求 X 的分布函数 $F(x)$。

10. 为了保证设备正常工作，需要配备适当数量的维修人员。根据经验，每台设备发生故障的概率为 0.01，各台设备工作情况相互独立。

（1）若由 1 人负责维修 20 台设备，求设备发生故障后不能及时维修的概率。

（2）设有设备 100 台，1 台发生故障由 1 人处理，问至少需配备多少维修人员，才能保证设备发生故障而不能及时维修的概率不超过 0.01?

11. 设书籍上每页的印刷错误的个数 X 服从泊松分布。经统计发现，在某本书上，有一个印刷错误与有两个印刷错误的页数相同。求任意检验 4 页，每页上都没有印刷错误的概率。

12. 设顾客排队等待服务的时间 X（以分计）服从 $\lambda=\frac{1}{5}$ 的指数分布。某顾客等待服务，若超过 10 分钟，他就离开。他一个月要去等待服务 5 次。以 Y 表示一个月内他未等到服务而离开的次数，试求 Y 的概率分布。

13. 设连续型随机变量 X 的分布函数为

$$F(x)=\begin{cases}A+B\mathrm{e}^{-2x}, & x>0\\ 0, & x\leqslant 0\end{cases}$$

试求：

（1）A、B 的值。

（2）$P(-1<X<1)$。

（3）概率密度函数 $f(x)$。

14. 设 X 为连续型随机变量，其分布函数为

$$F(x)=\begin{cases}a, & x<1\\ bx\ln x+cx+d, & 1\leqslant x\leqslant \mathrm{e}\\ d, & x>\mathrm{e}\end{cases}$$

试确定 $F(x)$ 中 a、b、c、d 的值。

15. 设随机变量 X 具有概率密度

$$f(x)=\begin{cases}K\mathrm{e}^{-3x}, & x>0\\ 0, & x\leqslant 0\end{cases}$$

（1）试确定常数 K。

（2）求 $P\{X>0.1\}$。

（3）求 $P\{-1<X\leqslant 1\}$。

16. 设连续型随机变量 X 的概率密度为

$$f(x)=\begin{cases}\sin x, & 0\leqslant x\leqslant a\\ 0, & 其他\end{cases}$$

试确定常数 a，并求 $P\left(X>\frac{\pi}{6}\right)$。

17. 设 $X\sim N(-1,\ 16)$，试计算：

（1）$P(X<2.44)$。

（2）$P(X>-1.5)$。

（3）$P(|X|<4)$。

（4）$P(|X-1|>1)$。

18. 已知某元件的寿命 X（小时）服从正态分布 $N(1\,600,\ \sigma^2)$。如果要求元件寿命在 1 200 小时以上的概率不少于 0.96，试确定 σ 。

19. 已知随机变量 X 的概率分布为

X	−5	−3	−2	0	3
P	0.2	0.2	0.3	0.2	0.1

求：

（1）$Y=-3X-1$ 的分布律。

（2）$Y=X^2+1$ 的分布律。

20. 设随机变量 X 服从（0，1）上的均匀分布，令 $Y=3X+1$，试求随机变量 Y 的密度函数。

21. 假设一台设备开机后无故障工作的时间（小时） X 服从参数为 0.2 指数分布。设备定时开机，出现故障时自动关机；在无故障的情况下，工作 2 小时便关机。试求该设备每次开机无故障工作时间 Y 的分布函数 $F(y)$ 。

22. 设随机变量 X 的密度函数为 $f(x)=\begin{cases}\dfrac{1}{\pi(1+x^2)}, & x\geqslant 0\\ 0, & x<0\end{cases}$，求随机变量 $Y=\ln X$ 的概率密度函数。

23. 设随机变量 X 服从参数为 2 的指数分布。证明：$Y=1-\mathrm{e}^{-2X}$ 在区间（0，1）上服从均匀分布。

24. 设随机变量 X 服从区间（1，2）上的均匀分布，求随机变量 $Y=\mathrm{e}^{2X}$ 的概率密度函数。

第 3 章　二维随机变量及其分布

在实际问题中，有一些随机实验的结果需要同时用两个或两个以上的随机变量来描述。例如，炮弹弹着点的位置要用其横坐标 X 与纵坐标 Y 来确定；在制定我国的服装标准时，需同时考虑人体的上身长、臂长、胸围、下肢长、腰围、臀围等多个变量；在气象预报中，气温、气压、风力等都是需要同时考虑的。同一个随机实验结果的各个随机变量之间一般有某种联系，需要把它们作为一个整体来研究。本章只介绍二维情况，有关内容可以推广到更高维的情况。

3.1　二维随机变量及其联合分布

3.1.1　二维随机变量及其分布函数

定义 3.1.1　设随机试验 E 的样本空间为 Ω，X 和 Y 是定义在 Ω 上的两个随机变量，称向量 (X,Y) 为二维随机变量或二元随机变量。

定义 3.1.2　设 $(X,\ Y)$ 为二维随机变量，对任意 $x,\ y\in\mathbb{R}$，称二元函数

$$F(x,\ y)=P\{X\leqslant x,\ Y\leqslant y\}$$

为二维随机变量 $(X,\ Y)$ 的分布函数，或称随机变量 X 和 Y 的联合分布函数。

类似于一维的情形，二维随机变量 $(X,\ Y)$ 的分布函数 $F(x,\ y)$ 有如下性质。

性质 3.1.1　$0\leqslant F(x,\ y)\leqslant 1$，且对每一个自变量单调不减。

性质 3.1.2　对每一个自变量，$F(x,\ y)$ 右连续。

性质 3.1.3　$F(x,\ -\infty)=\lim\limits_{y\to-\infty}F(x,\ y)=0$，　$F(-\infty,\ y)=\lim\limits_{x\to-\infty}F(x,\ y)=0$

$F(-\infty,\ -\infty)=\lim\limits_{\substack{x\to-\infty\\ y\to-\infty}}F(x,\ y)=0$，　$F(+\infty,\ +\infty)=\lim\limits_{\substack{x\to+\infty\\ y\to+\infty}}F(x,\ y)=1$

性质 3.1.4　对任意 $x_1<x_2,\ y_1<y_2$，有

$$\begin{aligned}&P\{x_1<X\leqslant x_2,\ y_1<Y\leqslant y_2\}\\ &\quad=F(x_2,\ y_2)-F(x_1,\ y_2)-F(x_2,\ y_1)+F(x_1,\ y_1)\end{aligned}$$

任何一个联合分布函数 $F(x,\ y)$ 一定具有以上四个基本性质；反之，任何具有以上四个性质的二元函数 $F(x,\ y)$ 必可作为某一个随机变量（$X,\ Y$）的联合分布函数。

定义 3.1.3　凡是由联合分布得到的或决定的概率分布，统称为联合分布的**边缘分布或边际分布**。

设二维随机变量（X，Y）的分布函数为$F(x,\ y)$，随机变量X和Y的分布函数分别记为$F_X(x)$和$F_Y(y)$，则有

$$F_X(x)=P\{X\leqslant x\}=P\{X\leqslant x,\quad Y<+\infty\}=F(x,+\infty)$$

同理，可得

$$F_Y(y)=P\{Y\leqslant y\}=P\{X<+\infty,\quad Y\leqslant y\}=F(+\infty,\quad y)$$

因此，把随机变量X的分布函数$F_X(x)$称为二维随机变量（X，Y）关于X的**边缘分布函数**；类似地，把随机变量Y的分布函数$F_Y(y)$称为二维随机变量（X，Y）关于Y的**边缘分布函数**。

【例 3.1.1】 设二维随机变量（X，Y）的联合分布函数为

$$F(x,y)=A\left(B+\arctan\frac{x}{2}\right)\left(C+\arctan\frac{y}{3}\right)$$

求：（1）常数A、B、C；（2）（X，Y）关于X和关于Y的边缘分布函数。

解 （1）由分布函数的性质，有

$$F(+\infty,\quad +\infty)=A\left(B+\frac{\pi}{2}\right)\left(C+\frac{\pi}{2}\right)=1$$

$$F(x,\quad -\infty)=A\left(B+\arctan\frac{x}{2}\right)\left(C-\frac{\pi}{2}\right)=0$$

$$F(-\infty,\quad -\infty)=A\left(B-\frac{\pi}{2}\right)\left(C+\arctan\frac{x}{3}\right)=0$$

联立求解上述3个方程，得

$$A=\frac{1}{\pi^2},\quad B=C=\frac{\pi}{2}$$

（2）X的边缘分布函数为

$$F_X(x)=F(x,\quad +\infty)=\frac{1}{\pi^2}\left(\frac{\pi}{2}+\arctan\frac{x}{2}\right)\left(\frac{\pi}{2}+\frac{\pi}{2}\right)$$
$$=\frac{1}{\pi}\left(\frac{\pi}{2}+\arctan\frac{x}{2}\right)$$

同理，Y的边缘分布函数为

$$F_Y(y)=\frac{1}{\pi}\left(\frac{\pi}{2}+\arctan\frac{y}{3}\right)$$

3.1.2 二维离散型随机变量及其概率分布

类似于一维的情形，如果二维随机变量（X，Y）所有可能的取值是有限对或可列无限多对，则称（X，Y）是**二维离散型随机变量**。

定义 3.1.4 设（X，Y）所有可能取值为$(x_i,\ y_j)$，$i,\ j=1,\ 2,\ \cdots$。如果

$$P\{X=x_i,\ Y=y_j\}=p_{ij}\ ,\quad i,\ j=1,\ 2,\ \cdots \tag{3.1.1}$$

满足

（1）$p_{ij} \geqslant 0$，i，$j=1$，2，…

（2）$\sum_{i=1}^{\infty}\sum_{j=1}^{\infty} p_{ij}=1$

则称式（3.1.1）为二维离散型随机变量（X，Y）的概率分布或分布律，也可以称为随机变量 X 和 Y 的联合概率分布或联合分布律。

类似于一元的情形，（X，Y）的概率分布也可以用表格来描述，即

X \ Y	y_1	y_2	…	y_j	…
x_1	p_{11}	p_{12}	…	p_{1j}	…
x_2	p_{21}	p_{22}	…	p_{2j}	…
⋮	⋮	⋮		⋮	…
x_i	P_{i1}	P_{i2}	…	P_{ij}	…
⋮	⋮	⋮		⋮	…

将（X，Y）看成是一个随机点的坐标，由联合分布函数的定义知：如果二维随机变量（X，Y）的分布律为

$$P\{X=x_i,\ Y=y_j\}=p_{ij},\quad i,\ j=1,\ 2,\ \cdots$$

则（X，Y）的联合分布函数为

$$F(x,y)=P\{X\leqslant x,Y\leqslant y\}=\sum_{i:x_i\leqslant x}\sum_{j:y_j\leqslant y} p_{ij}$$

（X，Y）的边缘分布函数分别为

$$F_X(x)=F(x,+\infty)=\sum_{i:x_i\leqslant x}\sum_{j=1}^{\infty} p_{ij}\ ,\qquad F_Y(y)=F(+\infty,\ y)=\sum_{i=1}^{\infty}\sum_{j:y_j\leqslant y} p_{ij}$$

利用概率的可列可加性，得

$$P\{X=x_i\}=P\left\{X=x_i,\ \bigcup_{j=1}^{\infty}\{Y=y_j\}\right\}$$

$$=P\left\{\bigcup_{j=1}^{\infty}\{X=x_i,Y=y_j\}\right\}=\sum_{j=1}^{\infty}P\{X=x_i,\ Y=y_j\}$$

记 $\sum_{j=1}^{\infty} p_{ij}=p_{i\bullet}$，则称

$$P\{X=x_i\}=\sum_{j=1}^{\infty} p_{ij}=p_{i\bullet},\ i=1,\ 2,\ \cdots$$

为（X，Y）关于 X 的边缘分布律。同理，可得关于 Y 的**边缘分布律**为

$$P\{Y=y_j\}=\sum_{i=1}^{\infty} p_{ij}=p_{\bullet j},\ j=1,\ 2,\ \cdots$$

【例 3.1.2】　一个口袋中有大小、形状相同的 2 个红球、4 个白球，从袋中不放回地取两次球。设随机变量

$$X=\begin{cases}0, & \text{表示第一次取红球}\\ 1, & \text{表示第一次取白球}\end{cases}$$

$$Y=\begin{cases}0, & \text{表示第二次取红球}\\ 1, & \text{表示第二次取白球}\end{cases}$$

求（X，Y）的分布律，关于 X 和 Y 的边缘分布律及 F（0.5，1）。

解 利用概率的乘法公式及条件概率定义，得二维随机变量（X，Y）的联合分布律为

$$P\{X=0,\ Y=0\}=P\{X=0\}P\{Y=0|X=0\}=\frac{2}{6}\times\frac{1}{5}=\frac{1}{15}$$

$$P\{X=0,\ Y=1\}=P\{X=0\}P\{Y=1|X=0\}=\frac{2}{6}\times\frac{4}{5}=\frac{4}{15}$$

$$P\{X=1,\ Y=0\}=P\{X=1\}P\{Y=0|X=1\}=\frac{4}{6}\times\frac{2}{5}=\frac{4}{15}$$

$$P\{X=1,\ Y=1\}=P\{X=1\}P\{Y=1|X=1\}=\frac{4}{6}\times\frac{3}{5}=\frac{2}{5}$$

由边缘分布律的定义，得

$$P\{X=0\}=P\{X=0,\ Y=0\}+P\{X=0,\ Y=1\}=\frac{1}{3}$$

$$P\{X=1\}=P\{X=1,\ Y=0\}+P\{X=1,\ Y=1\}=\frac{2}{3}$$

$$P\{Y=0\}=P\{X=0,\ Y=0\}+P\{X=1,\ Y=0\}=\frac{1}{3}$$

$$P\{Y=1\}=P\{X=0,\ Y=1\}+P\{X=1,\ Y=1\}=\frac{2}{3}$$

把（X，Y）的联合分布律以及关于 X 和 Y 的边缘分布律写成表格的形式，如下所示：

X \ Y	0	1	$P\{X=x_i\}=p_{i\bullet}$
0	$\frac{1}{15}$	$\frac{4}{15}$	$\frac{1}{3}$
1	$\frac{4}{15}$	$\frac{2}{5}$	$\frac{2}{3}$
$P\{Y=y_j\}=p_{\bullet j}$	$\frac{1}{3}$	$\frac{2}{3}$	1

由分布函数定义，可得

$$F(0.5,\ 1)=P\{X=0,\ Y=0\}+P\{X=0,\ Y=1\}=\frac{1}{15}+\frac{4}{15}=\frac{1}{3}$$

【例 3.1.3】 某箱中装有 100 件产品，其中一、二和三等品分别为 80、10 和 10 件，现在从中随机取 1 件，记

$$X=\begin{cases}1, & \text{若抽到一等品}\\ 0, & \text{其他}\end{cases},\quad Y=\begin{cases}1, & \text{若抽到二等品}\\ 0, & \text{其他}\end{cases}$$

试求随机变量（X，Y）的联合分布律，关于 X 和 Y 的边缘分布律及分布函数。

解　由题意知，随机变量（X, Y）的联合分布律为

$$P\{X=0,\ Y=0\}=\frac{1}{10},\quad P\{X=0,\ Y=1\}=\frac{1}{10}$$

$$P\{X=1,\ Y=0\}=\frac{4}{5},\qquad P\{X=1,\ Y=1\}=0$$

关于 X 和 Y 的边缘分布律为

$$P\{X=0\}=P\{X=0,\ Y=0\}+P\{X=0,\ Y=1\}=\frac{1}{5}$$

$$P\{X=1\}=P\{X=1,\ Y=0\}+P\{X=1,\ Y=1\}=\frac{4}{5}$$

$$P\{Y=0\}=P\{X=0,\ Y=0\}+P\{X=1,\ Y=0\}=\frac{9}{10}$$

$$P\{Y=1\}=P\{X=0,\ Y=1\}+P\{X=1,\ Y=1\}=\frac{1}{10}$$

把（X, Y）的联合分布律写成表格的形式，如下所示：

Y / X	0	1	$P\{X=x_i\}=p_{i\bullet}$
0	$\frac{1}{10}$	$\frac{1}{10}$	$\frac{1}{5}$
1	$\frac{4}{5}$	0	$\frac{4}{5}$
$P\{Y=y_j\}=p_{\bullet j}$	$\frac{9}{10}$	$\frac{1}{10}$	1

（X, Y）的分布函数 $F(x,\ y)$ 为

$$F(x,\ y)=\begin{cases}0, & x<0\text{或}y<0\\ \frac{1}{10}, & 0\leqslant x<1,\ 0\leqslant y<1\\ \frac{1}{5}, & 0\leqslant x<1,\ y\geqslant 1\\ \frac{9}{10}, & x\geqslant 1,\ 0\leqslant y<1\\ 1, & x\geqslant 1,\ y\geqslant 1\end{cases}$$

3.1.3　二维连续型随机变量及其概率密度函数

定义 3.1.5　设二维随机变量（X, Y）的分布函数为 $F(x,\ y)$。如果存在二元非负可积函数 $f(x,\ y)$，使得对任意 x, $y\in\mathbb{R}$ 都有

$$F(x,\ y)=\int_{-\infty}^{x}\int_{-\infty}^{y}f(s,\ t)\,\mathrm{d}s\,\mathrm{d}t$$

则称（X, Y）为二维连续型随机变量，称 $f(x,\ y)$ 为（X, Y）的密度函数，或者称为随机变量 X 和 Y 的联合密度函数。

密度函数 $f(x, y)$ 具有如下性质：

性质 3.1.5 $f(x, y)\geqslant 0$。

性质 3.1.6 $\int_{-\infty}^{+\infty}\int_{-\infty}^{+\infty} f(x, y)\,\mathrm{d}x\,\mathrm{d}y=1$。

性质 3.1.7 在 $f(x, y)$ 的连续点处，有

$$f(x, y)=\frac{\partial^2 F(x, y)}{\partial x\partial y}$$

性质 3.1.8 对 xOy 平面的区域 G，有

$$P\{(X, Y)\in G\}=\iint_G f(x, y)\,\mathrm{d}x\,\mathrm{d}y$$

二元函数 $z=f(x, y)$ 在几何上表示一个曲面，通常称这个曲面为分布曲面。由性质 3.1.6 知，介于分布曲面和 XOY 平面之间的空间区域的全部体积等于 1；由性质 3.1.8 知，（X, Y）落在区域 D 内的概率等于以 D 为底、曲面 $z=f(x, y)$ 为顶的柱体体积。

性质 3.1.5 和性质 3.1.6 是密度函数的基本性质。这里不加证明地指出：任何一个二元实函数 $f(x, y)$，若满足性质 3.1.5 和性质 3.1.6，则它可以成为某二维随机变量的概率密度函数。

如果（X, Y）是连续型随机变量，其密度函数为 $f(x, y)$，则（X, Y）的边缘分布函数为

$$F_X(x)=F(x, +\infty)=\int_{-\infty}^{x}\left[\int_{-\infty}^{+\infty} f(s, t)\,\mathrm{d}t\right]\mathrm{d}s,\quad F_Y(y)=F(+\infty, y)=\int_{-\infty}^{x}\left[\int_{-\infty}^{+\infty} f(s, t)\,\mathrm{d}s\right]\mathrm{d}t$$

因此，随机变量 X 和 Y 都是连续型随机变量，其密度函数分别为

$$f_X(x)=\int_{-\infty}^{+\infty} f(x, y)\,\mathrm{d}y,\quad f_Y(y)=\int_{-\infty}^{+\infty} f(x, y)\,\mathrm{d}x$$

分别称 $f_X(x)$ 和 $f_Y(y)$ 为二维随机变量（X, Y）关于 X 和 Y 的**边缘密度函数**。

【例 3.1.4】 设二维随机变量（X, Y）的概率密度函数为

$$f(x, y)=\begin{cases} Cxy, & 0\leqslant x<1,\ 0\leqslant y<1 \\ 0, & \text{其他} \end{cases}$$

求：（1）常数 C；（2）$P\{X\leqslant Y\}$；（3）X 和 Y 的联合分布函数 $F(x, y)$。

解 （1）由密度函数的性质 3.1.6，得

$$\int_{-\infty}^{+\infty}\int_{-\infty}^{+\infty} f(x, y)\,\mathrm{d}x\,\mathrm{d}y=\int_0^1\int_0^1 Cxy\,\mathrm{d}x\,\mathrm{d}y=\frac{C}{4}=1$$

得 $C=4$。

（2）由于在区域 $\{(x, y)\mid 0\leqslant x<1,\ 0\leqslant y<1\}$ 外，$f(x, y)=0$，所以在区域 $\{(x, y)\mid x\leqslant y\}$ 上的积分等价于在区域 D 上的积分（如图 3.1.1 所示），则由密度函数的性质 3.1.8，得

$$\begin{aligned} P\{X\leqslant Y\}&=\iint_{x\leqslant y} f(x, y)\,\mathrm{d}x\,\mathrm{d}y=\iint_D 4xy\,\mathrm{d}x\,\mathrm{d}y \\ &=\int_0^1\mathrm{d}y\int_0^y 4xy\,\mathrm{d}x \\ &=\int_0^1 2y^3\,\mathrm{d}y \\ &=\frac{1}{2} \end{aligned}$$

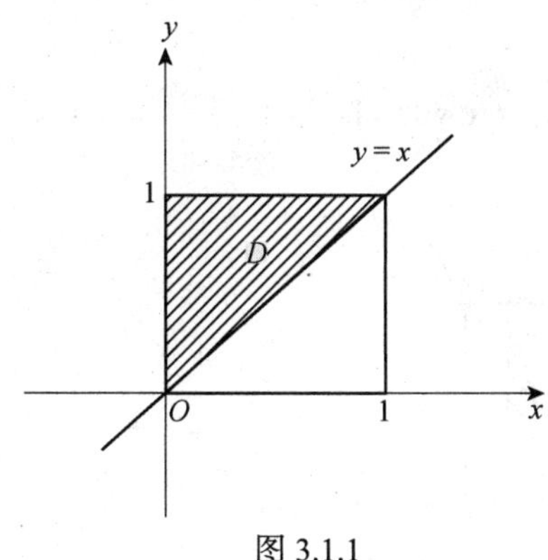

图 3.1.1

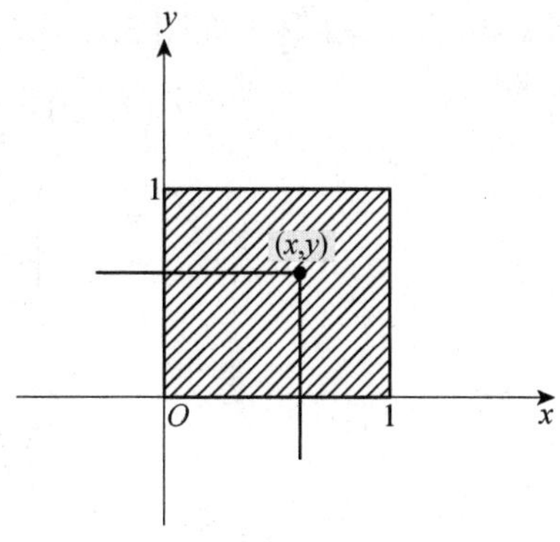

图 3.1.2

（3）对于联合分布函数 $F(x,\ y)=P(X\leqslant x,\ Y\leqslant y)$，要分区域讨论。

当 $x<0$ 或 $y<0$ 时，$f(x,\ y)=0$，所以有

$$F(x,\ y)=\int_{-\infty}^{x}\int_{-\infty}^{y}f(s,\ t)\,\mathrm{d}s\,\mathrm{d}t=0$$

当 $0\leqslant x<1$，$0\leqslant y<1$ 时（如图 3.1.2 所示），有

$$\begin{aligned}F(x,\ y)&=\int_{-\infty}^{x}\int_{-\infty}^{y}f(s,\ t)\,\mathrm{d}s\,\mathrm{d}t\\&=\int_{0}^{x}\int_{0}^{y}4st\,\mathrm{d}s\,\mathrm{d}t=x^2y^2\end{aligned}$$

当 $x\geqslant 1$，$0\leqslant y<1$ 时（如图 3.1.3 所示），有

$$\begin{aligned}F(x,\ y)&=\int_{-\infty}^{x}\int_{-\infty}^{y}f(s,\ t)\,\mathrm{d}s\,\mathrm{d}t\\&=\int_{0}^{1}\int_{0}^{y}4st\,\mathrm{d}s\,\mathrm{d}t=y^2\end{aligned}$$

当 $y\geqslant 1$，$0\leqslant x<1$ 时（如图 3.1.4 所示），有

$$\begin{aligned}F(x,\ y)&=\int_{-\infty}^{x}\int_{-\infty}^{y}f(s,\ t)\,\mathrm{d}s\,\mathrm{d}t\\&=\int_{0}^{x}\int_{0}^{1}4st\,\mathrm{d}s\,\mathrm{d}t=x^2\end{aligned}$$

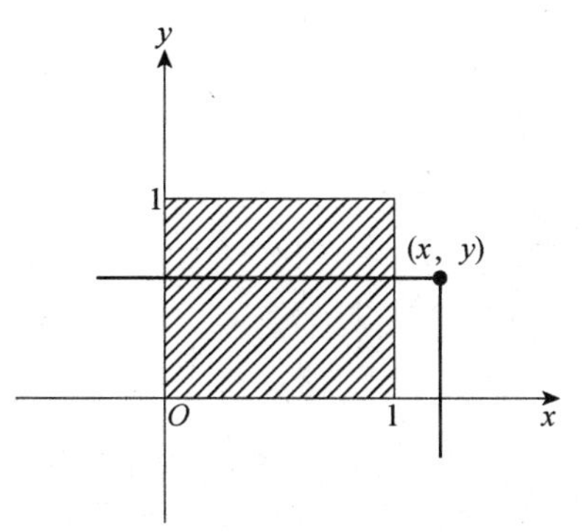

图 3.1.3

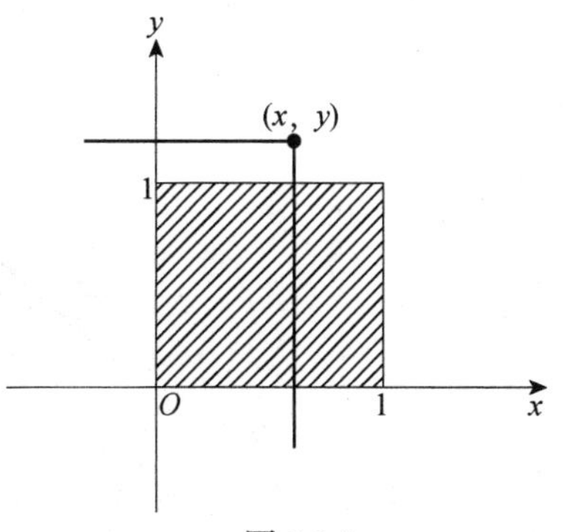

图 3.1.4

当$x\geqslant 1$，$y\geqslant 1$时（如图3.1.5所示），有

$$F(x,\ y)=\int_{-\infty}^{x}\int_{-\infty}^{y}f(s,\ t)\mathrm{d}s\mathrm{d}t=1$$

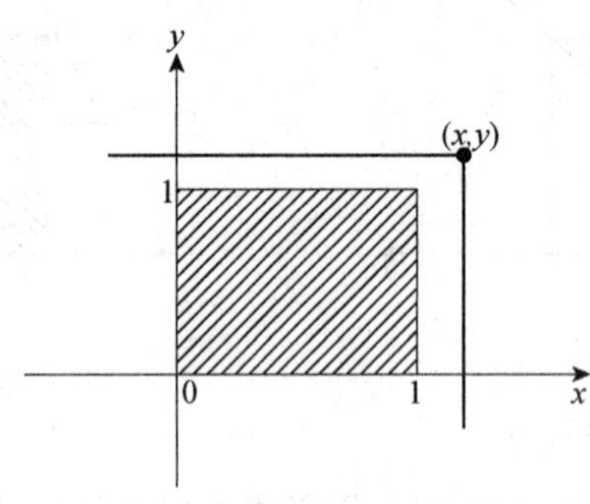

图 3.1.5

所以，X和Y的联合分布函数为

$$F(x,\ y)=\begin{cases}0, & x<0\text{或}y<0\\ x^2y^2, & 0\leqslant x<1,\ 0\leqslant y<1\\ x^2, & 0\leqslant x<1,\ 1\leqslant y\\ y^2, & 1\leqslant x,\ 0\leqslant y<1\\ 1, & 1\leqslant x,\ 1\leqslant y\end{cases}$$

【例 3.1.5】 设二维随机变量$(X,\ Y)$的概率密度函数为

$$f(x,\ y)=\begin{cases}ky(2-x), & 0\leqslant x\leqslant 1,\ 0\leqslant y\leqslant x\\ 0, & \text{其他}\end{cases}$$

试求：（1）常数k；（2）关于X和Y的边缘密度函数。

解 （1）首先注意，在区域D（如图3.1.6所示），密度函数$f(x,\ y)\neq 0$，所以由联合密度的性质3.1.6，知

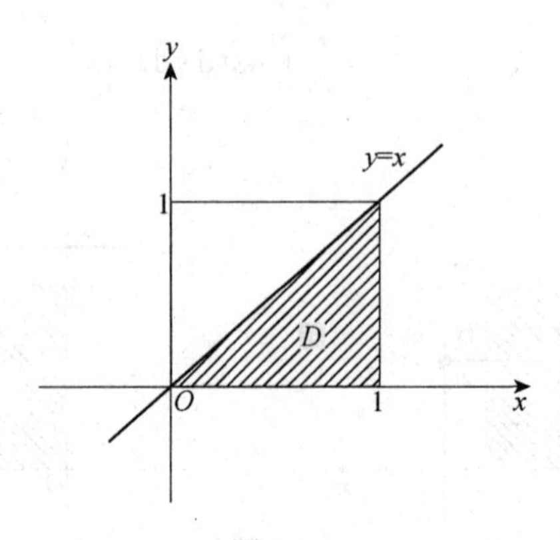

图 3.1.6

$$
\begin{aligned}
1 &= \int_{-\infty}^{+\infty}\int_{-\infty}^{+\infty} f(x,y)\,\mathrm{d}x\,\mathrm{d}y \\
&= \iint_D ky(2-x)\,\mathrm{d}x\,\mathrm{d}y = k\int_0^1 \mathrm{d}x\int_0^x (2-x)y\,\mathrm{d}y \\
&= k\int_0^1\left(x^2-\frac{1}{2}x^3\right)\mathrm{d}x = \frac{5}{24}k
\end{aligned}
$$

所以，$k=\dfrac{24}{5}$。

（2）二维随机变量（X，Y）关于 X 的边缘密度函数为

$$
f_X(x) = \int_{-\infty}^{+\infty} f(x,\ y)\,\mathrm{d}y = \begin{cases} \displaystyle\int_0^x \frac{24}{5}(2-x)y\,\mathrm{d}y, & 0 \leqslant x \leqslant 1 \\ 0, & \text{其他} \end{cases}
$$

$$
= \begin{cases} \dfrac{12}{5}x^2(2-x), & 0 \leqslant x \leqslant 1 \\ 0, & \text{其他} \end{cases}
$$

而（X，Y）关于 Y 的边缘密度函数为

$$
f_Y(y) = \int_{-\infty}^{+\infty} f(x,\ y)\,\mathrm{d}x = \begin{cases} \displaystyle\int_y^1 \frac{24}{5}(2-x)y\,\mathrm{d}x, & 0 \leqslant y < 1 \\ 0, & \text{其他} \end{cases}
$$

$$
= \begin{cases} \dfrac{12}{5}y\left(3-4y+y^2\right), & 0 \leqslant y \leqslant 1 \\ 0, & \text{其他} \end{cases}
$$

下面介绍两个常用的二维连续型分布。

1. 二元均匀分布

设（X，Y）为二维随机变量，G 是平面上的一个有界区域，其面积为 $S_G(S_G>0)$；又设

$$
f(x,\ y) = \begin{cases} \dfrac{1}{S_G}, & \text{当}(x,\ y)\in G \\ 0, & \text{当}(x,\ y)\notin G \end{cases}
$$

若（X，Y）的密度为上式定义的函数 $f(x,\ y)$，则称二维随机变量（X，Y）在 G 上服从二维均匀分布。

设区域平面上的区域 D 满足 $D\subset G$，则有

$$
\begin{aligned}
P\{(X,\ Y)\in D\} &= \iint_D f(x,\ y)\,\mathrm{d}x\,\mathrm{d}y = \iint_D \frac{1}{S_G}\,\mathrm{d}x\,\mathrm{d}y \\
&= \frac{1}{S_G}\iint_D \mathrm{d}x\,\mathrm{d}y = \frac{S_D}{S_G}
\end{aligned}
$$

其中，S_D 是区域 D 的面积。

上式表明，二维随机变量（X，Y）落在区域 D 内的概率与 D 的面积成正比，而与 D 的位置和形状无关。这也是二维均匀分布名称的由来。平面上几何概型的问题都可以用

二维均匀分布来描述。

【例 3.1.6】　在区间（0，1）的中点两边随机地选取两点，求两点的距离小于$\frac{1}{3}$的概率。

解　以 X 表示中点左边所取点到端点 O 的距离，Y 表示中点右边所取的点到端点 O 的距离，即

$$0<X<\frac{1}{2},\ \ \frac{1}{2}<Y<1$$

则（X，Y）服从区域 G 上的二维均匀分布，如图 3.1.7 所示。所以，（X，Y）的联合密度函数为

$$f(x,\ y)=\begin{cases}4, & 0<x<\frac{1}{2},\ \ \frac{1}{2}<y<1\\ 0, & \text{其他}\end{cases}$$

又因为事件“两点间距离小于$\frac{1}{3}$”等价于事件$\left\{Y-X<\frac{1}{3}\right\}$，所以所求概率为

$$P\left\{Y-X<\frac{1}{3}\right\}=\iint\limits_{D} f(x,\ y)\,\mathrm{d}x\,\mathrm{d}y=\int_{\frac{1}{6}}^{\frac{1}{2}}\mathrm{d}x\int_{\frac{1}{2}}^{\frac{1}{3}+x}4\,\mathrm{d}y=\frac{2}{9}$$

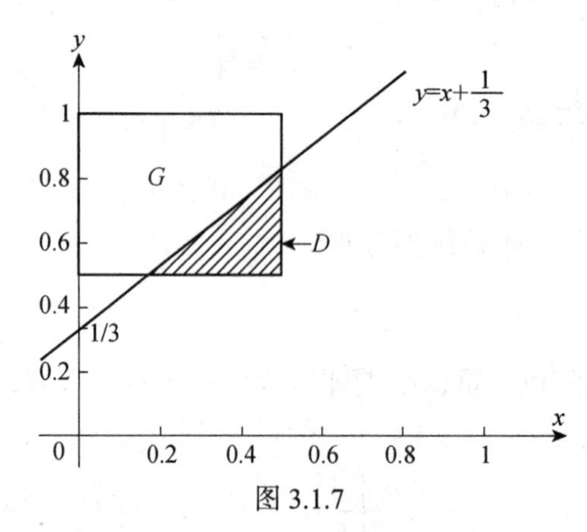

图 3.1.7

2. 二元正态分布

若二维随机变量（X，Y）的概率密度为

$$f(x,y)=\frac{1}{2\pi\sigma_1\sigma_2\sqrt{1-\rho^2}}\exp\left\{\frac{-1}{2(1-\rho^2)}\left[\frac{(x-\mu_1)^2}{\sigma_1^2}-2\rho\frac{(x-\mu_1)(y-\mu_2)}{\sigma_1\sigma_2}+\frac{(y-\mu_1)^2}{\sigma_2^2}\right]\right\}$$

$$-\infty<x<+\infty,\ \ -\infty<y<+\infty,$$

其中 μ_1、μ_2、σ_1、σ_2、ρ 都是常数，且 $\sigma_1>0$，$\sigma_2>0$，$|\rho|<1$，则称（X，Y）服从二维正态分布 $N(\mu_1，\sigma_1^2；\mu_2，\sigma_2^2；\rho)$，记为（$X$，$Y$）$\sim N(\mu_1，\sigma_1^2；\mu_2，\sigma_2^2；\rho)$。

【例 3.1.7】　设（X，Y）$\sim N(\mu_1，\sigma_1^2；\mu_2，\sigma_2^2；\rho)$，求（$X$，$Y$）关于 X 和 Y 的边缘密度函数。

解　令$u\frac{x-\mu_1}{\sigma_1}$，$v=\frac{y-\mu_2}{\sigma_2}$，则（$X$，$Y$）关于$X$的边缘密度函数为

$$f_X(x)=\int_{-\infty}^{+\infty}f(x,y)\mathrm{d}y=\frac{1}{2\pi\sigma_1\sigma_2\sqrt{1-\rho^2}}\int_{-\infty}^{+\infty}\exp\left\{\frac{-1}{2(1-\rho^2)}[u^2-2\rho uv+v^2]\right\}\mathrm{d}y$$

$$=\frac{1}{2\pi\sigma_1}\mathrm{e}^{-\frac{u^2}{2}}\int_{-\infty}^{+\infty}\frac{1}{\sqrt{2\pi(1-\rho^2)}}\exp\left\{-\frac{(v-\rho u)^2}{2(1-\rho^2)}\right\}\mathrm{d}y$$

令$t=\frac{v-\rho u}{\sqrt{1-\rho^2}}$，得

$$f_X(x)=\frac{1}{2\pi\sigma_1}\mathrm{e}^{-\frac{u^2}{2}}\int_{-\infty}^{+\infty}\frac{1}{\sqrt{2\pi}}\mathrm{e}^{-\frac{t^2}{2}}\mathrm{d}t=\frac{1}{2\pi\sigma_1}\mathrm{e}^{-\frac{u^2}{2}}$$

$$=\frac{1}{2\pi\sigma_1}\mathrm{e}^{-\frac{(x-\mu_1)^2}{2\sigma_1^2}}$$

同理可得（X，Y）关于Y的边缘密度函数为

$$f_Y(y)=\frac{1}{2\pi\sigma_2}\mathrm{e}^{-\frac{(y-\mu_2)^2}{2\sigma_2^2}}$$

由上例可知，如果二维随机变量（X，Y）$\sim N(\mu_1，\sigma_1^2;\ \mu_2，\sigma_2^2;\ \rho)$，则（$X$，$Y$）关于$X$和关于$Y$的边际分布都是一维正态分布，且$X\sim N(\mu_1，\sigma_1^2)$，$Y\sim N(\mu_2，\sigma_2^2)$。在联合密度函数中有一个参数$\rho$，当$\rho$取不同值时，得到不同的联合密度函数，但边缘密度函数是相同的，这说明边缘密度函数不能决定联合密度函数。

【例 3.1.8】　二维随机变量（X，Y）的概率密度为

$$f(x,\ y)=\frac{1}{2\pi}\mathrm{e}^{-\frac{1}{2}(x^2+y^2)}(1+\sin x\sin y)\text{，}\ -\infty<x<+\infty\text{，}\ -\infty<y<+\infty$$

求（X，Y）关于X和Y的边缘密度函数。

解　由边缘密度函数定义

$$f_X(x)=\int_{-\infty}^{+\infty}f(x,\ y)\mathrm{d}y=\frac{1}{2\pi}\int_{-\infty}^{+\infty}\mathrm{e}^{-\frac{1}{2}(x^2+y^2)}(1+\sin x\sin y)\mathrm{d}y$$

$$=\frac{1}{\sqrt{2\pi}}\mathrm{e}^{-\frac{x^2}{2}}$$

同理，可得

$$f_Y(y)=\frac{1}{\sqrt{2\pi}}\mathrm{e}^{-\frac{y^2}{2}}$$

由此可见，边缘密度函数均为正态分布的二维随机变量，其联合分布未必是二维正态分布。

习题 3.1

1. 一个袋中装有 1 个红球，2 个白球，3 个黑球。从中取 4 个球，以 X 和 Y 分别表示取出的球中白球和黑球的数量。求（X, Y）的联合分布律，以及关于 X 和 Y 的边缘分布律。

2. 设二维随机变量（X, Y）的概率密度为

$$f(x, y)=\begin{cases}4xy, & 0\leqslant x\leqslant 1,\ 0\leqslant y\leqslant 1\\ 0, & \text{其他}\end{cases}$$

试求：$P\{X+Y\leqslant 1\}$。

3. 设二维随机变量（X, Y）的概率密度为

$$f(x, y)=\begin{cases}\mathrm{e}^{-(x+y)}, & x>0,\ y>0\\ 0, & \text{其他}\end{cases}$$

求关于 X 和 Y 的边缘密度函数。

3.2 随机变量的独立性

独立性是概率论的基本概念，也是许多概率问题的前提。第 1 章引入了事件的独立性概念，研究了独立事件的性质，下面研究随机变量之间的独立性。随机变量的独立性是通过随机事件的独立性引入的。直观上，两个随机变量相互独立，是指一个变量的行为不影响另一个变量的统计规律性。同事件的独立性一样，实际应用中，一般通过直观来判断随机变量是否独立，然后把独立性当成随机变量的性质来使用。下面给出独立性的定义。

定义 3.2.1 设二维随机变量（X, Y）的分布函数为 $F(x, y)$，随机变量 X 和 Y 的分布函数分别为 $F_X(x)$和$F_Y(y)$。如果对任意 x, $y\in\mathbb{R}$，都有

$$F(X\leqslant x,\ Y\leqslant y)=F_X(x)\,F_Y(y)$$

称随机变量 X 和 Y 相互独立。

如果（X, Y）是离散型随机变量，则随机变量 X 和 Y 独立的充分必要条件为

$$P\{X=x_i,\ Y=y_j\}=P\{X=x_i\}P\{Y=y_j\},\quad i,\ j=1,\ 2,\ \cdots$$

上式也可以写成

$$p_{ij}=p_{i\bullet}p_{\bullet j},\quad i,\ j=1,\ 2,\ \cdots$$

如果（X, Y）是连续型随机变量，则随机变量 X 和 Y 独立的充分必要条件为：对任意 x, $y\in\mathbb{R}$, $f(x, y)=f_X(x)f_Y(y)$。

【例 3.2.1】 一台电子仪器由两个部件构成，以 X 和 Y 分别表示两个部件的寿命（单位：千小时）。已知 X 和 Y 的联合分布函数为

$$F(x,\ y)=\begin{cases}1-\mathrm{e}^{-0.5x}-\mathrm{e}^{-0.5y}+\mathrm{e}^{-0.5(x+y)}, & x\geqslant 0,\ y\geqslant 0\\ 0, & \text{其他}\end{cases}$$

（1）问 X 和 Y 是否独立?

（2）求两个部件的寿命都超过 100 小时的概率 p。

解　（1）X 和 Y 的边缘分布函数分别为

$$F_X(x)=F(x,\ +\infty)=\begin{cases}1-\mathrm{e}^{-0.5x}, & x\geqslant 0\\ 0, & x<0\end{cases}$$

与

$$F_Y(y)=F(+\infty,\ y)=\begin{cases}1-\mathrm{e}^{-0.5y}, & y\geqslant 0\\ 0, & y<0\end{cases}$$

故有

$$F(x,y)=F_X(x)\cdot F_Y(y)\qquad -\infty<x,\ y<+\infty$$

所以，X 和 Y 相互独立。

（2）由于 X 和 Y 相互独立，故

$$\begin{aligned}p&=P(X>0.1,\ Y>0.1)=P(X>0.1)P(Y>0.1)\\&=[1-P(X\leqslant 0.1)][1-P(Y\leqslant 0.1)]\\&=[1-F_x(0.1)][1-F_y(0.1)]=\mathrm{e}^{-0.05}\times\mathrm{e}^{-0.05}\\&=\mathrm{e}^{-0.1}\end{aligned}$$

【例 3.2.2】　判断例 3.1.2 中随机变量 X 与 Y 的独立性。

解　由例 3.1.2 知，二维随机变量（X，Y）的联合分布律及关于 X 与 Y 的边际分布律如下所示：

X \ Y	0	1	$P\{X=x_i)=p_{i\bullet}$
0	$\frac{1}{15}$	$\frac{4}{15}$	$\frac{1}{3}$
1	$\frac{4}{15}$	$\frac{2}{5}$	$\frac{2}{3}$
$P\{Y=y_j)=p_{\bullet j}$	$\frac{1}{3}$	$\frac{2}{3}$	1

因为

$$P(X=0,\ Y=0)=\frac{1}{15}\neq\frac{1}{3}\times\frac{1}{3}=P(X=0)P(Y=0)$$

所以，随机变量 X 与 Y 不独立。

【例 3.2.3】　已知二维随机变量（X，Y）的联合分布律为

X \ Y	−1	1
0	0.08	0.12
1	0.12	0.18
2	0.20	0.30

试判断随机变量X与Y的独立性。

解 首先，求关于随机变量X与Y的边缘分布律，即

$$P(X=0)=0.08+0.12=0.2 \quad P(X=1)=0.12+0.18=0.3$$
$$P(X=2)=0.20+0.30=0.5$$
$$P(Y=-1)=0.08+0.12+0.2=0.4 \quad P(Y=1)=0.12+0.18+0.30=0.6$$

其次，容易验证

$$P(X=k,\ Y=l)=P(X=k)P(Y=l)$$

对于$k=0$，1，2和$l=-1$，1均成立，所以随机变量X与Y相互独立。

【例 3.2.4】 已知二维随机变量（X，Y）$\sim N(\mu_1,\ \sigma_1^2;\ \mu_2,\ \sigma_2^2;\ \rho)$，试证明$X$与$Y$相互独立当且仅当$\rho=0$。

证明 二维随机变量（X，Y）联合密度函数为

$$f(x,\ y)=\frac{1}{2\pi\sigma_1\sigma_2\sqrt{1-\rho^2}}\exp\left\{\frac{-1}{2(1-\rho^2)}\left[\frac{(x-\mu_1)^2}{\sigma_1^2}-2\rho\frac{(x-\mu_1)(y-\mu_2)}{\sigma_1\sigma_2}+\frac{(y-\mu_2)^2}{\sigma_2^2}\right]\right\}$$

由例 3.1.7，可得

$$f_x(x)f_Y(y)=\frac{1}{2\pi\sigma_1\sigma_2}\exp\left\{-\frac{1}{2}\left[\frac{(x-\mu_1)^2}{\sigma_1^2}+\frac{(y-\mu_2)^2}{\sigma_2^2}\right]\right\}$$

如果$\rho=0$，显然对于任意实数x，$y\in\mathbb{R}$，都有

$$f(x,\ y)=f_X(x)f_Y(y)$$

因此，X与Y相互独立。反之，如果X与Y相互独立，由于$f(x,\ y)$、$f_X(x)$和$f_Y(y)$都是连续函数，因此对于任意实数x，$y\in\mathbb{R}$，都有

$$f(x,\ y)=f_X(x)f_Y(y)$$

取$x=\mu_1$，$y=\mu_2$，则有

$$\frac{1}{2\pi\sigma_1\sigma_2\sqrt{1-\rho^2}}=\frac{1}{2\pi\sigma_1\sigma_2}$$

从而$\rho=0$。

【例 3.2.5】 设X和Y是两个相互独立的随机变量，X服从区间（0，1）上的均匀分布，Y服从参数$\lambda=1$的指数分布。求事件$\{X>Y\}$的概率。

解 由题设知，X与Y的概率密度分别为

$$f_X(x)=\begin{cases}1, & 0<x<1\\0, & \text{其他}\end{cases}$$

$$f_Y(y)=\begin{cases}e^{-y}, & y>0\\0, & y\leqslant 0\end{cases}$$

由于 X 和 Y 相互独立，故 X 与 Y 的联合密度为

$$f(x,\ y)=f_X(x)\cdot f_Y(y)=\begin{cases}e^{-y}, & 0<x<1,\ y>0\\0, & \text{其他}\end{cases}$$

故所求概率为

$$P(X\geqslant Y)=\iint\limits_{x\geqslant y}f(x,\ y)\,dx\,dy=\iint\limits_{0<x<1,0<y<x}e^{-y}\,dx\,dy$$

$$=\int_0^1 dx\int_0^x e^{-y}\,dy=\int_0^1(1-e^{-x})\,dx$$

$$=1-\int_0^1 e^{-x}\,dx=1-[1-e^{-1}]=e^{-1}$$

习题 3.2

1. 设二维随机变量（X，Y）的联合分布函数为

$$F(x,\ y)=\begin{cases}1-e^{-x}-e^{-2y}+e^{-(x+2y)}, & x>0,\ y>0\\0, & \text{其他}\end{cases}$$

试判断随机变量 X 与 Y 独立与否。

2. 在习题 3.1 第 1 题中，判断随机变量 X 与 Y 的独立性。

3. 在习题 3.1 第 2 题中，判断随机变量 X 与 Y 的独立性。

3.3 条 件 分 布

第 1 章介绍了一类重要的概率——条件概率，本节将介绍一类重要的分布——条件分布。对于离散型随机变量，直接利用条件概率来定义条件分布律；对于连续型随机变量，需要更多的数学工具才能推导出条件密度函数。

3.3.1 离散型随机变量的条件分布

定义 3.3.1 设（X，Y）是离散型随机变量，其分布律为

$$P\{X=x_i,\ Y=y_i\}=p_{ij}\ ,\ i,\ j=1,\ 2,\ \cdots$$

（X，Y）关于 X 和 Y 的边缘分布分别为

$$P\{X=x_i\}=p_{i\bullet},\ i=1,\ 2,\ \cdots;\qquad P\{Y=y_j\}=p_{\bullet j},\ j=1,\ 2,\ \cdots$$

若对固定的 j，$p_{\bullet j}>0$，称

$$P\left\{X=x_i \mid Y=y_j\right\}=\frac{P\left\{X=x_i,\ Y=y_j\right\}}{P\left\{Y=y_j\right\}}=\frac{p_{ij}}{p_{\bullet j}},\ i=1,\ 2,\ \cdots$$

为在 $Y=y_j$ 条件下随机变量 X 件分布律。类似地，若对固定的 j，$p_{i\bullet}>0$，称

$$P\left\{Y=y_j \mid X=x_i\right\}=\frac{P\left\{X=x_i,\ Y=y_j\right\}}{P\left\{X=x_i\right\}}=\frac{p_{ij}}{p_{i\bullet}},\ j=1,\ 2,\ \cdots$$

为在 $X=x_i$ 条件下随机变量 Y 的条件分布律。

容易验证，上述条件分布律满足分布律的性质：

（1）$P\{X=x_i \mid Y=y_j\}=\dfrac{p_{ij}}{p_{\bullet j}}\geqslant 0$

（2）$\sum\limits_{i=1}^{\infty}P\{X=x_i \mid Y=y_j\}=\sum\limits_{i=1}^{\infty}\dfrac{p_{ij}}{p_{\bullet j}}=\dfrac{1}{p_{\bullet j}}\sum\limits_{i=1}^{\infty}p_{ij}=1$

【例 3.3.1】 一名射手进行射击，击中目标的概率为 p（$0<p<1$），射击到击中目标 2 次为止。设 X 表示首次击中目标所完成的射击次数，Y 表示总的射击次数。试求 X 和 Y 的联合分布律及条件分布律。

解 由题意，$\{Y=n\}$ 表示第 n 次击中目标且前 $n-1$ 次仅有一次击中目标。因为各次射击是独立的，所以无论 $m(m<n)$ 为多大，总有

$$P\left\{X=m,\ Y=n\right\}=p^2(1-p)^{n-2}$$

故 X 和 Y 的联合分布律为

$$P\left\{X=m,\ Y=n\right\}=p^2(1-p)^{n-2},\ m=1,\ 2,\ \cdots,\ n-1\ \ n=2,\ 3,\ \cdots$$

又

$$\begin{aligned}P\{X=m\}&=\sum_{n=m+1}^{\infty}P\{X=m,\ Y=n\}=\sum_{n=m+1}^{\infty}p^2(1-p)^{n-2}\\&=p^2\sum_{n=m+1}^{\infty}(1-p)^{n-2}=p^2\frac{(1-p)^{m-1}}{1-(1-p)}\\&=p(1-p)^{m-1},\ m=1,\ 2,\ \cdots\end{aligned}$$

$$\begin{aligned}P\{Y=n\}&=\sum_{m=1}^{n-1}P\{X=m,\ Y=n\}=\sum_{m=1}^{n-1}p^2(1-p)^{n-2}\\&=(n-1)p^2(1-p)^{n-2},\ n=2,\ 3,\ \cdots\end{aligned}$$

于是，由条件分布律的定义，有

当 $n=2，3，\cdots$ 时，

$$p\{X=m \mid Y=n\}=\frac{p^2(1-p)^{n-2}}{(n-1)p^2(1-p)^{n-2}}=\frac{1}{n-1},\ m=1,\ 2,\ \cdots,\ n-1$$

当 $m=1，2，\cdots，n-1$ 时，

$$p\{Y=n \mid X=m\}=\frac{p^2(1-p)^{n-2}}{p(1-p)^{m-1}}=p(1-p)^{n-m-1}\text{，}\ n=m+1\text{，}m+2\text{，}\cdots$$

3.3.2　连续型随机变量的条件分布

设（X，Y）是二维连续型随机变量，由于对任意的 x，$y\in\mathbb{R}$ 有 $P\{X=x\}=0$，$P\{Y=y\}=0$，因此不能直接使用条件概率来定义条件分布函数。

设（X，Y）密度函数为 $f(x, y)$，（X，Y）关于 X 和 Y 的边缘密度函数分别 $f_X(x)$ 和 $f_Y(y)$。给定 $y\in\mathbb{R}$，对任意固定的 $\varepsilon>0$ 及 $x\in\mathbb{R}$，考虑条件概率

$$P\{X\leqslant x \mid y<Y\leqslant y+\varepsilon\}$$

设 $P\{y<Y\leqslant y+\varepsilon\}>0$，则有

$$P\{X\leqslant x \mid y<Y\leqslant y+\varepsilon\}=\frac{P\{X\leqslant x, y<Y\leqslant y+\varepsilon\}}{P\{y<Y\leqslant y+\varepsilon\}}$$

$$=\frac{\int_{-\infty}^{x}\left[\int_{y}^{y+\varepsilon}f(s,\ t)\mathrm{d}t\right]\mathrm{d}s}{\int_{y}^{y+\varepsilon}f_Y(t)\mathrm{d}t}$$

当 ε 非常小时，近似地有

$$P\{X\leqslant x \mid y<Y\leqslant y+\varepsilon\}\approx\frac{\varepsilon\int_{-\infty}^{x}f(s,\ y)\mathrm{d}s}{\varepsilon f_Y(y)}=\int_{-\infty}^{x}\frac{f(s,\ y)}{f_Y(y)}\mathrm{d}s$$

因此，得到如下定义：

定义 3.3.2　设（X，Y）是连续型随机变量，其密度函数为 $f(x, y)$，（X，Y）关于 X 和 Y 的边缘密度函数分别 $f_X(x)$ 和，$f_Y(y)$ 称

$$f_{X|Y}(x \mid y)=\frac{f(x,\ y)}{f_Y(y)}$$

为在 $Y=y$ 条件下 X 的**条件密度函数**。类似地，称

$$f_{Y|X}(y \mid x)=\frac{f(x,\ y)}{f_X(x)}$$

为在 $X=x$ 条件下 Y 的**条件密度函数**。

【例 3.3.2】　设随机变量（X，Y）的联合概率密度为

$$f(x,\ y)=\begin{cases}x\mathrm{e}^{-y}, & 0<x<y<+\infty\\ 0, & \text{其他}\end{cases}$$

（1）求 $f_{X|Y}(x \mid y)$ 和 $f_{Y|X}(y \mid x)$；（2）求 $P(X<1 \mid Y<2)$ 和 $P(X<1 \mid Y=2)$。

解　（1）先分别计算 X 和 Y 的边缘密度，即

$$f_X(x)=\int_{-\infty}^{+\infty}f(x,\ y)\mathrm{d}y=\begin{cases}\int_x^{+\infty}x\mathrm{e}^{-y}\mathrm{d}y, & x>0\\ 0, & x\leqslant 0\end{cases}=\begin{cases}x\mathrm{e}^{-x}, & x>0\\ 0, & x\leqslant 0\end{cases}$$

$$f_Y(y)=\int_{-\infty}^{+\infty}f(x,\ y)\mathrm{d}x=\begin{cases}\int_0^{y}x\mathrm{e}^{-y}\mathrm{d}x, & y>0\\ 0, & y\leqslant 0\end{cases}=\begin{cases}\dfrac{1}{2}y^2\mathrm{e}^{-y}, & y>0\\ 0, & y\leqslant 0\end{cases}$$

由条件密度函数的定义，知

$$f_{X|Y}(x\,|\,y)=\frac{f(x,\ y)}{f_Y(y)}=\begin{cases}\dfrac{2x}{y^2}, & 0<x<y<+\infty\\ 0, & 其他\end{cases}$$

$$f_{Y|X}(y\,|\,x)=\frac{f(x,\ y)}{f_X(x)}=\begin{cases}\mathrm{e}^{x-y}, & 0<x<y<+\infty\\ 0, & 其他\end{cases}$$

（2）直接由条件概率定义，知

$$P(X<1\,|\,Y<2)=\frac{P(X<1,\ Y<2)}{P(Y<2)}=\frac{\int_{-\infty}^{1}\int_{-\infty}^{2}f(x,\ y)\mathrm{d}x\mathrm{d}y}{\int_{-\infty}^{2}f_Y(y)\mathrm{d}y}$$

$$=\frac{\int_0^1\mathrm{d}x\int_x^2 x\mathrm{e}^{-y}\mathrm{d}y}{\int_0^2\frac{1}{2}y^2\mathrm{e}^{-y}\mathrm{d}y}=\frac{1-2\mathrm{e}^{-1}-\frac{1}{2}\mathrm{e}^{-2}}{1-5\mathrm{e}^{-2}}$$

又由条件密度的性质，知

$$P(X<1\,|\,Y=2)=\int_{-\infty}^{1}f_{X|Y}(x\,|\,2)\mathrm{d}x$$

而

$$f_{X|Y}(x\,|\,2)=\begin{cases}\dfrac{x}{2}, & 0<x<2\\ 0, & 其他\end{cases}$$

所以

$$P(X<1\,|\,Y=2)=\int_0^1\frac{x}{2}\mathrm{d}x=\frac{1}{4}$$

习题 3.3

1. 在习题 3.1 的第 1 题中，求条件概率 $P(X=1|Y=2)$和 $P(Y=1|X=0)$，并写出当 $X=1$ 时 Y 的条件分布律。

2. 设二维随机变量（X, Y）的概率密度为

$$f(x,\ y)=\begin{cases}3x, & 0<x<1,\ 0<y<x\\ 0, & 其他\end{cases}$$

求 X 和 Y 的条件概率密度函数。

3.4　两个随机变量函数的分布

第 2 章 2.4 节讨论了单个随机变量函数的分布，本节将讨论两个随机变量函数的分布。设（X，Y）是二维随机变量，$z=(x, y)$ 是一个连续的二元函数，则 $Z=g(X, Y)$ 是一维随机变量。下面讨论 Z 的分布函数。

3.4.1　二维离散型随机变量函数的分布

设（X，Y）是二维离散型随机变量，其分布律为

$$P\left\{X=x_i, Y=y_j\right\}=p_{ij}，\ i，j=1，2，\cdots$$

则 $Z=g(X, Y)$ 也是离散型随机变量，因此可以先求出随机变量 Z 的取值，然后计算相应的取值概率。

一般地，有

$$P\{Z=z_k\}P\{g(X，Y)=z_k\}=\sum_{(i，j):g(x_i，y_j)=z_k} p_{ij}，\ k=1，2\cdots$$

其中，$\sum\limits_{(i，j):g(x_i，y_j)=z_k} p_{ij}$ 指对满足条件 $g(x_i，y_j)=z_k$ 的 p_{ij} 求和。

【例 3.4.1】　已知二维随机变量（X，Y）的联合分布律为

X \ Y	0	1	2
0	0.1	0.1	0.2
1	0.2	0.3	0.1

求：（1）$X+Y$ 的分布律；（2）$\max\{X，Y\}$ 的分布律。

解　（1）令 $Z_1=X+Y$，则 Z_1 的取值表为

(X，Y)	(0，0)	(0，1)	(0，2)	(1，0)	(1，1)	(1，2)
Z_1	0	1	2	1	2	3

所以，$Z_1=X+Y$ 的分布律为

Z_1	0	1	2	3
P	0.1	0.1+0.2	0.2+0.3	0.1

即

Z_1	0	1	2	3
P	0.1	0.3	0.5	0.1

（2）令 $Z_2=\max\{X, Y\}$，则 Z_2 的取值表为

(X, Y)	(0，0)	(0，1)	(0，2)	(1，0)	(1，1)	(1，2)
Z_2	0	1	2	1	1	2

所以，$Z_2=\max\{X, Y\}$的分布律为

Z_2	0	1	2
P	0.1	0.1+0.2+0.3	0.2+0.1

即

Z_2	0	1	2
P	0.1	0.6	0.3

【例 3.4.2】 设随机变量 X 和 Y 相互独立，且 $X\sim P(\lambda_1)$，$Y\sim P(\lambda_2)$。试求随机变量 $X+Y$ 的分布律。

解 因为 $X\sim P(\lambda_1)$，$Y\sim P(\lambda_2)$，所以

$$P(X=i)=\frac{\lambda_1 \mathrm{e}^{-\lambda_1}}{i!}, \quad i=0, 1, 2\cdots$$

$$P(Y=j)=\frac{\lambda_2^j \mathrm{e}^{-\lambda_2}}{j!}, \quad j=0, 1, 2\cdots$$

且 $X+Y$ 所有的可能取值为 0，1，2⋯ 利用 X 和 Y 的独立性，对任意自然数 k 有

$$\begin{aligned}P(X+Y=k)&=P\left(\bigcup_{l=0}^{k}\{X=l, \ Y=k-l\}\right)\\&=\sum_{l=0}^{k}P(X=l, \ Y=k-l)\\&=\sum_{l=0}^{k}P(X=l)P(Y=k-l)\\&=\sum_{l=0}^{k}\frac{\lambda_1^l \mathrm{e}^{-\lambda_1}}{l!}\frac{\lambda_2^{k-1}\mathrm{e}^{-\lambda_2}}{(k-l)!}\\&=\frac{\mathrm{e}^{-(\lambda_1+\lambda_2)}}{k!}\sum_{l=0}^{k}\frac{k!}{l!(k-l)!}\lambda_1^l\lambda_2^{k-1}\\&=\frac{(\lambda_1+\lambda_2)^k \mathrm{e}^{-(\lambda_1+\lambda_2)}}{k!}\end{aligned}$$

即 $X+Y\sim P(\lambda_1+\lambda_2)$。

3.4.2　二维连续型随机变量函数的分布

设（X，Y）是二维连续型随机变量，其密度函数为 $f(x, y)$。如果 $Z=g(x, y)$ 也是连续型随机变量，则其分布函数为

$$F_Z(z)=P\{Z\leqslant z\}=P\{g(X, Y)\leqslant z\}=\iint\limits_{g(x,y)\leqslant z} f(x, y)\mathrm{d}x\mathrm{d}y$$

根据连续型随机变量的密度函数性质 6，可得

$$F_Z(z)=\begin{cases}\dfrac{\mathrm{d}F_Z(z)}{\mathrm{d}z}, & 当F_Z(z)在z处可导\\ 0, & 当F_Z(z)在z处不可导\end{cases}$$

【例 3.4.3】　设二维随机变量（X，Y）在区域 $G=\{(x, y)\,|\,0\leqslant x\leqslant 2, 0\leqslant y\leqslant 1\}$ 上服从均匀分布，试求边长为 X 和 Y 的矩形面积 S 的概率密度函数 $g(s)$。

解　由题意知，二维随机变量（X，Y）的联合密度函数为

$$f(x, y)=\begin{cases}\dfrac{1}{2}, & (x, y)\in G\\ 0, & (x, y)\overline{\in} G\end{cases}$$

又因为边长为 X 和 Y 的矩形面积 $S=XY$，所以其分布函数为

$$F_S(s)=P\{S\leqslant s\}=P\{XY\leqslant s\}$$

显然，当 $s<0$ 时，

$$F_S(s)=P\{XY\leqslant s\}=0$$

当 $s>2$ 时，

$$F_S(s)=P\{XY\leqslant s\}=1$$

当 $0\leqslant s\leqslant 2$ 时，积分区域如图 3.4.1 所示。

$$\begin{aligned}F_S(s)=P\{XY\leqslant s\}&=\iint\limits_{xy\leqslant s} f(x, y)\mathrm{d}x\mathrm{d}y\\ &=\iint\limits_{(x,y)\in D}\frac{1}{2}\mathrm{d}x\mathrm{d}y\\ &=\frac{1}{2}S_D\\ &=\frac{1}{2}\left[s+\int_s^2\frac{s}{x}\mathrm{d}x\right]\\ &=\frac{1}{2}[s+s\ln 2-s\ln s]\end{aligned}$$

所以

$$g(s)=F_S'(s)=\begin{cases}\dfrac{1}{2}[\ln 2-\ln s], & 0<s<2\\ 0, & 其他\end{cases}$$

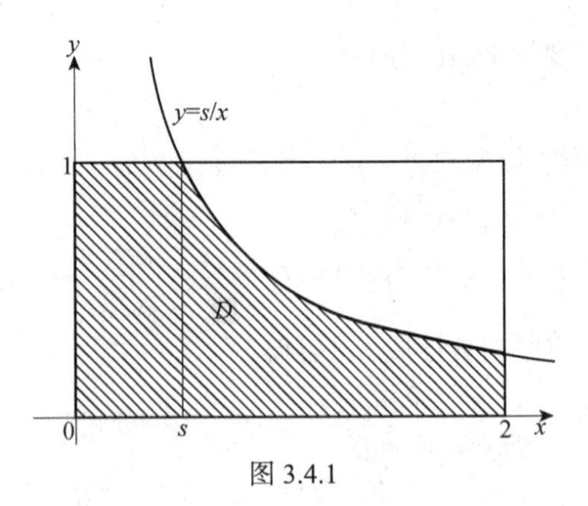

图 3.4.1

在实际应用中，人们常常对如下特殊情形感兴趣。

1. $Z=X+Y$ 的分布

定理 3.4.1 设（X，Y）是二维连续型随机变量，其密度函数为 $f(x, y)$，则 $X+Y$ 仍是连续型随机变量，其密度函数为

$$f_Z(z)=\int_{-\infty}^{+\infty} f(x, z-x)\,\mathrm{d}x \quad 或 \quad f_Z(z)=\int_{-\infty}^{+\infty} f(z-y, y)\,\mathrm{d}y$$

如果 X 与 Y 相互独立，密度函数分别为 $f_X(x)$ 和 $f_Y(y)$，则有

$$f_Z(z)=\int_{-\infty}^{+\infty} f_X(x)f_Y(z-x)\,\mathrm{d}x \quad 或 \quad f_Z(z)=\int_{-\infty}^{+\infty} f_X(z-y)f_Y(y)\,\mathrm{d}y$$

这两个公式称为**卷积公式**，记为 $f_X * f_Y$，即

$$f_X * f_Y(z)=\int_{-\infty}^{+\infty} f_X(x)f_Y(z-x)\,\mathrm{d}x=\int_{-\infty}^{+\infty} f_X(z-y)f_Y(y)\,\mathrm{d}y$$

证明 先求 Z 的分布函数，即

$$F_Z(z)=P\{Z\leqslant z\}=P\{X+Y\leqslant z\}=\iint_{x+y\leqslant z} f(x, y)\,\mathrm{d}x\,\mathrm{d}y$$

这里，积分区域 $\{G: x+y\leqslant z\}$ 指的是直线 $x+y=z$ 及其左下方的半平面（如图 3.4.2 所示）。将二重积分化成累次积分，得

$$F_Z(z)=\int_{-\infty}^{+\infty}\left[\int_{-\infty}^{z-x} f(x, y)\,\mathrm{d}y\right]\mathrm{d}x$$

固定 z 和 x，作变量代换 $y=s-x$，得

$$\int_{-\infty}^{z-x} f(x, y)\,\mathrm{d}y=\int_{-\infty}^{z} f(x, s-x)\,\mathrm{d}s$$

因此，

$$F_Z(z)=\int_{-\infty}^{+\infty}\left[\int_{-\infty}^{z} f(x, s-x)\,\mathrm{d}s\right]\mathrm{d}x=\int_{-\infty}^{z}\left[\int_{-\infty}^{+\infty} f(x, s-x)\,\mathrm{d}x\right]\mathrm{d}s$$

由密度函数的定义，得

$$f_Z(z)=\int_{-\infty}^{+\infty} f(x, z-x)\,\mathrm{d}x$$

同理可证

$$f_Z(z)=\int_{-\infty}^{+\infty} f(z-y, y)\,\mathrm{d}y$$

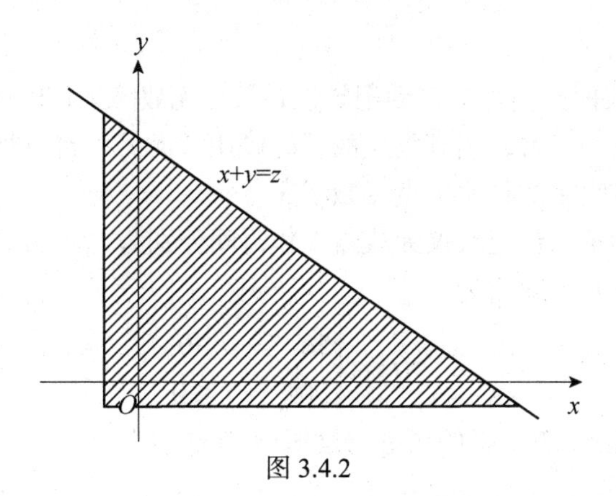

图 3.4.2

如果 X 与 Y 相互独立，设 $f_X(x)$ 和 $f_Y(y)$ 分别为二维随机变量（X，Y）关于 X 和 Y 的边际密度函数，则有

$$f_Z(z)=\int_{-\infty}^{+\infty} f_X(x)f_Y(z-x)\,\mathrm{d}x$$

$$f_Z(z)=\int_{-\infty}^{+\infty} f_X(z-x)f_Y(y)\,\mathrm{d}y$$

【例 3.4.4】　设 X 和 Y 是相互独立的随机变量，它们都服从 $N(0，1)$。求 $Z=X+Y$ 的密度函数。

解　利用卷积公式，得 Z 的密度函数为

$$f_Z(z)=\int_{-\infty}^{+\infty} f_X(x)f_Y(z-x)\,\mathrm{d}x$$

因为

$$f_X(x)=\frac{1}{\sqrt{2\pi}}\mathrm{e}^{-\frac{x^2}{2}}，\quad -\infty<x<+\infty$$

$$f_Y(y)=\frac{1}{\sqrt{2\pi}}\mathrm{e}^{-\frac{y^2}{2}}，\quad -\infty<y<+\infty$$

所以

$$\begin{aligned}f_Z(z)&=\frac{1}{2\pi}\int_{-\infty}^{+\infty}\mathrm{e}^{-\frac{x^2}{2}}\mathrm{e}^{-\frac{(z-x)^2}{2}}\,\mathrm{d}x\\&=\frac{1}{2\pi}\mathrm{e}^{-\frac{z^2}{4}}\int_{-\infty}^{+\infty}\mathrm{e}^{-\left(x-\frac{z}{2}\right)^2}\,\mathrm{d}x\end{aligned}$$

令 $t=x-\dfrac{z}{2}$，得

$$\begin{aligned}f_Z(z)&=\frac{1}{2\pi}\mathrm{e}^{-\frac{z^2}{4}}\int_{-\infty}^{+\infty}\mathrm{e}^{-t^2}\,\mathrm{d}t\\&=\frac{1}{2\pi}\mathrm{e}^{-\frac{z^2}{4}}\sqrt{\pi}=\frac{1}{\sqrt{2\pi}\sqrt{2}}\mathrm{e}^{-\frac{z^2}{2(\sqrt{2})^2}}，\quad -\infty<z<+\infty\end{aligned}$$

即 $Z\sim N(0，2)$ 。

更一般地，如果随机变量 X 和 Y 相互独立且 $X\sim N(\mu_1，\sigma_1^2)$， $Y\sim N(\mu_2，\sigma_2^2)$，

则 $X+Y\sim N(\mu_1+\mu_2,\ \sigma_1^2+\sigma_2^2)$。

【例 3.4.5】 有两台同样的自动记录仪，每台无故障工作时间服从参数为 0.2 的指数分布。首先开动其中一台，当其发生故障时停用，而另一台自行开动。试求两台记录仪无故障工作的总时间 T 的概率密度函数 $f(x)$。

解 设第一台和第二台记录仪无故障工作时间分别为 T_1 和 T_2，它们是两个相互独立的随机变量，且其分布密度均为

$$\varphi(t)=\begin{cases}5\mathrm{e}^{-5t}, & t>0\\ 0, & t\leqslant 0\end{cases}$$

而 $T=T_1+T_2$，由卷积公式知，T 的概率密度函数 $f(x)$ 为

$$f(x)=\int_{-\infty}^{+\infty}\varphi(x-y)\varphi(y)\,\mathrm{d}y$$

为使被积函数非零，必须满足条件

$$\begin{cases}x-y>0\\ y>0\end{cases}\text{即}\begin{cases}x>y\\ y>0\end{cases}$$

从而，若 $x\leqslant 0$，则 $\{x>y\}\cap\{y>0\}=\phi$，于是

$$f(x)=0$$

若 $x>0$，则 $\{x>y\}\cap\{y>0\}=\{0<y<x\}$，故

$$\begin{aligned}f(x)&=\int_0^x 25\mathrm{e}^{-5(x-y)}\,\mathrm{e}^{-5y}\,\mathrm{d}y\\ &=25x\mathrm{e}^{-5x}\end{aligned}$$

所以，两台记录仪无故障工作的总时间 T 的密度函数 $f(x)$ 为

$$f(x)=\begin{cases}25x\mathrm{e}^{-5x}, & x>0\\ 0, & x\leqslant 0\end{cases}$$

【例 3.4.6】 设随机变量 X 与 Y 相互独立，其概率密度函数分别为

$$f_X(x)=\begin{cases}1, & 0\leqslant x\leqslant 1\\ 0, & \text{其他}\end{cases}\qquad \text{和} \qquad f_Y(y)=\begin{cases}\mathrm{e}^{-y}, & y>0\\ 0, & y\leqslant 0\end{cases}$$

求随机变量 $Z=2X+Y$ 的概率密度函数。

解 （1）**分布函数法**。因为 X 和 Y 相互独立，所以（X，Y）的联合概率密度函数为

$$f(x,\ y)=f_X(x)f_Y(y)=\begin{cases}\mathrm{e}^{-y}, & 0\leqslant x\leqslant 1,\ y>0\\ 0, & \text{其他}\end{cases}$$

故 $Z=2X+Y$ 的分布函数为

$$F_Z(z)=P(2X+Y\leqslant z)=\iint\limits_{2x+y\leqslant z} f(x,\ y)\,\mathrm{d}x\,\mathrm{d}y$$

记区域 $D=\{(x,\ y): 0\leqslant x\leqslant 1,\ y>0\}$， 区域 $G=\{(x,\ y): 2x+y\leqslant z\}$。当 $z\leqslant 0$ 时，显然有

$$F_Z(z)=\iint\limits_{2x+y\leqslant z} f(x,\ y)\,\mathrm{d}x\,\mathrm{d}y=0$$

当 $0\leqslant z\leqslant 2$ 时，积分区域如图 3.4.3 中的阴影部分所示，且

$$F_Z(z)=\iint\limits_{2x+y\leqslant z} f(x,\ y)\mathrm{d}x\mathrm{d}y=\iint\limits_{D\cap G}\mathrm{e}^{-y}\mathrm{d}x\mathrm{d}y$$

$$=\int_0^{\frac{1}{2}t}\mathrm{d}x\int_0^{z-2x}\mathrm{e}^{-y}\mathrm{d}y$$

$$=\int_0^{\frac{1}{2}t}(1-\mathrm{e}^{2x-z})\mathrm{d}x$$

$$=\frac{1}{2}(z-1+\mathrm{e}^{-z})$$

当 $z>2$ 时，积分区域如图 3.4.4 中的阴影部分所示，于是

$$F_Z(z)=\iint\limits_{2x+y\leqslant z} f(x,\ y)\mathrm{d}x\mathrm{d}y=\iint\limits_{D\cap G}\mathrm{e}^{-y}\mathrm{d}x\mathrm{d}y$$

$$=\int_0^1\mathrm{d}x\int_0^{z-2x}\mathrm{e}^{-y}\mathrm{d}y$$

$$=1-\frac{1}{2}\mathrm{e}^{-z}(\mathrm{e}^2-1)$$

所以，随机变量 $Z=2X+Y$ 的概率密度为

$$F_Z(z)=F_z'(z)=\begin{cases}0, & z\leqslant 0\\ \frac{1}{2}(1-\mathrm{e}^{-z}), & 0<z\leqslant 2\\ \frac{1}{2}(\mathrm{e}^2-1)\mathrm{e}^{-z}, & z>2\end{cases}$$

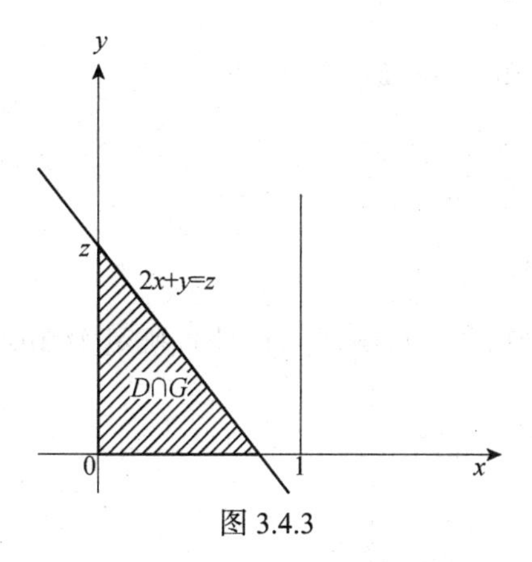

图 3.4.3

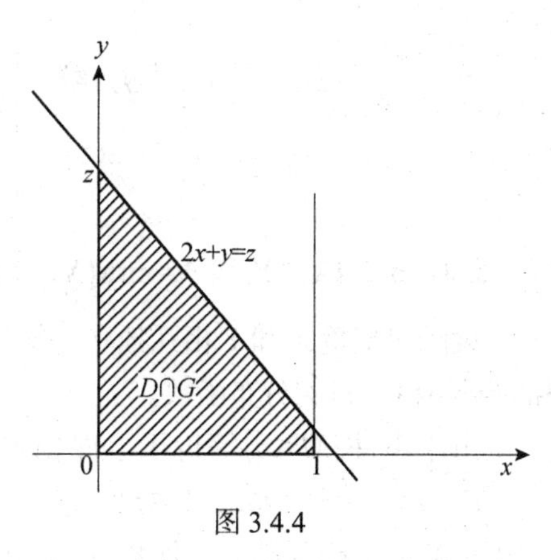

图 3.4.4

（2）卷积公式法。记 $W=2X$，为求 W 的密度函数，先考虑 W 的分布函数

$$F_W(w)=P(W\leqslant w)=P(2X\leqslant w)=P\left(X\leqslant\frac{w}{2}\right)=\int_{-\infty}^{\frac{w}{2}}f_X(x)\mathrm{d}x$$

$$=\begin{cases}0, & w\leqslant 0\\ \frac{w}{2}, & 0<w\leqslant 2\\ 1, & w>2\end{cases}$$

故 W 的概率密度为

$$f_W(w)=\begin{cases}\dfrac{1}{2}, & 0<w\leqslant 2\\ 0, & 其他\end{cases}$$

因为X和Y相互独立，所以W与Y也相互独立，从而$Z=2X+Y=W+Y$的概率密度可按卷积公式计算，即

$$f_Z(z)=\int_{-\infty}^{+\infty}f_W(w)f_Y(z-w)\,\mathrm{d}w$$

为使被积函数非零，必须满足条件

$$\begin{cases}0<w\leqslant 2\\ z-w>0\end{cases}\quad 即\quad \begin{cases}0<w\leqslant 2\\ w<z\end{cases}$$

若$z\leqslant 0$，则$\{0<w\leqslant 2\}\cap\{w<z\}=\phi$，于是

$$f_Z(z)=0$$

若$0<z\leqslant 2$，则$\{0<w\leqslant 2\}\cap\{w<z\}=\{0<w<z\}$，故

$$f_Z(z)=\int_0^z\frac{1}{2}\mathrm{e}^{-(z-w)}\,\mathrm{d}w=\frac{1}{2}(1-\mathrm{e}^{-z})$$

若$z>2$，则$\{0<w\leqslant 2\}\cap\{w<z\}=\{0<w<2\}$，故

$$f_Z(z)=\int_0^2\frac{1}{2}\mathrm{e}^{-(z-w)}\,\mathrm{d}w=\frac{1}{2}(\mathrm{e}^2-1)\mathrm{e}^{-z}$$

综上可知

$$f_Z(z)=\begin{cases}0, & z\leqslant 0\\ \dfrac{1}{2}(1-\mathrm{e}^{-z}), & 0<z\leqslant 2\\ \dfrac{1}{2}(\mathrm{e}^2-1)\mathrm{e}^{-z}, & z>2\end{cases}$$

2. $M=\max\{X,Y\}$和$N=\min\{X,Y\}$的分布

设随机变量X和Y相互独立，分布函数分别为$F_X(x)$和$F_Y(y)$。下面确定$M=\max\{X,Y\}$和$N=\min\{X,Y\}$的分布函数。

由于事件$\{M\leqslant z\}$等价于事件$\{X\leqslant z,Y\leqslant z\}$，故有

$P\{M\leqslant z\}=P\{X\leqslant z,Y\leqslant z\}$

又由于X和Y相互独立，所以$M=\max\{X,Y\}$的分布函数为

$$F_{\max}(z)=P\{M\leqslant z\}=P\{X\leqslant z,\ Y\leqslant z\}=P\{X\leqslant z\}P\{Y\leqslant z\}=F_X(z)F_Y(z)$$

类似地，可得$N=\min\{X,Y\}$的分布函数为

$$\begin{aligned}F_{\min}(z)&=P\{N\leqslant z\}=1-P\{N>z\}=1-P\{X>z,\ Y>z\}\\&=1-P\{X>z\}P(Y>z\}=[1-F_X(z)][1-F_Y(z)]\end{aligned}$$

【例 3.4.7】 假设一台设备由两台串联的机器组成。两台机器开机后，无故障工作的时间（小时）都服从参数为 0.2 的指数分布，且两台机器有无故障互不影响。设备定时开机，出现故障时自动关机；在无故障的情况下，工作 2 小时便关机。试求该设备每次开机无故障工作时间的分布函数和密度函数。

解　设两台机器以及该设备每次开机无故障工作时间分别为 X、Y 和 Z。由题意知 $Z=\min\{X, Y, 2\}$，且 X 与 Y 相互独立；又知 X 和 Y 的分布函数均为

$$F(x)=\begin{cases}1-\mathrm{e}^{-5x}, & x>0\\ 0, & x\leqslant 0\end{cases}$$

所以，当 $z<0$ 时，

$$F_Z(z)=P\{Z\leqslant z\}=0$$

当 $z\geqslant 2$ 时，

$$F_Z(z)=P\{Z\leqslant z\}=1$$

当 $0\leqslant z<2$ 时，

$$\begin{aligned}F_Z(z)&=P\{Z\leqslant z\}=P\{\min\{X, Y, 2\}\leqslant z\}\\&=P\{\min\{X, Y\}\leqslant z\}=1-P\{\min\{X, Y\}>z\}\\&=1-P\{X>z\}P\{Y>z\}\\&=1-\mathrm{e}^{-10z}\end{aligned}$$

于是，Z 的分布函数为

$$F_Z(y)=\begin{cases}0, & z<0\\ 1-\mathrm{e}^{-10z}, & 0\leqslant z<2\\ 1, & z\geqslant 2\end{cases}$$

Z 的密度函数为

$$f_Z(z)=F_Z'(y)=\begin{cases}10\,\mathrm{e}^{-10z}, & 0<z<2\\ 0, & 其他\end{cases}$$

习题 3.4

1. 已知二维随机变量（X，Y）的联合分布律为

X \ Y	0	1	2
−1	0.1	0.2	0.1
1	0.2	0.2	0.2

试求：（1）$2X-Y$；（2）$1-XY$；（3）$\min\{X, Y\}$的分布律。

2. 设二维随机变量(X, Y)的概率密度函数为

$$f(x, y)=\begin{cases}\dfrac{1}{3}x+y, & 0\leqslant x\leqslant 2,\quad 0\leqslant y\leqslant 1\\ 0, & 其他\end{cases}$$

试求随机变量 $X+Y$ 的概率密度。

3. 设随机变量 X 与 Y 相互独立，且均服从区间（0，3）上的均匀分布。试求 $P\{\max(X, Y)\leqslant 1\}$。

习 题 3

1. 设二维随机变量（X，Y）的联合分布函数为

$$F(x,y)=\begin{cases}0 & x\leqslant 0, y\leqslant 0\\ \sin x & 0<x<\dfrac{\pi}{2},\ y\geqslant\dfrac{\pi}{2}\\ \sin y & x\geqslant\dfrac{\pi}{2},\ 0<y<\dfrac{\pi}{2}\\ \sin x\sin y & 0\leqslant x\leqslant\dfrac{\pi}{2},\ 0\leqslant y\leqslant\dfrac{\pi}{2}\\ 1 & x\geqslant\dfrac{\pi}{2}, y\geqslant\dfrac{\pi}{2}\end{cases}$$

（1）求二维随机变量（X，Y）的边缘分布函数。

（2）求二维随机变量（X，Y）在矩形区域$G=\left\{0<x\leqslant\dfrac{\pi}{4},\ \dfrac{\pi}{6}<y\leqslant\dfrac{\pi}{3}\right\}$的概率。

2. 箱子中装有3件正品和2件次品。从箱子中任取一件产品，共取两次。令

$$X=\begin{cases}0, & 第一次取出正品\\ 1, & 第一次取出次品\end{cases}$$

$$Y=\begin{cases}0, & 第二次取出正品\\ 1, & 第二次取出次品\end{cases}$$

在（1）放回抽样；（2）不放回抽样的情形下，分别求二维随机变量（X，Y）的概率分布及分布函数。

3. 设口袋有5个球，分别标有号码1、2、3、4、5。现从这个口袋中任取3个球，用X、Y分别表示取出球的最大和最小号码。求二维随机变量（X，Y）的概率分布及边缘分布。

4. 设二维随机变量（X，Y）在区域$D=\{(x,\ y)\,|\,x^2+y^2\leqslant 4\}$上服从均匀分布。求二维随机变量（$X$，$Y$）的联合密度函数及$P\{-5<X<5,\ 0<Y<1\}$。

5. 假设二维随机变量（X，Y）在矩形$G=\{(x,\ y)\,|\,0\leqslant x\leqslant 2,\ 0\leqslant y\leqslant 1\}$上服从均匀分布。记

$$U=\begin{cases}0, & X\leqslant Y\\ 1, & X>Y\end{cases},\quad V=\begin{cases}0, & X\leqslant 2Y\\ 1, & X>2Y\end{cases}$$

求U和V的联合分布。

6. 已知二维随机变量（X，Y）的概率密度函数为

$$f(x,\ y)=\begin{cases}A\mathrm{e}^{-(2x+3y)}, & x>0,\ y>0\\ 0, & 其他\end{cases}$$

（1）求常数A。

（2）求$P\{-1\leqslant X\leqslant 1,\ -1\leqslant Y\leqslant 2\}$。

（3）求（X，Y）的分布函数。

7. 已知二维随机变量（X，Y）的概率密度函数为

$$f(x, y)=\begin{cases}4xy, & 0<x<1,\ 0<y<1\\ 0, & \text{其他}\end{cases}$$

（1）求 $P\{0<X<0.5,\ 0.25<Y<1\}$。

（2）求 $P\{X=Y\}$。

（3）求 $P\{X<Y\}$。

（4）求 $P\{X+Y\leqslant 1\}$。

8. 甲、乙两人独立地各进行两次射击。假设甲命中率为 0.2，乙命中率为 0.5，以 X 和 Y 分别表示甲和乙的命中次数。试求 X 和 Y 的联合概率分布。

9. 设随机变量 X 和 Y 相互独立。下表列出了二维随机变量（X，Y）的联合分布律及关于 X 和关于 Y 的边缘分布律中的部分数值。试将其余数值填在表中的空白处。

X \ Y	y_1	y_2	y_3	$P\{X=x_i\}=p_i$
x_1		$\frac{1}{8}$		
x_2	$\frac{1}{8}$			
$P\{Y=y_j\}=p_j$	$\frac{1}{6}$			1

10. 已知随机变量 X_1 和 X_2 的概率分布为

$$X_1\sim\begin{bmatrix}-1 & 0 & 1\\ \frac{1}{4} & \frac{1}{2} & \frac{1}{4}\end{bmatrix},\quad X_2\sim\begin{bmatrix}0 & 1\\ \frac{1}{2} & \frac{1}{2}\end{bmatrix}$$

而且 $P\{X_1X_2=0\}=1$。

（1）求 X_1 和 X_2 的联合分布。

（2）问 X_1 和 X_2 是否独立？

11. 设 A、B 是两个随机事件，随机变量

$$X=\begin{cases}1, & A\text{出现}\\ -1, & A\text{不出现}\end{cases},\quad Y=\begin{cases}1, & B\text{出现}\\ -1, & B\text{不出现}\end{cases}$$

试证明随机变量 X 和 Y 不相关的充分必要条件是 A 与 B 相互独立。

12. 已知二维随机变量（X，Y）的概率密度函数为

$$f(x, y)=\begin{cases}3x, & 0<x<1,\ 0<y<1\\ 0, & \text{其他}\end{cases}$$

(1)求边缘密度函数 $f_X(x)$和$f_Y(y)$。

(2)判断 X 与 Y 是否独立。

13. 设随机变量 X 服从参数为 $\lambda=1$ 的指数分布，随机变量

$$X_k=\begin{cases}0, & X\leqslant k\\ 1 & X>k\end{cases}\qquad k=1，2$$

试求随机变量 X_1 和 X_2 的联合概率分布。

14. 设二维随机变量（X, Y）的联合分布律如下表所示：

X \ Y	1	2	3	4
1	0.05	0.04	0.06	0.1
2	0.08	0.04	0.06	0.04
3	0.09	0.04	0.2	0.2

（1）求 X、Y 的边缘分布律，并判断 X 与 Y 是否独立。

（2）求 $P\{1\leqslant X<2.5, 1.3<Y\leqslant 3\}$。

（3）求在 X=2 的条件下 Y 的条件分布律。

（4）求在 Y=1 的条件下 X 的条件分布律。

15. 已知二维随机变量（X, Y）的概率密度函数为

$$f(x, y)=\begin{cases}x^2+\dfrac{xy}{3}, & 0\leqslant x\leqslant 1,\ 0\leqslant y\leqslant 2\\ 0, & \text{其他}\end{cases}$$

求 $f_{X|Y}(x\,|\,y)$和$f_{Y|X}(y\,|\,x)$。

16. 设 $X\sim P(\lambda_1)$，$X\sim P(\lambda_2)$，且 X 与 Y 独立，求 $P\{X=k\,|\,X+Y=n\}$。

17. 设某班车起点站的客人数 X 服从参数为 $\lambda(\lambda>0)$ 的泊松分布，每位乘客在中途下车的概率为 p（$0<p<1$），且中途下车与否相互独立。以 Y 表示在中途下车的人数。求：

（1）在发车时有 n 个乘客的条件下，中途有 m 人下车的概率。

（2）二维随机变量（X, Y）的概率分布。

18. 设二维随机变量（X, Y）的联合分布律为

X \ Y	−1	1	2
−1	0.1	0.06	0.1
0	0.05	0.2	0.04
1	0.05	0.2	0.2

（1）求 $M=\max\{X, Y\}$ 的分布律。

（2）求 $W=\min\{X, Y\}$ 的分布律。

（3）求 $Z_1=X+Y$ 的分布律。

（4）求 $Z_2=XY$ 的分布律。

19. 设 η、ξ 是两个相互独立且服从同一分布的两个随机变量。已知 ξ 的分布律为 $P(\xi=i)=\dfrac{1}{3}$，$i=1, 2, 3$；又设 $X=\max(\xi, \eta)$，$Y=\min(\xi, \eta)$。写出二维随机变量（X,

Y）的分布律：

Y \ X	1	2	3
1			
2			
3			

20. 设随机变量 X 与 Y 相互独立，且 X~U(0.1)，Y~exp(0.5)，求关于 a 的一元二次方程 $a^2+2Xa+Y=0$ 有实根的概率。

21. 若随机变量 X 与 Y 相互独立，且都服从分布 $U(0,\ 1)$。试求 $X+Y$ 的密度函数。

22. 设随机变量 X 与 Y 相互独立，且都服从分布 exp(5)。试求 $Z=X+Y$ 的密度函数。

23. 设随机变量 X 和 Y 的联合分布是正方形区域 $G=\{(x,\ y):1\leqslant x\leqslant 3,\ 1\leqslant y\leqslant 3\}$ 上的均匀分布，试求随机变量 $U=X-Y$ 的概率密度函数。

24. 设二维随机变量（X，Y）的概率密度为

$$f(x,\ y)=\begin{cases}1, & 0<x<1,\ 0<y<2x\\ 0, & \text{其他}\end{cases}$$

求：（1）（X，Y）的边缘概率密度 $f_X(x)$ 和 $f_Y(y)$ 。

（2）$Z=2X-Y$ 的概率密度 $f_Z(z)$。

（3）$P\left\{Y\leqslant\frac{1}{2}\mid X\leqslant\frac{1}{2}\right\}$。

25. 设二维随机变量（X，Y）的概率密度为

$$f(x,\ y)=\begin{cases}2-x-y, & 0<x<1,\ 0<y<1\\ 0, & \text{其他}\end{cases}$$

（1）求 $P\{X>2Y\}$。

（2）求 $Z=X+Y$ 的概率密度。

26. 假设一个电路装有三个同种电气元件，其工作状态相互独立，且无故障工作时间都服从参数为 $\lambda>0$ 的指数分布。当三个元件都无故障时，电路正常工作，否则整个电路不能正常工作。试求电路正常工作的时间 T 的概率分布。

第 4 章　随机变量的数字特征

尽管随机变量的概率分布给出了随机变量取值的概率特性，却不能简单明了地指出随机变量取值的某些特点，而且在实际应用中要完全掌握一个随机变量的概率分布往往是比较困难的。这就要求引入一些能集中、概括地反映随机变量取值特征的综合性指标。例如，一家超市某种商品的月销售量是一个随机变量，商家通常希望知道平均月销售量是多少；另外，商家希望知道该商品每月销售量对平均月销售量的偏离程度如何，掌握这些情况有利于超市经营上的安排。

本章主要介绍随机变量的常用数字特征：数学期望、方差、协方差、相关系数和矩等。这些特征在理论和实践中都有十分重要的意义。

4.1　数 学 期 望

4.1.1　离散型随机变量的数学期望

我们希望引进一个数值，它能反映随机变量所取数值的集中位置。在概率论中，这样的数值就是随机变量的数学期望。为了理解数学期望的意义，先看一个实例。

引例　设某班有 N 个学生，他们有 m 种不同的身高：x_1，x_2，$\cdots$，x_m，身高为 x_k 的学生共有 n_k 个（$1 \leqslant k \leqslant m$），则平均身高为

$$\bar{x} = \frac{n_1 x_1 + n_2 x_2 + \cdots + n_m x_m}{N} = x_1 \cdot \frac{n_1}{N} + x_2 \cdot \frac{n_2}{N} + \cdots + x_m \cdot \frac{n_m}{N} = \sum_{k=1}^{m} x_k \cdot \frac{n_k}{N}$$

上式中，x_1，x_2，$\cdots$，x_m 为各种可能的身高，$\frac{n_1}{N}$，$\frac{n_2}{N}$，$\cdots$，$\frac{n_k}{N}$ 为相应的百分比。

用概率的术语来说，从该班中任选一个学生作为实验 E，选中的学生身高 X 为随机变量，此时 x_1，x_2，$\cdots$，x_m 就是 X 所有可能取的一切值，$\frac{n_1}{N}$，$\frac{n_2}{N}$，$\cdots$，$\frac{n_k}{N}$ 便是相应的概率，故该班学生平均身高就是 X 的一切可能值与相应的概率乘积之和。

受这个例子启发，引入下面的定义。

定义 4.1.1　设离散型随机变量 X 的分布律为

$$p_i = P(X = x_i)，\ i = 1，2，\cdots$$

若

$$\sum_{i=1}^{\infty} |x_i| p_i < \infty$$

称级数$\sum_{i=1}^{\infty} x_i p_i$为随机变量$X$的**数学期望（或均值）**，记为$E(X)$，即

$$E(X)=\sum_{k=1}^{\infty} x_i p_i \tag{4.1.1}$$

若级数$\sum_{i=1}^{\infty} |x_i| p_i$发散，则称$X$的数学期望不存在。

从定义中可以看出：离散型随机变量X的数学期望就是X取的一切值与相应概率乘积的总和，也就是以概率为权数的加权平均值，它描述了随机变量取值的平均水平。$\sum_{i=1}^{\infty} |x_i| p_i$收敛，保证级数$\sum_{i=1}^{\infty} x_i p_i$不会因为其求和次序改变而变化。

【例 4.1.1】 甲、乙两位工人一月中所出废品件数的概率分布律如表 4.1.1 所示。设两人月产量相等，问谁的技术较高？

表 4.1.1 甲、乙两位工人一月中所出废品件数的概率分布律

	甲 工 人				乙 工 人				
X	0	1	2	3	Y	0	1	2	3
P	0.3	0.3	0.2	0.2	P	0.3	0.5	0.2	0

解 甲、乙两位工人一月中所出废品的平均件数分别为

$$E(X)=0\times0.3+1\times0.3+2\times0.2+3\times0.2=1.3$$
$$E(Y)=0\times0.3+1\times0.5+2\times0.2+3\times0=0.9$$

从每月出的平均废品数看，乙工人的技术比甲工人好。

【例 4.1.2】（平均速度和平均时间）如果遇到好天气（这种天气出现的概率为 0.6），李明骑自行车 2 千米上学，速度为每小时 5 千米（V=5）；天气不好的时候，他坐公共汽车上学，时速 40 千米。李明上学所用的平均时间是多少？

解 由题中条件可得李明上学所用时间T的分布律为

$$P(T=0.4)=0.6,\ P(T=0.05)=0.4$$

可得他上学所用的平均时间为

$$E(T)=0.4\times0.6+0.05\times0.4=0.242\text{（小时）}$$

下面的计算是错误的：先计算平均速度

$$E(V)=5\times0.6+40\times0.4=19\text{（千米/小时）}$$

然后声称平均时间为

$$\frac{2}{E(V)}=\frac{2}{19}\text{（小时/千米）}$$

注意，在这个例子中，

$$T=\frac{2}{V},\ E(T)=E\left(\frac{2}{V}\right)\neq\frac{2}{E(V)}$$

随机变量的数学期望由其概率分布唯一确定，因此常称某一分布的数学期望。下面

计算一些常用离散型分布的数学期望。

【例 4.1.3】　（**0-1 分布的数学期望**）设随机变量 X 的分布律为

$$P(X=1)=p, \quad P(X=0)=1-P$$

则

$$E(X)=0\times(1-p)+1\times p=p$$

【例 4.1.4】　（**二项分布的数学期望**）设 $X\sim B(n, p)$，即 X 的分布律为

$$P(X=k)=\mathrm{C}_n^k p^k q^{n-k}, \quad k=0, 1, 2, \cdots, n$$

则

$$\begin{aligned}E(X)&=\sum_{k=0}^{n}k\mathrm{C}_n^k p^k q^{n-k}=\sum_{k=1}^{n}k\frac{n!}{k!(n-k)!}p^k q^{n-k}\\&=np\sum_{k-1=0}^{n-1}\frac{(n-1)!}{(k-1)![(n-1)-(k-1)]!}p^{k-1}q^{(n-1)-(k-1)}\\&=np(p+q)^{n-1}=np\end{aligned}$$

【例 4.1.5】　（**泊松分布的数学期望**）设 $X\sim P(\lambda)$，即 X 的分布律为

$$P(X=k)=\frac{\lambda^k}{k!}\mathrm{e}^{-\lambda}, \quad k=0, 1, 2, \cdots$$

则

$$E(X)=\sum_{k=0}^{\infty}k\frac{\lambda^k}{k!}\mathrm{e}^{-\lambda}=\lambda\mathrm{e}^{-\lambda}\sum_{k=1}^{\infty}\frac{\lambda^{k-1}}{(k-1)!}=\lambda\mathrm{e}^{-\lambda}\cdot\mathrm{e}^{\lambda}=\lambda$$

4.1.2　连续型随机变量的数学期望

连续型随机变量数学期望的定义和含义完全类似于离散型随机变量场合，只要将分布律 $p_i=P(x=x_i)$改为密度函数，求和改为求积分即可。

定义 4.2　设连续型随机变量 X 的概率密度为 $f(x)$，若积分 $\int_{-\infty}^{+\infty}xf(x)\mathrm{d}x$ 绝对收敛，则称该积分值为 X 的**数学期望或均值**，记为 $E(X)$，即

$$E(X)=\int_{-\infty}^{+\infty}xf(x)\mathrm{d}x \tag{4.1.2}$$

若积分 $\int_{-\infty}^{+\infty}|x|f(x)\mathrm{d}x$ 发散，则称 X 的数学期望不存在。

下面计算一些常用连续型分布的期望值。

【例 4.1.6】　（**均匀分布的数学期望**）设 $X\sim U[a, b]$，其密度函数为

$$f(x)=\begin{cases}\dfrac{1}{b-a}, & a<x<b\\0, & 其他\end{cases}$$

于是

$$E(X)=\int_{-\infty}^{+\infty}xf(x)\mathrm{d}x=\int_a^b\frac{x}{b-a}\mathrm{d}x=\frac{b^2-a^2}{2(b-a)}=\frac{a+b}{2}$$

即均匀分布 $U[a, b]$的均值为$[a, b]$的中点。

【例 4.1.7】（**指数分布的数学期望**）设随机变量 X 服从参数为$\theta\,(\theta>0)$ 的指数分布，其密度函数为

$$f(x)=\begin{cases}\dfrac{1}{\theta}\mathrm{e}^{-\frac{x}{\theta}}, & x>0\\ 0, & x\leqslant 0\end{cases}$$

因而

$$\begin{aligned}E(X)&=\int_0^{+\infty}xf(x)\mathrm{d}x=\int_0^{+\infty}\frac{1}{\theta}x\mathrm{e}^{-x/\theta}\mathrm{d}x\\&=-x\mathrm{e}^{-x/\theta}\Big|_0^{+\infty}+\int_0^{+\infty}\mathrm{e}^{-x/\theta}\mathrm{d}x\\&=0-\theta\mathrm{e}^{-x/\theta}\Big|_0^{+\infty}=\theta\end{aligned}$$

【例 4.1.8】（**正态分布的数学期望**）设 $X\sim N(\mu, \sigma^2)$，其密度函数为

$$f(x)=\frac{1}{\sqrt{2\pi}\sigma}\mathrm{e}^{-\frac{(x-\mu)^2}{2\sigma^2}}，-\infty<x<+\infty$$

于是

$$\begin{aligned}E(X)&=\int_{-\infty}^{+\infty}x\frac{1}{\sqrt{2\pi}\sigma}\mathrm{e}^{-\frac{(x-\mu)^2}{2\sigma^2}}\mathrm{d}x\\&\overset{令t=\frac{x-\mu}{\sigma}}{=\!=\!=}\int_{-\infty}^{+\infty}\frac{\mu+\sigma t}{\sqrt{2\pi}}\mathrm{e}^{-\frac{t^2}{2}}\mathrm{d}t\\&=\mu\int_{-\infty}^{+\infty}\frac{1}{\sqrt{2\pi}}\mathrm{e}^{-\frac{t^2}{2}}\mathrm{d}t+\frac{\sigma}{\sqrt{2\pi}}\int_{-\infty}^{+\infty}t\mathrm{e}^{-\frac{t^2}{2}}\mathrm{d}t\\&=\mu\end{aligned}$$

即正态分布 $N(\mu, \sigma^2)$ 中的参数 μ 恰是该分布的均值。

在许多研究领域及日常生活中，数学期望都以其“平均值”的直观含义得到广泛的应用。下面看几个简单的例子。

【例 4.1.9】（彩券）某公司发行彩券 10 万张，每张 1 元。头等奖 1 个，奖金 1 万元；二等奖 2 个，奖金各 5 000 元；三等奖 10 个，奖金各 1 000 元；四等奖 100 个，奖金各 100 元；五等奖 1 000 个，奖金各 10 元。求每张彩券所得奖金额的期望值。

解 设 X 表示一张彩券得奖金额，则 X 的分布律为

X	10 000	5 000		100	10	0
P	$\frac{1}{10^5}$	$\frac{2}{10^5}$	$\frac{10}{10^5}$	$\frac{100}{10^5}$	$\frac{1\,000}{10^5}$	$\frac{98\,887}{10^5}$

则每张彩券所得奖金额的期望值为

$$E(X)=10\,000\times\frac{1}{10^5}+5\,000\times\frac{2}{10^5}+1\,000\times\frac{10}{10^5}+100\times\frac{100}{10^5}+10\times\frac{1\,000}{10^5}$$
$$=\frac{1}{10}+\frac{1}{10}+\frac{1}{10}+\frac{1}{10}+\frac{1}{10}=0.5$$

即付出 1 元，平均能收回一半。因此在我国，只有收益用于公益事业的彩券才允许发行。

【例 4.1.10】（保险）某保险公司规定，如果在一年内顾客投保的事件 A 发生，保险公司就赔偿顾客 a 元。若一年内事件 A 发生的概率为 p，为使公司收益的期望值等于 a 的 10%，该公司应该要求顾客交多少保险费?

解　设顾客应交保险费 m 元，公司在一个投保人身上所得的收益为 X 元，则 X 是一个随机变量，其分布律为

X	m	$m-a$
P	$1-p$	p

则公司期望收益为

$$E(X)=m(1-p)+(m-a)p=m-ap$$

由题设 $E(X)=a\times 10\%=a/10$，解得 $m=a\left(p+\frac{1}{10}\right)$。

练习 4.1

1. 已知随机变量 X 的分布律为 $P(X=k)=\frac{1}{2^k}$，$k=1, 2, \cdots$,，求 $E(X)$。

2. 一批产品中有一、二、三等品及等外品和废品 5 种，相应的概率分别为 0.7、0.1、0.1、0.06、0.04。若其价值分别为 6 元、5.4 元、5 元、4 元、0 元，求产品的平均价值。

3. 设随机变量 X 的概率密度为

$$f(x)=\begin{cases}x, & 0\leqslant x<1\\ 2-x, & 1\leqslant x\leqslant 2\\ 0, & \text{其他}\end{cases}$$

求 $E(X)$。

4.2　随机变量函数的数学期望及其性质

4.2.1　随机变量函数的数学期望

定理 4.2.1　设 $Y=g(X)$ 为随机变量 X 的函数。

（1）设 X 是离散型随机变量，其分布律为 $P_k=P(X=x_k)$，$k=1, 2, \cdots$ 若级数

$\sum_{k=1}^{\infty} g(x_k)p_k$ 绝对收敛，则有

$$E(Y)=E[g(X)]=\sum_{k=1}^{\infty} g(x_k)p_k \tag{4.2.1}$$

（2）设 X 是连续型随机变量，其分布密度为 $f(x)$，若积分 $\int_{-\infty}^{+\infty} g(x)f(x)\mathrm{d}x$ 绝对收敛，则有

$$E(Y)=E[g(X)]=\int_{-\infty}^{+\infty} g(x)f(x)\mathrm{d}x \tag{4.2.2}$$

定理 4.2.1 说明：求 $E(Y)$ 时，不必知道 Y 的分布，只需知道 X 的分布就可以了。

【例 4.2.1】 设随机变量 X 的分布律如下表所示：

X	0	1	2	3
P	$\frac{1}{2}$	$\frac{1}{4}$	$\frac{1}{8}$	$\frac{1}{8}$

试求 $E\left(\frac{1}{1+X}\right)$ 和 $E(X^2)$。

解 $E\left(\frac{1}{1+X}\right)=\frac{1}{1+0}\times\frac{1}{2}\times\frac{1}{1+1}\times\frac{1}{4}\times\frac{1}{1+2}\times\frac{1}{8}\times\frac{1}{1+3}\times\frac{1}{8}=\frac{67}{96}$

$$E(X^2)=0^2\times\frac{1}{2}\times1^2\times\frac{1}{4}\times2^2\times\frac{1}{8}\times3^2\times\frac{1}{8}=\frac{15}{8}$$

定理 4.2.2 设 $Z=g(X, Y)$ 是随机变量（X, Y）的连续函数。

（1）设（X, Y）是二维离散型随机变量，其联合分布律为

$$p_{ij}=P(X=x_i,\ Y=y_i),\ i,\ j=1,\ 2,\ \cdots$$

若 $\sum_{i=1}^{\infty}\sum_{j=1}^{\infty}|g(x_i,\ y_j)|p_{ij}<\infty$，则有

$$E(Z)=E[g(X,\ Y)]=\sum_{i=1}^{\infty}\sum_{j=1}^{\infty}|g(x_i,\ y_j)|p_{ij} \tag{4.2.3}$$

（2）设（X, Y）是二维连续型随机变量，联合分布密度为 $f(x, y)$，若 $\int_{-\infty}^{+\infty}\int_{-\infty}^{+\infty}|g(x,\ y)|f(x,\ y)\mathrm{d}x\mathrm{d}y<\infty$，则有

$$E(Z)=E[g(X,\ Y)]=\int_{-\infty}^{+\infty}\int_{-\infty}^{+\infty} g(x,\ y)f(x,\ y)\mathrm{d}x\mathrm{d}y \tag{4.2.4}$$

【例 4.2.2】 设（X, Y）的概率密度函数为

$$f(x,\ y)=\begin{cases}(x+y)/3, & 0\leqslant x\leqslant 2,\ 0\leqslant y\leqslant 1\\ 0, & 其他\end{cases}$$

试求 $E(X)$、$E(XY)$ 和 $E(X^2+Y^2)$。

解 $(X,\ Y)$ 的取值范围为 $D=\{(x,\ y):0\leqslant x\leqslant 2,\ 0\leqslant y\leqslant 1\}$，由式（4.2.4）可得

$$E(X)=\iint_D xf(x,\ y)\mathrm{d}x\mathrm{d}y=\int_0^2 x\mathrm{d}x\int_0^1\frac{x+y}{3}\mathrm{d}y=\frac{1}{6}\int_0^2 x(2x+1)\mathrm{d}x=\frac{11}{9}$$

$$E(XY)=\iint_D xyf(x,\ y)\mathrm{d}x\mathrm{d}y=\int_0^2\int_0^1 xy\frac{x+y}{3}\mathrm{d}y\mathrm{d}x=\int_0^2(\frac{1}{6}x^2+\frac{1}{9}x)\mathrm{d}x=\frac{8}{9}$$

$$E(X^2+Y^2)=\iint_D(x^2+y^2)f(x,\ y)\mathrm{d}x\mathrm{d}y$$

$$=\int_0^2 x^2\mathrm{d}x\int_0^1\frac{x+y}{3}\mathrm{d}y+\int_0^2\mathrm{d}x\int_0^1\frac{xy^2+y^3}{3}\mathrm{d}y=\frac{13}{6}$$

【例 4.2.3】　一家商店经销某种商品，每周进货的数量 X 与顾客对该种商品的需求量 Y 是相互独立的随机变量，且都服从区间[10，20]上的均匀分布。商店每售出一单位商品可获得利润 1 000 元。若需求量超出进货量，该商店可从其他商店调剂供应，调剂来的商品每单位可获利 500 元。试计算该商店经销这种商品每周所得利润的期望值。

解　设 Z 表示商店每周所得的利润，则

$$Z=g(X,\ Y)=\begin{cases}1\,000Y, & Y\leqslant X\\ 1\,000X+500(Y-X)=500(X+Y), & Y>X\end{cases}$$

X、Y 的联合密度为

$$f(x,\ y)=\begin{cases}\dfrac{1}{100}, & 10\leqslant x,\ y\leqslant 20\\ 0, & \text{其他}\end{cases}$$

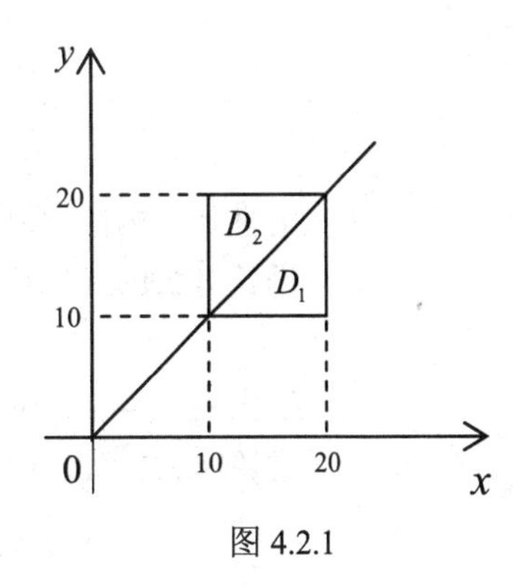

图 4.2.1

由式（4.2.4）及图 4.2.1 知

$$E(Z)=Eg(X,\ Y)=\int_{-\infty}^{+\infty}\int_{-\infty}^{+\infty}g(x,\ y)f(x,\ y)\mathrm{d}x\mathrm{d}y$$

$$=\iint_{D_1}1\,000y\times\frac{1}{100}\mathrm{d}x\mathrm{d}y+\iint_{D_2}500(x+y)\times\frac{1}{100}\mathrm{d}x\mathrm{d}y$$

$$=10\int_{10}^{20}\mathrm{d}y\int_y^{20}y\mathrm{d}x+5\int_{10}^{20}\mathrm{d}y\int_{10}^{y}(x+y)\mathrm{d}x$$

$$=10\int_{10}^{20}y(20-y)\mathrm{d}y+5\int_{10}^{20}\left(\frac{3}{2}y^2-10y-50\right)\mathrm{d}y$$

$$=\frac{20\,000}{3}+5\times1\,500\approx14\,166.67(\text{元})$$

4.2.2　数学期望的性质

现基于定理 4.2.1 和定理 4.2.2 证明数学期望的几个常用性质。以下均假定所涉及的数学期望是存在的。

性质 4.2.1　设 c 是常数，则有 $E(c)=c$。

性质 4.2.2　设 X 是随机变量，c 是常数，则有

$$E(cX)=cE(X)$$

性质 4.2.3　设 X、Y 是随机变量，则有

$$E(X+Y)=E(X)+E(Y)$$

性质 4.2.4　设 X、Y 是相互独立的随机变量，则有

$$E(XY)=E(X)E(Y)$$

性质 4.2.1 和性质 4.2.2 请读者自己证明，下面证明性质 4.2.3 和性质 4.2.4。这里仅就连续型情形给出证明，离散型情形类似可证。

性质 4.2.3 的证明 设二维连续型随机变量（X，Y）的联合分布密度为 $f(x, y)$，其边缘分布密度为 $f_X(x)$和 $f_Y(y)$，则

$$\begin{aligned}E(X+Y)&=\int_{-\infty}^{+\infty}\int_{-\infty}^{+\infty}(x+y)f(x,y)\mathrm{d}x\mathrm{d}y\\&=\int_{-\infty}^{+\infty}\int_{-\infty}^{+\infty}xf(x,y)\mathrm{d}x\mathrm{d}y+\int_{-\infty}^{+\infty}\int_{-\infty}^{+\infty}yf(x,y)\mathrm{d}x\mathrm{d}y\\&=E(X)+E(Y)\end{aligned}$$

性质 4.2.4 的证明 设二维连续型随机变量（X，Y）的联合分布密度为 $f(x, y)$，其边缘分布密度为 $f_X(x)$和 $f_Y(y)$。若 X 和 Y 相互独立，此时 $f(x, y)=f_X(x)f_Y(y)$，故有

$$\begin{aligned}E(XY)&=\int_{-\infty}^{+\infty}xyf(x,y)\mathrm{d}x\mathrm{d}y\\&=[\int_{-\infty}^{+\infty}xf_X(x)\mathrm{d}x][\int_{-\infty}^{+\infty}yf_Y(y)\mathrm{d}y]\\&=E(X)E(Y)\end{aligned}$$

由性质 4.2.1、性质 4.2.2 和性质 4.2.3 立即可得以下推论：

推论 4.2.1 设 X 是随机变量，a、b 是常数，则

$$E(aX+b)=aE(X)+b$$

根据性质 4.2.2 和性质 4.2.3，由数学归纳法可得以下推论：

推论 4.2.2 设 X_1，X_2，…，X_n 为 n 个随机变量，a_1，a_2，…，a_n 是常数，则

$$E(a_1X_1+a_2X_2+\cdots+a_nX_n)=a_1E(X_1)+a_2E(X_2)+\cdots+a_nE(X_n)$$

特别地，

$$E(X_1+X_2+\cdots+X_n)=E(X_1)+E(X_2)+\cdots+E(X_n)$$

性质 4.2.4 可推广到多个随机变量的情形，如下所述。

推论 4.2.3 设 X_1，X_2，…，X_n 为 n 个随机变量，且它们相互独立，则

$$E(X_1X_2\cdots X_n)=E(X_1)E(X_2)\cdots E(X_n)$$

【例 4.2.3】 设某种疾病的发病率为 1%。在 1 000 个人中普查这种疾病，为此化验每个人的血样，方法是：每 100 人一组，把从 100 人抽来的血样混在一起化验，如果混合血样呈阴性，则通过；如果混合血样呈阳性，再分别化验该组每个人的血样。求平均化验次数。

解 设 X_j 为第 j 组的化验次数，$j=1$，2，…，10，X 为 1 000 人的化验次数，则 X_j 的可能取值为 1 和 101，其分布律为

X_j	1	101
p_j	$(0.99)^{100}$	$1-(0.99)^{100}$

且 $X=X_1+\cdots+X_{10}$。而

$$E(X_j)=0.99^{100}+(101)(1-0.99^{100}),\ j=1,\ \dots,\ 10$$

所以

$$\begin{aligned}E(X)&=E(\sum_{j=1}^{10}X_j)=\sum_{j=1}^{10}E(X_j)\\&=10\left[0.99^{100}+(101)(1-0.99^{100})\right]\\&=1\,000\left[1+\frac{1}{100}-0.99^{100}\right]\approx 644\end{aligned}$$

由此可见，在求随机变量 X 的数学期望时，许多情况下可避免求复杂的概率分布，将 X 分割成一系列简单随机变量 X_i 相加，再应用期望的可加性求出最后结果。

练习 4.2

1. 设随机变量 X 的分布律为

X	−2	0	2
P_k	0.4	0.3	0.3

则 $E(X)$=____________，$E(X^2)$=____________，$E(3X^2+5)$=____________。

2. 设随机变量 X 的概率密度为

$$f(x)=\begin{cases}x, & a<x<b,\\0, & 其他,\end{cases}\quad 0<a<b$$

且 $E(X^2)=2$，则 $a=$_________，$b=$_________。

4.3　方　　差

4.3.1　方差的定义

数学期望是随机变量的一个重要数字指标，它反映了随机变量取值的平均水平。但在某些情况下，只知道平均值是不够的，还需要知道随机变量取值的平均离散程度。例如，用机器包装某种袋装食品，人们不仅要知道各袋重量 X 的平均值 $E(X)$的大小，还要知道各袋重量 X 距平均值 $E(X)$的平均偏离程度。在平均重量合格的情况下，平均偏离程度较小，表示机器工作较稳定，否则认为机器工作不够正常。

如何衡量随机变量的平均偏离程度呢？人们自然想到考察 $X-E(X)$，即 X 的离差的平均值，但马上发现，$E(X-E(X))=0$，即正、负离差相互抵消，因而没什么意义。用 $E|X-E(X)|$ 来描述，原则上是可以的，但有绝对值不便计算的问题；因此，通常用 $E\left\{[X-E(X)]^2\right\}$ 来描述随机变量与均值的平均偏离程度。

定义 4.3.1 设X是随机变量，若$E\{[X-E(X)]^2\}$存在，则称其为X的方差，记为$D(X)$（或$\mathrm{Var}(X)$），即

$$D(X)=E\{[X-E(X)]^2\}$$

称$\sqrt{D(X)}$为均方差或标准差，记为$\sigma(X)$。

方差与标准差的功能相似，它们都是用来反映随机变量的取值相对其均值的平均偏离程度。方差与标准差越小，随机变量的取值越集中；方差与标准差越大，随机变量的取值越分散。方差与标准差之间的差别主要在量纲上。由于标准差的量纲与随机变量的量纲相同，使用起来更直观，所以在实际中，人们比较喜欢选用标准差，但标准差的计算必须通过方差才能得到。

方差是通过数学期望来定义的，它是随机变量函数$[X-E(X)]^2$的数学期望。关于方差的计算，有如下公式：

（1）若X是离散型随机变量，分布律为$p_k=P(X=x_k)$，k=1，2，…则

$$D(X)=\sum_{k=1}^{\infty}[x_k-E(X)]^2 p_k$$

（2）若X是连续型随机变量，它的概率密度为$f(x)$，则

$$D(X)=\int_{-\infty}^{+\infty}[x-E(X)]^2 f(x)\mathrm{d}x$$

（3）$D(X)=E(X^2)-[E(X)]^2$。

证明 由方差的定义及数学期望的性质，得

$$\begin{aligned}D(X)&=E\{[X-E(x)]^2\}\\&=E\{X^2-2XE(X)+[E(X)]^2\}\\&=E(X^2)-2E(X)E(X)+[E(X)]^2\\&=E(X^2)-[E(X)]^2\end{aligned}$$

4.3.2 几个常用分布的方差

【例 4.3.1】 **（0-1 分布的方差）** 设随机变量X的分布律为

$$P(X=1)=p,\quad P(X=0)=1-p$$

由于$E(X)=p$，$E(X^2)=0^2\times(-p)+1^2\times p=p$，所以

$$D(X)=E(X^2)-[E(X)]^2=p-p^2=p(1-p)$$

【例 4.3.2】 **（二项分布的方差）** 设$X\sim B(n,\ p)$，即X的分布律为

$$P(X=k)=\mathrm{C}_n^k p^k q^{n-k},\quad k=0，1，2，\cdots，n$$

由于

$$E(X)=np$$

而

$$
\begin{aligned}
E(X^2) &= \sum_{k=0}^{n} k^2 \mathrm{C}_n^k p^k (1-p)^{(n-k)} \\
&= \sum_{k=1}^{n} k(k-1)\frac{n!}{k!(n-k)!} p^k (1-p)^{(n-k)} + \sum_{k=0}^{n} k \frac{n!}{k!(n-k)!} p^k (1-p)^{(n-k)} \\
&= n(n-1)p^2 \sum_{k=2}^{n} \frac{(n-2)!}{(k-2)![(n-2)-(k-2)]!} p^{k-2} q^{(n-2)-(k-2)} + np \\
&\overset{i=k-2}{=\!=} n(n-1)p^2 \sum_{i=0}^{n-2} \mathrm{C}_{n-2}^i p^i q^{(n-2)-i} + np \\
&= n(n-1)p^2 + np = n^2 p^2 + np(1-p)
\end{aligned}
$$

所以

$$
D(X) = E(X^2) - [E(X)]^2 = n^2 p^2 + np(1-p) - [np]^2 = np(1-p)
$$

【例 4.3.3】 （泊松分布的方差）设 $X \sim P(\lambda)$，即 X 的分布律为

$$
P(X=k) = \frac{\lambda^k}{k!} \mathrm{e}^{-\lambda}，\quad k = 0，1，2，\dots
$$

由于

$$
E(X) = \lambda
$$

而

$$
\begin{aligned}
E(X^2) &= \sum_{k=1}^{\infty} k^2 \frac{\lambda^k}{k!} \mathrm{e}^{-\lambda} \\
&= \lambda \sum_{k=1}^{\infty} \frac{k\lambda^{k-1}}{(k-1)!} \mathrm{e}^{-\lambda} = \lambda \mathrm{e}^{-\lambda} \sum_{k=0}^{\infty} \frac{(k+1)\lambda^k}{k!} \\
&= \lambda \mathrm{e}^{-\lambda} \sum_{k=0}^{\infty} \frac{k\lambda^k}{k!} + \lambda \mathrm{e}^{-\lambda} \sum_{k=0}^{\infty} \frac{\lambda^k}{k!} \\
&= \lambda \mathrm{e}^{-\lambda} (\lambda \mathrm{e}^{\lambda} + \mathrm{e}^{\lambda}) \\
&= \lambda^2 + \lambda
\end{aligned}
$$

所以

$$
D(X) = E(X^2) - [E(X)]^2 = \lambda^2 + \lambda - \lambda^2 = \lambda
$$

【例 4.3.4】 （均匀分布的方差）设 $X \sim U[a, b]$，其密度函数为

$$
f(x) = \begin{cases} \dfrac{1}{b-a}, & a < x < b \\ 0, & \text{其他} \end{cases}
$$

由于

$$
E(X) = \frac{a+b}{2}
$$

而

$$
E(X^2) = \int_a^b \frac{x^2}{b-a} \mathrm{d}x = \frac{b^3 - a^3}{3(b-a)} = \frac{b^2 + ab + a^2}{3}
$$

所以

$$D(X)=E(X^2)-[E(X)]^2=\frac{b^2+ab+a^2}{3}-\left(\frac{a+b}{2}\right)^2=\frac{(b-a)^2}{12}$$

【例 4.3.5】（**指数分布的方差**）设随机变量 X 服从参数为 θ（$\theta>0$）的指数分布，即其密度函数为

$$f(x)=\begin{cases}\frac{1}{\theta}\mathrm{e}^{-\frac{x}{\theta}}, & x>0\\ 0, & x\leqslant 0\end{cases}$$

由于

$$E(X)=\theta$$

而

$$\begin{aligned}E(X^2)&=\int_0^{+\infty}x^2f(x)\mathrm{d}x=\int_0^{+\infty}\frac{1}{\theta}x^2\mathrm{e}^{-\frac{x}{\theta}}\mathrm{d}x\\&=-\int_0^{+\infty}x^2\mathrm{de}^{-\frac{x}{\theta}}=-x^2\mathrm{e}^{-\frac{x}{\theta}}\Big|_0^{+\infty}+\int_0^{+\infty}2x\mathrm{e}^{-\frac{x}{\theta}}\mathrm{d}x\\&=-2\theta\int_0^{+\infty}x\mathrm{de}^{-\frac{x}{\theta}}\\&=-2\theta x\mathrm{e}^{-\frac{x}{\theta}}\Big|_0^{+\infty}+2\theta^2\int_0^{+\infty}\mathrm{e}^{-\frac{x}{\theta}}\mathrm{d}x\\&=-2\theta^2\mathrm{e}^{-\frac{x}{\theta}}\Big|_0^{+\infty}=2\theta^2\end{aligned}$$

所以

$$D(X)=E(X^2)-[E(X)]^2=\theta^2$$

【例 4.3.6】（**正态分布的方差**）设 $X\sim N(\mu,\ \sigma^2)$，其密度函数为

$$f(x)=\frac{1}{\sqrt{2\pi}\sigma}\mathrm{e}^{-\frac{(x-\mu)^2}{2\sigma^2}},\quad -\infty<x<+\infty$$

所以

$$\begin{aligned}D(X)&=E\left[(X-E(X))^2\right]\\&=\int_{-\infty}^{+\infty}(x-\mu)^2\frac{1}{\sqrt{2\pi}\sigma}\mathrm{e}^{-\frac{(x-\mu)^2}{2\sigma^2}}\mathrm{d}x\\&\overset{令\frac{x-\mu}{\sigma}=t}{=\!=\!=}\frac{\sigma^2}{\sqrt{2\pi}}\int_{-\infty}^{+\infty}t^2\mathrm{e}^{-\frac{t^2}{2}}\mathrm{d}t\\&=\frac{\sigma^2}{\sqrt{2\pi}}\left\{\left[-t\mathrm{e}^{-\frac{t^2}{2}}\right]_{-\infty}^{+\infty}+\int_{-\infty}^{+\infty}\mathrm{e}^{-\frac{t^2}{2}}\mathrm{d}t\right\}\\&=\frac{\sigma^2}{\sqrt{2\pi}}\int_{-\infty}^{+\infty}\mathrm{e}^{-\frac{t^2}{2}}\mathrm{d}t=\sigma^2\end{aligned}$$

即正态分布 $N(\mu,\ \sigma^2)$ 中的参数 σ^2 恰是该分布的方差。

4.3.3　方差的性质

根据方差的定义和数学期望的性质，很容易得到方差的性质。以下均假定随机变量的方差存在。

性质 4.3.1　设 c 是常数，有 $D(c)=0$。

性质 4.3.2　设 c 是常数，有 $D(cX)=c^2D(X)$，$D(X+c)=D(X)$。

性质 4.3.3　$D(X+Y)=D(X)+D(Y)+2E\{[X-E(X)][Y-E(Y)]\}$，当 X、Y 相互独立时，$D(X+Y)=D(X)+D(Y)$。

性质 4.3.4　若 X_1，X_2，…，X_n 是相互独立的随机变量，则

$$D\left(\sum_{i=1}^{n}C_iX_i\right)=\sum_{i=1}^{n}C_i^2D(X_i)$$

4.3.4　切比雪夫不等式

前面讨论的一些常用分布，如二项分布、泊松分布、均匀分布、指数分布和正态分布等，其所含的参数不多于两个。对于这类分布，如果其分布类型已知，只要知道它的数学期望和方差这两个数字特征(某些甚至只需知道其中之一)，就可以完全确定其分布。但是在实际应用中，随机变量的分布能够由其数学期望和方差确定的情况毕竟是很少一部分，大多数情况下，随机变量的分布类型是未知的。下面将介绍著名的切比雪夫不等式说明，只要随机变量 X 的数学期望和方差存在，就可以提供关于随机变量 X 分布的(除其本身含义之外的)某些信息。

定理 4.3.1（切比雪夫不等式）　设随机变量 X 的均值 $E(X)$及方差 $D(X)$存在，则对于任意正数 ε，有

$$P\{|X-E(X)|\geqslant\varepsilon\}\leqslant\frac{D(X)}{\varepsilon^2}\tag{4.3.1}$$

或

$$P\{|X-E(X)|<\varepsilon\}\geqslant 1-\frac{D(X)}{\varepsilon^2}\tag{4.3.2}$$

称该不等式为**切比雪夫（Chebyshev）**不等式。

证明　下面仅证明连续型随机变量的情形，离散型情形的证明完全类似。设 $f(x)$为 X 的密度函数，记 $E(X)=\mu$，$D(X)=\sigma^2$，则

$$\begin{aligned}P\{|X-E(X)|\geqslant\varepsilon\}&=\int\limits_{|x-\mu|\geqslant\varepsilon}f(x)\mathrm{d}x\leqslant\int\limits_{|x-\mu|\geqslant\varepsilon}\frac{(x-\mu)^2}{\varepsilon^2}f(x)\mathrm{d}x\\&\leqslant\frac{1}{\varepsilon^2}\int_{-\infty}^{+\infty}(x-\mu)^2f(x)\mathrm{d}x\leqslant\frac{1}{\varepsilon^2}\times\sigma^2=\frac{D(X)}{\varepsilon^2}\end{aligned}$$

在概率论中，事件 $\{|X-E(X)|\geqslant\varepsilon\}$ 称为大偏差，$P\{|X-E(X)|\geqslant\varepsilon\}$ 称为大偏差发生概率。切比雪夫不等式给出了大偏差发生概率的上界。这个上界与方差成正比，方差越

大，上界越大。

利用切比雪夫不等式，可以在随机变量 X 的分布未知的情形下估算事件 $\{|X-E(X)|<\varepsilon\}$ 或 $\{|X-E(X)|\geqslant\varepsilon\}$ 的概率。

【例 4.3.7】 已知某班某门课的平均成绩为 80 分，标准差为 10 分，试估计及格率。

解 设 X 表示任抽一名学生的成绩，则

$$P\{60\leqslant X\leqslant 100\}=P\{|X-80|\leqslant 20\}\geqslant P\{|X-80|<20\}\geqslant 1-\frac{100}{20^2}=75\%$$

在实践中，经常将式（4.3.4）或式（4.3.5）中的 ε 写成标准差 $\sigma(X)$ 的倍数，即 $\varepsilon=k\sigma(X)$。此时，式（4.3.4）和式（4.3.5）成为

$$P\{|X-E(X)|\geqslant k\sigma(X)\}\leqslant\frac{1}{k^2}$$

和

$$P\{|X-E(X)|<k\sigma(X)\}\geqslant 1-\frac{1}{k^2}$$

由此可见，至少以 $1-1/k^2(k>1)$ 的概率保证随机变量 X 的取值与均值的距离在 k 个标准差 $\sigma(X)$ 之内。

若取 $k=2$，3，4，则

$$P\{|X-E(X)|<2\sigma(X)\}\geqslant\frac{3}{4}=0.75$$

$$P\{|X-E(X)|<3\sigma(X)\}\geqslant\frac{8}{9}=0.8889$$

$$P\{|X-E(X)|<4\sigma(X)\}\geqslant\frac{15}{16}=0.9375$$

由于这种估计没有完整地用到概率分布，因此估计的结果比较粗糙。下面以正态分布 $N(\mu,\ \sigma^2)$ 为例来做对比，即

$$P\{|X-\mu|<2\sigma\}=0.9545$$

$$P\{|X-\mu|<3\sigma\}=0.9973$$

$$P\{|X-\mu|<4\sigma\}=0.99994$$

可见，利用切比雪夫不等式给出的概率下界是明显偏低的。

切比雪夫不等式在概率论与数理统计的许多理论推导中有着重要作用。下面定理的证明就用到了这一不等式。

定理 4.3.2 $D(X)=0$ 的充要条件是 X 以概率 1 取常数，即

$$P(X=c)=1$$

证明 充分性是显然的。下面证明必要性。因为

$$\{|X-E(X)|>0\}=\bigcup_{n=1}^{\infty}\left\{|X-E(X)|\geqslant\frac{1}{n}\right\}$$

由概率的性质和切比雪夫不等式，知

$$
\begin{aligned}
P\left\{\left|X-E(X)\right|>0\right\} &= P\left(\bigcup_{n=1}^{\infty}\left\{\left|X-E(X)\right|\geqslant\frac{1}{n}\right\}\right)\\
&\leqslant\sum_{n=1}^{\infty}P\left(\left|X-E(X)\geqslant\frac{1}{n}\right|\right)\\
&\leqslant\sum_{n=1}^{\infty}\frac{D(X)}{(1/n)^2}=0
\end{aligned}
$$

由此可知

$$P\{|X-E(X)|>0\}=0$$

于是

$$P\{|X-E(X)|=0\}=1$$

即

$$P\{X=E(X)\}=1$$

这就证明了结论，且其中的常数 c 就是 $E(X)$。

对于随机变量 X，若其数学期望 $E(X)$及方差 $D(X)$都存在，且 $D(X)>0$，则称 $X^*=\dfrac{X-E(X)}{\sqrt{D(X)}}$ 为 X 的标准化随机变量。

显然，标准正态变量是一般正态变量的标准化随机变量。

4.3.5　分布的其他特征数

数学期望和方差是随机变量最重要的两个数字特征。此外，随机变量有其他特征数。

定义 4.3.2　若 $E(X^k)$ $(k=1，2，\cdots)$存在，则称 $E(X^k)$为随机变量 X 的 k 阶**原点矩**；若 $E(X-E(X))^k(k=1，2，\cdots)$存在，则称 $E(X-E(X))^k$ 为随机变量 X 的 k 阶**中心矩**。

显然，数学期望是一阶原点矩；方差是二阶中心矩。由于 $|X|^{k-1}\leqslant|X|^k+1$，故 k 阶矩存在，则 $k-1$ 阶矩也存在，从而低于 k 阶的各阶矩都存在。

方差（标准差）反映了随机变量取值的波动程度，但在比较两个随机变量的波动大小时，如果仅看方差（标准差）的大小，有时会产生不合理的现象。这是因为：①随机变量的取值是有量纲的，不同量纲的随机变量用其方差（标准差）去比较，它们的波动大小不太合理；②在量纲相同的情况下，取值的大小有一个相对性问题，取值大的随机变量的方差（标准差）允许大一些。所以，当比较两个随机变量取值的波动大小时，某些场合下使用下面定义的变异系数进行比较更合理。

定义 4.3.3　设随机变量 X 的二阶矩存在，则称比值

$$C_V(\mathrm{X})=\frac{\sqrt{D(X)}}{E(X)}=\frac{\sigma(X)}{E(X)}$$

为 X 的变异系数。

变异系数是一个无量纲的量，消除了量纲对波动的影响。

定义 4.3.4　**（分位数）**设连续型随机变量 X 的分布函数为 $F(x)$，概率密度函数为 $f(x)$。

对于给定的正数α，$0<\alpha<1$，称满足条件

$$P(X>x_{\alpha})=\int_{x_{\alpha}}^{+\infty}f(x)\mathrm{d}x=\alpha$$

或

$$P(X\leqslant x_{\alpha})=F(x_{\alpha})=1-\alpha$$

的x_{α}为X（或其分布上）的α分位数，简称为X的α分位数。特别地，称$\alpha=0.5$时的α分位数$x_{0.5}$为中位数。

分位数x_{α}把密度函数曲线下的面积分为两块，右侧面积恰好为α（如图4.3.1所示）。

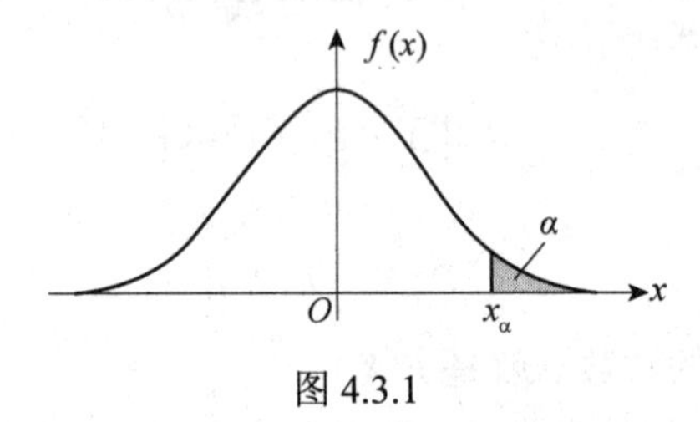

图4.3.1

【例4.3.8】　标准正态分布N（0，1）的α分位数记为u_{α}，它是方程

$$\Phi(u_{\alpha})=1-\alpha$$

的唯一解，其解为$u_{\alpha}=\Phi^{-1}(1-\alpha)$。其中，$\Phi^{-1}(x)$是标准正态分布函数$\Phi(x)$的反函数。反查标准正态分布函数表（见附表2）可得$u_{\alpha}$。例如，$u_{0.05}=1.645$，$u_{0.025}=1.96$。一般正态分布$N$（$\mu$，$\sigma^2$）的$\alpha$分位数$x_{\alpha}$是方程

$$\Phi\left(\frac{x_{\alpha}-\mu}{\sigma}\right)=1-\alpha$$

的解。所以，由

$$\frac{x_{\alpha}-\mu}{\sigma}=\mu_{\alpha}$$

可得

$$x_{\alpha}=\mu+\sigma\mu_{\alpha}$$

例如，正态分布N（10，2^2）的0.025分位数为

$$x_{0.025}=10+2\mu_{0.025}=10+2\times1.96=13.92$$

练习4.3

1. 设$X\sim U[a，b]$，且$E(X)=2$，$D(X)=1/3$，则$a=$______；$b=$______。

2. 设随机变量X的概率密度为

$$f(x)=\begin{cases}x, & 0\leqslant x<1\\ 2-x, & 1\leqslant x\leqslant 2\\ 0, & \text{其他}\end{cases}$$

求$D(X)$。

3. 一位实习生用一台设备独立地制造 3 个同种零件。设第 i 个零件为不合格品的概率为 $p_i=\dfrac{1}{1+i}$ (i=1，2，3) 求 3 个零件中合格品数 X 的期望与方差。

4.4　协方差和相关系数

二维随机变量（X，Y）分量的数学期望和方差分别反映了两个分量 X、Y 各自的平均值及对于各自平均值的离散程度，它对于了解（X，Y）的分布有一定帮助。但除了关心各分量的情况外，我们还希望了解两个分量之间的相互联系。下面介绍的协方差和相关系数都是描述两个随机变量线性相关程度的数字特征。

4.4.1　协方差

由数学期望的性质可知，当 X 与 Y 相互独立时，有

$$E\{[X-E(X)][Y-E(Y)]\}=E[X-E(X)]E[Y-E(Y)]=0$$

若 $E\{[X-E(X)][Y-E(Y)]\}\neq 0$，说明 X 与 Y 一定存在某种关系。因此，自然地想到用数值 $E\{[X-E(X)][Y-E(Y)]\}$ 来反映 X 与 Y 之间的某种关系，有如下定义。

定义 4.4.1　对于二维随机变量（X，Y），如果 $E\{[X-E(X)][Y-E(Y)]\}$ 存在，则称它为 X 与 Y 的**协方差**，记为 cov（X，Y）或 σ_{XY}，即

$$\mathrm{cov}(X,\ Y)=E(X-E(X))(Y-E(X))$$

显然，方差是协方差的特例，$D(X)$=cov（X，X）。

从协方差的定义看出，它是 X 的偏差“$X-E(X)$”与 Y 的偏差“$Y-E(Y)$”乘积的数学期望。由于偏差可正可负，故协方差也可正可负，也可为零，其具体表现如下所述。

（1）当 $\mathrm{cov}(X,\ Y)>0$ 时，称 X 与 Y **正相关**。这时，两个偏差“$X-E(X)$”与“$Y-E(Y)$”有同时增加或同时减少的倾向。由于 $E(X)$ 与 $E(Y)$ 都是常数，故等价于 X 与 Y 有同时增加或同时减少的倾向，这就是正相关的含义。

（2）当 $\mathrm{cov}(X,\ Y)<0$ 时，称 X 与 Y **负相关**。这时，有 X 增加而 Y 减少的倾向，或有 Y 增加而 X 减少的倾向，这就是负相关的含义。

（3）当 $\mathrm{cov}(X,\ Y)=0$ 时，称 X 与 Y **不相关**。这时，可能由两类情况导致：一类是 X 与 Y 的取值毫无关系，即 X 与 Y 独立；另一类是 X 与 Y 存在某种非线性关系（如例 4.4.1 所示）。

容易验证：

$$\mathrm{cov}(X,\ Y)=E(XY)-E(X)E(Y)$$

这个公式常用于协方差的计算。

协方差具有以下性质（证明留给读者）：

性质 4.4.1 $\operatorname{cov}(X, Y)=\operatorname{cov}(Y, X)$

性质 4.4.2 $\operatorname{cov}(aX, bY)=ab\operatorname{cov}(X, Y)$

性质 4.4.3 $\operatorname{cov}(X+Y, Z)=\operatorname{cov}(X, Z)+\operatorname{cov}(Y, Z)$

性质 4.4.4 $D(X\pm Y)=DX+DY\pm 2\operatorname{cov}(X, Y)$

性质 4.4.5 若 X、Y 相互独立，则 $\operatorname{cov}(X, Y)=0$，反之不然。

这个性质表明，“独立”必导致“不相关”，而“不相关”不一定导致“独立”。

【例 4.4.1】 设 Z 是服从 $[-\pi, \pi]$ 上的均匀分布，$X=\sin Z$，$Y=\cos Z$。试求协方差 $\operatorname{cov}(X, Y)$。

解 Z 服从 $[-\pi, \pi]$ 上的均匀分布，其概率密度为

$$f(z)=\begin{cases}\dfrac{1}{2\pi}, & -\pi\leqslant z\leqslant\pi\\ 0, & \text{其他}\end{cases}$$

所以

$$E(X)=E(\sin Z)=\frac{1}{2\pi}\int_{-\pi}^{\pi}\sin z\mathrm{d}z=0$$

$$E(Y)=E(\cos Z)=\frac{1}{2\pi}\int_{-\pi}^{\pi}\cos z\mathrm{d}z=0$$

$$E(X^2)=E(\sin^2 Z)=\frac{1}{2\pi}\int_{-\pi}^{\pi}\sin^2 z\mathrm{d}z=\frac{1}{2}$$

$$E(Y^2)=E(\cos^2 Z)=\frac{1}{2\pi}\int_{-\pi}^{\pi}\cos^2 z\mathrm{d}z=\frac{1}{2}$$

$$E(XY)=E(\sin Z\cos Z)=\frac{1}{2\pi}\int_{-\pi}^{\pi}\sin z\cos z\mathrm{d}z=0$$

因而

$$\operatorname{cov}(X, Y)=E(XY)-E(X)E(Y)=0$$

协方差 $\operatorname{cov}(X, Y)=0$，随机变量 X 与 Y 不相关，但 $X^2+Y^2=1$，从而 X 与 Y 不独立。

【例 4.4.2】 设随机变量 (X, Y) 具有概率密度

$$f(x, y)=\begin{cases}\dfrac{1}{8}(x+y), & 0\leqslant x\leqslant 2,\ 0\leqslant y\leqslant 2\\ 0, & \text{其他}\end{cases}$$

求 $\operatorname{cov}(X, Y)$ 和 $D(2X-Y)$。

解 $$E(X)=\int_{-\infty}^{+\infty}\int_{-\infty}^{+\infty}xf(x, y)\mathrm{d}x\mathrm{d}y=\int_0^2\mathrm{d}x\int_0^2\frac{1}{8}x(x+y)\mathrm{d}y=\frac{7}{6}$$

$$E(Y)=\int_0^2\mathrm{d}x\int_0^2 y\frac{1}{8}(x+y)\mathrm{d}y=\frac{7}{6}$$

$$E(XY)=\int_0^2\mathrm{d}x\int_0^2 xy\frac{1}{8}(x+y)\mathrm{d}y=\frac{4}{3}$$

所以

$$\operatorname{cov}(X, Y)=E(XY)-E(X)E(Y)=\frac{4}{3}-\frac{49}{36}=-\frac{1}{36}$$

又

$$E(X^2)=\int_0^2 \mathrm{d}x\int_0^2 x^2\frac{1}{8}(x+y)\mathrm{d}y=\frac{5}{3}$$

所以

$$D(X)=E(X^2)-[E(X)]^2=\frac{5}{3}-\frac{49}{36}=\frac{11}{36}$$

同理可得

$$E(Y^2)=\frac{5}{3},\ D(Y)=\frac{11}{36}$$

故

$$D(2X-Y)=4D(X)+D(Y)-4\operatorname{cov}(X,Y)=4\times\frac{11}{36}+\frac{11}{36}-\frac{4}{36}=\frac{17}{12}$$

4.4.2　相关系数

协方差 $\operatorname{cov}(X, Y)$ 虽然能够在一定程度上提供两个随机变量 X 与 Y 之间相依关系的信息，但有它的不足之处：一方面，协方差是带量纲的量，比如 X 表示人的身高（单位：m），Y 表示人的体重（单位：kg），则 $\operatorname{cov}(X, Y)$ 带有量纲（m・kg）；另一方面，如果让 X 和 Y 分别乘以正常数 a 和 b，则 $\operatorname{cov}(aX, bY)$ 是 $\operatorname{cov}(X, Y)$ 的 ab 倍，而 aX 与 bY 的相依程度同 X 与 Y 的相依程度显然一样。为了消除量纲与数量级的影响，将随机变量 X 与 Y 标准化后再求协方差，得到以下概念。

定义 4.4.2　对于二维随机变量（X, Y），若 X 与 Y 的协方差 $\operatorname{cov}(X, Y)$ 存在，且 $D(X)>0,\ D(Y)>0$，则称 $\dfrac{\operatorname{cov}(X,Y)}{\sqrt{D(X)}\sqrt{D(Y)}}$ 为 X 与 Y 的**相关系数**，记为 ρ_{XY}，即

$$\rho_{XY}=\frac{\operatorname{cov}(X,Y)}{\sqrt{D(X)}\sqrt{D(Y)}}$$

从以上定义可以看出，相关系数 ρ_{XY} 与协方差 $\operatorname{cov}(X, Y)$ 的符号相同，即同为正，或同为负，或同为零。这说明，从相关系数的取值可反映出 X 与 Y 的正相关、负相关和不相关。

关于相关系数 ρ_{XY}，有如下性质。

定理 4.4.1　设 ρ_{XY} 是 X 和 Y 的相关系数，则有

（1）$|\rho_{XY}|\leqslant 1$。

（2）$|\rho_{XY}|=1$ 的充要条件是 X 和 Y 以概率 1 存在线性关系，即存在常数 a、b，使 $P\{Y=aX+b\}=1$。

定理的证明从略，有兴趣的同学可参考有关参考文献。

注：X与Y不相关，实际上是指X和Y没有线性关系，它们仍可以有其他非线性关系，所以X与Y不相关不能说明X与Y相互独立。

事实上，相关系数只是随机变量间线性关系强弱的一个度量。当$|\rho_{XY}|=1$时，表明随机变量X与Y具有线性关系，$\rho=1$时为正线性相关，$\rho=-1$时为负线性相关；当$|\rho_{XY}|<1$时，这种线性相关程度随着$|\rho_{XY}|$减小而减弱；当$|\rho_{XY}|=0$时，意味着随机变量X与Y是不相关的。

【例 4.4.3】 设$(X, Y)\sim N(\mu_1, \mu_2; \sigma_1^2, \sigma_2^2; \rho)$，求$X$与$Y$的相关系数。

解 由于

$$\rho_{XY}=\frac{E(X-EX)(Y-EY)}{\sqrt{DX}\sqrt{DY}}=\frac{1}{\sigma_1\sigma_2}\int_{-\infty}^{+\infty}\int_{-\infty}^{+\infty}(x-\mu_1)(y-\mu_2)f(x, y)\mathrm{d}x\mathrm{d}y$$

令$s=\dfrac{x-\mu_1}{\sigma_1}$，$t=\dfrac{y-\mu_2}{\sigma_2}$，则

$$\rho_{XY}=\int_{-\infty}^{+\infty}\int_{-\infty}^{+\infty}\frac{st}{2\pi\sqrt{1-\rho^2}}\mathrm{e}^{-\frac{1}{2(1-\rho^2)}(s^2-2\rho st+t^2)}\mathrm{d}s\mathrm{d}t$$

$$=\int_{-\infty}^{+\infty}s\mathrm{e}^{-\frac{s^2}{2}}\mathrm{d}s\int_{-\infty}^{+\infty}\frac{t}{2\pi\sqrt{1-\rho^2}}\mathrm{e}^{-\frac{(t-\rho s)^2}{2(1-\rho^2)}}\mathrm{d}t$$

$$=\int_{-\infty}^{+\infty}\frac{\rho s^2}{\sqrt{2\pi}}\mathrm{e}^{-\frac{s^2}{2}}\mathrm{d}s=\rho$$

这就是说，二维正态随机变量（X，Y）的概率密度$f(x, y)$中的参数ρ是X与Y的相关系数。已经知道，$\rho=0$与X、Y独立是等价的，所以对于二维正态变量（X，Y）来说，不相关与独立是等价的。

【例 4.4.4】（**投资风险组合**）设有一笔资金，总量记为 1（可以是 1 万元，也可以是 100 万元等），如今要投资甲、乙两种证券。若将资金x_1投资甲证券，将余下的资金$1-x_1=x_2$投资乙证券，（x_1，x_2）就形成了一个投资组合。记X为投资甲证券的收益率，Y为投资乙证券的收益率，它们都是随机变量。如果已知X和Y的均值（代表平均收益）分别为μ_1和μ_2，方差（代表风险）分别为σ_1^2和σ_2^2，X与Y的相关系数为ρ，试求该投资组合的平均收益与风险（方差），并求使投资风险最小的x_1。

解 因为组合收益为

$$Z=x_1X+x_2Y=x_1X+(1-x_1)Y$$

所以，该组合的平均收益为

$$E(Z)=x_1E(X)+x_2E(Y)=x_1\mu_1+(1-x_1)\mu_2$$

而该组合的风险（方差）为

$$\begin{aligned}D(Z)&=D[x_1X+(1-x_1)Y]\\&=x_1^2D(X)+(1-x_1)^2D(Y)+2x_1(1-x_1)\mathrm{cov}(X, Y)\\&=x_1^2\sigma_1^2+(1-x_1)^2\sigma_2^2+2x_1(1-x_1)p\sigma_1\sigma_2\end{aligned}$$

求最小组合风险，即求 $D(Z)$关于 x_1 的极小点。为此，令

$$\frac{\mathrm{d}(D(Z))}{\mathrm{d}x_1}=2x_1\sigma_1^2-2(1-x_1)\sigma_2^2+2p\sigma_1\sigma_2-4x_1p\sigma_1\sigma_2=0$$

解上述方程，可得

$$x_1^*=\frac{\sigma_2^2-\rho\sigma_1\sigma_2}{\sigma_1^2+\sigma_2^2-2\rho\sigma_1\sigma_2}$$

它与μ_1和μ_2无关。又因为 $D(Z)$中的 x_1^2 的系数为正，所以 x_1^* 可使组合风险达到最小。

例如，$\sigma_1^2=0.3$，$\sigma_2^2=0.5$，$\rho=0.4$，则

$$x_1^*=\frac{0.5-0.4\sqrt{0.3\times0.5}}{0.3+0.5-2\times0.4\sqrt{0.3\times0.5}}=0.704$$

这说明，应把全部资金的70%投资于甲证券，把余下的30%资金投向乙证券，这样的投资组合风险最小。

4.4.3　随机向量的数学期望与协方差阵

下面给出 n 维随机向量的数学期望与协方差阵。

定义 4.4.3　记 n 维随机向量为 $\boldsymbol{X}=(X_1, \cdots, X_n)'$，若其每个分量的数学期望存在，则称

$$E(X)=(E(X_1),\ \cdots,\ E(X_n))'$$

为 n 维随机向量 $\boldsymbol{X}$ 的数学期望向量，简称为 $\boldsymbol{X}$ 的数学期望；称

$$E\left[(\boldsymbol{X}-E(\boldsymbol{X}))(\boldsymbol{X}-E(\boldsymbol{X}))'\right]=\begin{pmatrix} D(X_1) & \mathrm{cov}(X_1,X_2) & \cdots & \mathrm{cov}(X_1,X_n) \\ \mathrm{cov}(X_2,X_1) & D(X_2) & \cdots & \mathrm{cov}(X_2,X_n) \\ \vdots & \vdots & \ddots & \vdots \\ \mathrm{cov}(X_n,X_1) & \mathrm{cov}(X_n,X_2) & \cdots & D(X_n) \end{pmatrix}$$

为 $\boldsymbol{X}$ 的协方差阵，记为 $\mathrm{cov}(\boldsymbol{X})$。

从定义可以看出，n 维随机向量的数学期望是各分量的数学期望组成的向量，其协方差阵对角线上的元素是各分量的方差，非对角线上的元素是分量之间的协方差。

练习 4.4

1. 已知 $D(X)=25$，$D(Y)=36$，$\rho_{XY}=0.4$，则 $D(X-Y)=$ ________。
2. 设二维离散型随机变量（X，Y）的分布律为

X \ Y	0	1	2
0	0.1	0.05	0.25
1	0	0.1	0.2
2	0.2	0.1	0

则 ______。

（A）X、Y不独立　　（B）X、Y独立

（C）X、Y不相关　　（D）X、Y独立且相关

习题 4

1. 一批零件中有 9 个合格品与 3 个废品。在安装机器时，从这批零件中任取 1 个。如果取出的是废品，就不再放回去。求在取得合格品前，已取出的废品数的数学期望和方差。

2. 设随机变量 X 的概率密度为 $f(x)=\dfrac{1}{2\lambda}\mathrm{e}^{-\frac{|x-\mu|}{\lambda}}$，$-\infty<x<\infty$。其中，$\mu$、$\lambda(>0)$ 为常数（该分布称为拉普拉斯分布）。求 $E(X)$与 $D(X)$。

3. 连续型随机变量 X 的概率密度为

$$f(x)=\begin{cases}kx^a, & 0<x<1\\0, & \text{其他}\end{cases}\quad(k,\ a>0)$$

又知 $E(X)$=0.75，求 k 和 a 的值。

4. 某类型电话呼唤时间 T 是一个随机变量，满足

$$P(T>t)=\begin{cases}a\mathrm{e}^{-\lambda t}+(1-a)\mathrm{e}^{-\mu t}, & t\geqslant 0\\1, & t<0\end{cases}$$

其中，$0\leqslant a\leqslant 1$，$\lambda>0$，$\mu>0$ 为由统计资料确定的常数。求该类型电话的平均呼叫时间。

5. 某民航机场的送客汽车每次乘坐 20 位旅客自机场开出，沿途有 10 个车站。若到一个车站无旅客下车就不停车。假设每位旅客在各车站下车是等可能的，求汽车每次停车的平均数。

6. 已知 X 服从参数为 1 的指数分布，且 $Y=X+\mathrm{e}^{-2X}$，求 $E(Y)$ 与 $D(Y)$。

7. 测量圆的直径，设其值均匀地分布在区间[5，6]内，求圆面积的数学期望。

8. 设随机变量 X 的概率密度函数为 $f(x)=\begin{cases}1+x, & -1<x\leqslant 0\\1-x, & 0<x\leqslant 1\\0, & \text{其他}\end{cases}$，试求 $D(3X+2)$。

9. 某厂产品的寿命 T（以年计）服从指数分布，其概率密度函数为

$$f(t)=\begin{cases}\dfrac{1}{4}\mathrm{e}^{-\frac{t}{4}}, & t>0\\0, & t\leqslant 0\end{cases}$$

每售出一件这种产品，工厂获利 100 元。但工厂规定，售出的产品在一年内损坏可以调换，每调换一件产品，工厂花费 300 元。试求工厂售出一件产品平均获利多少元？

10. 一家公司经营某种原料。有资料表明，这种原料的需求量 X 在[300，500]（单位：吨）间服从均匀分布。每售出 1 吨该原料，公司可获利 1 千元；若积压 1 吨，公司要损失 0.5 千元。问公司应该组织多少货源，可使收益最大？

11. 设二维离散型随机变量（X, Y）在点（1, 1），$\left(-\frac{1}{2}, \frac{1}{4}\right)$，$\left(\frac{1}{2}, \frac{1}{4}\right)$，（-1, -1）取值的概率均为$\frac{1}{4}$，求$E(X)$、$E(Y)$、$D(X)$、$D(Y)$、$E(XY)$。

12. 设X、Y的联合概率分布律为

X \ Y	-1	0	1
-1	1/8	1/8	1/8
0	1/8	0	1/8
1	1/8	1/8	1/8

试计算X与Y的相关系数，并判断X与Y是否独立。

13. 设Y的概率密度函数为

$$f(x)=\begin{cases} e^{-x}, & x>0 \\ 0, & 其他 \end{cases}$$

定义$X_k=\begin{cases} 0, & Y\leqslant k \\ 1, & Y>k \end{cases}(k=1, 2)$。试求：

（1）X_1与X_2的联合概率分布。　　（2）$E(X_1+X_2)$。

14. 设二维随机变量（X, Y）有概率密度

$$f(x, y)=\begin{cases} 1, & |y|<x, \ 0<x<1 \\ 0, & 其他 \end{cases}$$ 。求$E(X)$、$E(Y)$、$E(XY)$。

15. 设X、Y相互独立，其概率密度分别为

$$f_X(x)=\begin{cases} 2x, & 0<x<1 \\ 0, & 其他 \end{cases}, \quad f_Y(y)=\begin{cases} e^{-(y-5)}, & y>1 \\ 0, & 其他 \end{cases}$$

试求$E(XY)$。

16. 设二维随机变量（X, Y）的联合密度函数为

$$f(x, y)=\begin{cases} 8xy, & 0<y<x, \ 0<x<1 \\ 0, & 其他 \end{cases}$$

试求$E(X)$、$E(Y)$、$D(X)$、$D(Y)$、$\text{cov}(X, Y)$、ρ_{XY}。

17. 有两台同样的自动记录仪，每台无故障工作的时间服从参数为 5 的指数分布。先开动其中的一台，当发生故障时，自动停机，另一台自动开机。求：两台记录仪无故障工作总时间T的概率密度$f(f)$、期望值与方差。

18. 五家商店联营，它们每两周售出的某种农产品的数量（以 kg 计）分别为X_1、X_2、X_3、X_4、X_5。已知$X_1\sim N(200, 250)$，$X_2\sim N(240, 240)$，$X_3\sim N(180, 225)$，$X_4\sim N(260, 265)$，$X_5\sim N(320, 270)$，X_1、X_2、X_3、X_4、X_5相互独立。

（1）求 5 家商店两周的总销售量均值和方差。

（2）商店每隔两周进货一次。为了使新的供货到达前商店不会脱销的概率大于 0.99，问商店的仓库应至少储存多少公斤该产品？

第5章 极限定理

概率论与数理统计是研究随机现象统计规律的学科，而随机现象的规律性是大量重复试验时呈现出的某种稳定性。例如，在大量重复试验中，随机事件出现的频率具有稳定性；在生产实践中，大量试验数据、测量数据的平均值也具有稳定性。这种稳定性就是本章将要讨论的大数定律的客观背景。

5.1 大数定律

实际问题中，概率接近0或1的事件是重要的。实际推断原理指出，概率接近0的事件在一次试验中是几乎不可能发生的；换言之，概率接近1的事件在一次试验中是几乎一定要发生的。研究概率接近0或1的规律是概率论的基本问题之一，为此引入如下定义。

定义 5.1.1 设X_1，X_2，…，X_n，…是一列随机变量，对任意的$\varepsilon>0$，存在常数a，有

$$\lim_{n\to\infty}P\{|X_n-a|\leqslant\varepsilon\}=1 \tag{5.1.1}$$

则称X_1，X_2，…，X_n，…依概率收敛于常数a，记为$X_n\xrightarrow{p}a$。

【例 5.1.1】 设随机变量X_n服从柯西分布，其密度函数为

$$f_n(x)=\frac{n}{\pi(1+n^2x^2)},\qquad -\infty<x<\infty$$

证明：$X_n\xrightarrow{p}0$。

证明 对任意的$\varepsilon>0$，

$$P\{|X_n|\leqslant\varepsilon\}=P\{-\varepsilon\leqslant X_n\leqslant\varepsilon\}$$
$$=\int_{-\varepsilon}^{\varepsilon}f_n(x)\mathrm{d}x=\frac{2}{\pi}\arctan(n\varepsilon)$$

对任意给定的$\varepsilon>0$，只要n充分大，$\arctan(n\varepsilon)\to\frac{\pi}{2}$，从而有$\lim\limits_{n\to\infty}P\{|X_n|\leqslant\varepsilon\}=1$，即$X_n\xrightarrow{p}0$。

定义 5.1.2 如果对任意的$n>1$，随机变量X_1，X_2，…，X_n相互独立，则称X_1，X_2，…，X_n，…是独立的随机序列。

定理 5.1.1 （**切比雪夫大数定律**）设随机变量序列X_1，X_2，…，X_n，…相互独立，且具有相同的数学期望$E(X_1)=\mu$和相同的方差$D(X_1)=\sigma^2$，则X_1，X_2，…，X_n，…服

从大数定律，即对$\forall\varepsilon>0$，有

$$\lim_{n\to\infty}P\left\{\left|\frac{1}{n}\sum_{i=1}^{n}X_i-\mu\right|<\varepsilon\right\}=1$$

证明 因为

$$E\left(\frac{1}{n}\sum_{i=1}^{n}X_i\right)=\frac{1}{n}\sum_{i=1}^{n}E(X_i)=\frac{1}{n}\cdot n\mu=\mu$$

$$D\left(\frac{1}{n}\sum_{i=1}^{n}X_i\right)=\frac{1}{n^2}\sum_{i=1}^{n}D(X_i)=\frac{1}{n^2}\cdot n\sigma^2=\frac{\sigma^2}{n}$$

根据切比雪夫不等式，可得

$$1\geqslant P\left\{\left|\frac{1}{n}\sum_{i=1}^{n}X_i-\mu\right|<\varepsilon\right\}\geqslant 1-\frac{\sigma^2}{n\varepsilon^2} \tag{5.1.2}$$

在式（5.1.2）中，不等式的两边取极限，可得

$$\lim_{n\to\infty}P\left\{\left|\frac{1}{n}\sum_{i=1}^{n}X_i-\mu\right|<\varepsilon\right\}=1$$

即

$$\frac{1}{n}\sum_{i=1}^{n}X_i\xrightarrow{p}\mu$$

在实际问题中，测量物件的长度、重量等物理值时，可以在相同的条件下重复测量n次，得到n个数据结果x_1，x_2，…，x_n。可以认为这些值来自相同的分布，具有相同的数学期望μ和方差σ^2。由定理5.1.1可知，只要测量的次数n足够大，取n次测量结果的平均值$\overline{x}=\frac{1}{n}\sum_{i=1}^{n}x_i$作为其均值$\mu$的近似，误差将很小。

定理 5.1.2 （**贝努利大数定律**）设n次独立重复试验中事件A发生的次数为n_A，每次试验中A的发生概率为P，则对任意的$\varepsilon>0$，有

$$\lim_{n\to\infty}P\left\{\left|\frac{n_A}{n}-P_A\right|<\varepsilon\right\}=1 \tag{5.1.3}$$

证明 引入如下随机变量序列：

$$X_i=\begin{cases}1 & \text{事件}A\text{在第}i\text{次试验中发生}\\ 0 & \text{事件}A\text{在第}i\text{次试验中不发生}\end{cases}\qquad i=1，2，\cdots$$

则X_1，X_2，…是相互独立的随机变量序列，且均服从两点分布，可得

$$E(X_i)=P，\ D(X_i)=P(1-P)\leqslant\frac{1}{4}$$

且有

$$\frac{1}{n}\sum_{i=1}^{n}X_i=\frac{n_A}{n}$$

由定理5.1.1可知定理5.1.2成立。

定理5.1.2以严格的数学形式表达了事件频率的稳定性。定理表明，随着试验次数增

加，事件发生的频率逐渐稳定于一个固定值，这个固定值就是该事件发生的概率。这为估计某个事件发生的概率提供了一种估计的方法，即只要试验的次数足够多，就可以用频率去近似概率。

上述大数定律都是假设随机变量序列 $X_1, X_2, \cdots, X_n, \cdots$ 的方差都存在，但对于独立同分布的随机变量序列，可以去掉这一假设，仅假设其数学期望存在即可，这就是如下的辛钦大数定律。

定理 5.1.3 （辛钦大数定律）设随机变量序列 $X_1, X_2, \cdots, X_n, \cdots$ 是独立同分布的，若 $E(X_n)=\mu<\infty$，则 $X_1, X_2, \cdots, X_n, \cdots$ 服从大数定律，即对 $\forall\varepsilon>0$，有

$$\lim_{n\to\infty} P\left\{\left|\frac{1}{n}\sum_{i=1}^{n} X_i-\mu\right|<\varepsilon\right\}=1$$

该定理的证明需要利用其他数学工具，在此略过。显然，定理 5.1.1 和定理 5.1.2 都是定理 5.1.3 的特例。

另外，由辛钦大数定律可知，对独立同分布的随机变量序列，如果其期望为 μ，则 $\frac{1}{n}\sum_{i=1}^{n} X_i \xrightarrow{p} \mu$。进一步地，如果 $E(X_i^k)=\mu_k$，$i=1, 2, \cdots$ 存在，立即可得 $\frac{1}{n}\sum_{i=1}^{n} X_i^k \xrightarrow{p} \mu_k$。这就是数理统计中参数的点估计中矩估计法的理论基础。

练习 5.1

1. 设一次试验成功的概率为 p，现在进行了独立的 150 次重复试验。当 p=______时，成功次数的标准差的值最大，其最大值为 __________。

2. 设 $X_1, X_2, \cdots, X_n, \cdots$ 为独立同分布的随机变量序列，且 $E(X_n)=0$，那么对任意的正的常数 c，$\lim_{n\to\infty} P\left\{\sum_{i=1}^{n} X_i \geqslant cn\right\}=$ ____________。

3. 已知 $E(X)=3$，$D(X)=1$，估计 $P\{2<X<4\}\geqslant$ ________。另外，$E(Y)=-3$，$D(Y)=2$，$\rho_{(X,Y)}=-0.3$，估计 $P\{|X+Y|\geqslant 5\}\leqslant$ _______。

5.2 中心极限定理

在很多实际问题中，一些随机现象可以看作是许多因素的独立影响综合的结果，而且每一个因素对该现象的影响都很微小。因此，描述这种随机现象的随机变量可以视作许多相互独立的具有微小作用的因素的总和。研究这一类现象的一个重要工具就是中心极限定理。在统计理论中，中心极限定理是大样本统计推断的理论基础。以下介绍两个最基本的定理。

定理 5.2.1 设随机序列 $X_1, X_2, \cdots, X_n, \cdots$ 是相互独立的随机变量序列，且服从同一分布，具有相同的期望和方差 $E(X_i)=\mu$，$D(X_i)=\sigma^2>0$，$i=1, 2, \cdots$。定义随机变量

$$Y_n = \frac{\sum_{i=1}^{n}(X_i - \mu)}{\sqrt{n\sigma^2}} = \frac{\overline{X} - \mu}{\sigma / \sqrt{n}}$$

其中，$\overline{X} = \frac{1}{n}\sum_{i=1}^{n} X_i$，则对任意的实数 y，有

$$\lim_{n\to\infty} P(Y_n \leqslant y) = \Phi(y) = \frac{1}{\sqrt{2\pi}}\int_{-\infty}^{y} \mathrm{e}^{-\frac{u^2}{2}} \mathrm{d}u \tag{5.2.1}$$

记 $Y_n \sim AN(0, 1)$，可得

$$\sum_{i=1}^{n} X_i \sim AN(n\mu, n\sigma^2) \tag{5.2.2}$$

定理 5.2.1 给出了独立随机变量和$\sum_{i=1}^{n} X_i$ 的极限分布，这里仅需要 X_1，X_2，…，X_n，…独立同分布，且方差有限，不管随机序列原来的分布是什么，只要 n 充分大，就可以用正态分布去近似。由此可见，中心极限定理具有极广泛的应用。

【例 5.2.1】 设一批饮料的重量服从期望为 0.5kg，方差为 0.01kg^2 的分布。每箱有这种饮料 100 件，试计算：

（1）估计每箱饮料的平均质量低于 0.47kg 的概率。

（2）估计每箱饮料的平均质量高于 0.53kg 的概率。

解 此处 n=100。设 X_i 是第 i 件饮料的重量，则 $E(X_i) = 0.5$，$D(X_i) = 0.01$，$i = 1, 2, \cdots, 100$。记 $\overline{X} = \frac{1}{100}\sum_{i=1}^{100} X_i$，根据定理 5.2.1，近似有

$$\frac{\overline{X} - \mu}{\sigma / \sqrt{n}} = \frac{\overline{X} - 0.5}{0.01} \sim AN(0, 1)$$

可得

$$（1）P\{\overline{X} < 0.47\} = P\left\{\frac{\overline{X} - 0.5}{0.01} < \frac{0.47 - 0.5}{0.01}\right\} = P\left\{\frac{\overline{X} - 0.5}{0.01} < -3\right\}$$
$$\approx \Phi(-3) = 1 - \Phi(3) \approx 0.0013$$

$$（2）P\{\overline{X} > 0.53\} = P\left\{\frac{\overline{X} - 0.5}{0.01} > \frac{0.53 - 0.5}{0.01}\right\} = P\left\{\frac{\overline{X} - 0.5}{0.01} > 3\right\}$$
$$\approx 1 - \Phi(3) \approx 0.0013$$

由此可见，每箱饮料的平均质量低于 0.47kg 和高于 0.53kg 的概率都是很小的。

在前面一节中，我们利用大数定律研究了频率稳定性的问题。针对二项分布，有以下中心极限定理。

定理 5.2.2 （棣莫弗－拉普拉斯定理）设 n 重贝努利试验中，事件 A 在每次试验中出现的概率为 $p(0 < p < 1)$，记 n_A 为 n 次试验中事件 A 出现的次数，且记

$$Y_n = \frac{n_A - np}{\sqrt{np(1 - p)}}$$

则对任意的实数 y，有

$$\lim_{n\to\infty} P(Y_n \leqslant y) = \Phi(y) = \frac{1}{\sqrt{2\pi}}\int_{-\infty}^{y} \mathrm{e}^{-\frac{\mu^2}{2}}\mathrm{d}u \tag{5.2.3}$$

证明 引入如下随机变量序列：

$$X_i = \begin{cases} 1, & \text{事件}A\text{在第}i\text{次试验中发生} \\ 0, & \text{事件}A\text{在第}i\text{次试验中不发生} \end{cases}, \quad i = 1,\ 2,\ \cdots$$

则有 $E(X_i) = p$，$D(X_i) = p(1-p) \leqslant \frac{1}{4}$，且 $n_A = \sum_{i=1}^{n} X_i$，并且 X_1，X_2，…，X_n，…是相互独立的随机变量序列。因此，由定理 5.2.1 立刻可知定理 5.2.2 成立。

【例 5.2.2】 某保险公司设置保险单的时候，要考虑公司的支出和收益。假设被保险人每年需要交付保险费 200 元。若一年内被保险人发生重大人身事故，公司需要支付 30000 元的赔金。历史数据表明，该地区的人员一年内发生重大人身事故的概率为 0.004。假设现在有 6000 人参加此项保险，问该保险公司一年内从此项业务所得的总收益在 30 万～50 万元的概率是多少？

解 记

$$X_i = \begin{cases} 1, & \text{第}i\text{个人发生重大人身事故} \\ 0, & \text{第}i\text{个人没有发生重大人身事故} \end{cases}, \quad i = 1,\ 2,\ \cdots,\ 6000$$

于是 X_i 均服从参数 p=0.004 的两点分布，$np = 24$，且 $\sum_{i=1}^{6000} X_i$ 是 6 000 个被保险人中一年内发生重大人身事故的人数。保险公司一年内从此项业务中所得总收益为 $0.02\times 6000 - 3\sum_{i=1}^{6000} X_i$（万元），那么

$$\begin{aligned} P\left\{30 \leqslant 0.02\times 6000 - 3\sum_{i=1}^{6000} X_i \leqslant 50\right\} &= P\left\{70/3 \leqslant \sum_{i=1}^{6000} X_i \leqslant 30\right\} \\ &= P\left\{\frac{70/3-24}{\sqrt{24\times 0.996}} \leqslant \frac{\sum_{i=1}^{6000} X_i - 24}{\sqrt{24\times 0.996}} \leqslant \frac{30-24}{\sqrt{24\times 0.996}}\right\} \\ &\approx \Phi(1.23) - \Phi(-0.14) \\ &= 0.8907 - 1 + 0.5557 = 0.446 \end{aligned}$$

【例 5.2.3】 以 p 表示某地区人口中残疾人的比率，f_n 表示抽样调查的 n 个人中残疾人的比率。假设以往的统计资料表明 $p \leqslant 5\%$，利用中心极限定理估计，使得 $|f_n - p| \leqslant 1\%$ 的概率不小于 0.95，至少需要调查的人数 n。

解 记 v_n 为在被调查的 n 人中残疾人的人数，则 v_n 服从参数为$(n,\ p)$的二项分布。对于充分大的 n，根据棣莫弗—拉普拉斯定理，有

$$U_n = \frac{v_n - np}{\sqrt{np(1-p)}} \sim AN(0,\ 1)$$

那么，

$$P\{|f_n-p|\leqslant 0.01\}=p\left\{\left|\frac{v_n}{n}-p\right|\leqslant 0.01\right\}=P\left\{\left|\frac{v_n-np}{\sqrt{np(1-p)}}\right|\leqslant 0.01\sqrt{\frac{n}{p(1-p)}}\right\}$$

$$=P\left\{|U_n|\leqslant 0.01\sqrt{\frac{n}{p(1-p)}}\right\}\approx\Phi\left(0.01\sqrt{\frac{n}{p(1-p)}}\right)-\Phi\left(-0.01\sqrt{\frac{n}{p(1-p)}}\right)\geqslant 0.95$$

需要调查的人数 n 满足下式：

$$1.96\leqslant 0.01\sqrt{\frac{n}{p(1-p)}}$$

由于已知 $p\leqslant 5\%$，可见

$$n\geqslant 0.05\times 0.95\left(\frac{1.96}{0.01}\right)^2\approx 1825$$

即为需要的最小 n。

练习 5.2

1. 设 X_1，X_2，…，X_n，…是独立同分布随机变量序列，且 $E(X_1)=\mu$，$D(X_1)=\sigma^2$，则 $\lim\limits_{n\to\infty}P\left\{\sum\limits_{i=1}^{n}X_i-n\mu>0\right\}=$ ____________。

2. 设 X_1，X_2，…，X_n，…是独立且同时服从参数为 λ 的指数分布的随机变量序列，那么 $\lim\limits_{n\to\infty}P\left\{\frac{1}{\lambda}\sum\limits_{i=1}^{n}X_i\leqslant n+\sqrt{n}x\right\}=$ ____________。

习题 5

1. 设随机变量序列 X_1，X_2，…，X_n，…独立同分布，其密度函数为

$$f(x)=\begin{cases}\dfrac{1}{\beta}, & 0<x<\beta\\ 0, & 其他\end{cases}$$

其中，常数 $\beta>0$。令 $Y_n=\max\{X_1, X_2, \cdots, X_n\}$，证明：$Y_n\xrightarrow{p}\beta$。

2. 设随机变量序列 X_1，X_2，…，X_n，…独立同分布，其密度函数为

$$f(x)=\begin{cases}e^{-(x-a)}, & x\geqslant a\\ 0, & x<a\end{cases}$$

令 $Z_n=\min\{X_1, X_2, \cdots, X_n\}$，证明：$Z_n\xrightarrow{p}\alpha$。。

3. 设随机变量 X 服从参数为 λ 的泊松分布，利用切比雪夫不等式证明

$$P\{0<X<2\lambda\}\geqslant 1-\frac{1}{\lambda}$$

4．设随机变量 X 的密度函数为

$$f(x)=\begin{cases} x\mathrm{e}^{-x}, & x>0 \\ 0, & x\leqslant 0 \end{cases}$$

证明：$P\{0<X<4\}\geqslant 1/2$。

5．设 X_1，X_2，…，X_n，…是独立同分布的随机变量序列，且 $E(X_n^4)<\infty$，$E(X_n)=\mu$，$D(X_n)=\sigma^2$。令 $Y_n=(X_n-\mu)^2$，证明：Y_1，Y_2，…，Y_n，…满足大数定律。

6．设 X_1，X_2，…，X_n，…是满足以下条件的随机变量序列：对任意的 $n\geqslant 1$，$E|X_n|<\infty$，$D\left(\sum_{i=1}^{n}X_i\right)<\infty$，且 $\lim_{n\to\infty}\dfrac{D\left(\sum_{i=1}^{n}X_i\right)}{n^2}=0$。证明：$X_1$，$X_2$，…，$X_n$，…服从大数定律。

7．一个加法器同时收到 30 个噪声电压。假设这些噪声都是相互独立且服从区间为 (0, 10) 的均匀分布，试用中心极限定理来估计总和噪声电压超过 120 的概率。

8．设投掷一枚均匀的骰子 200 次，令 X_i 表示第 i 次掷出的点数，求 $P\left\{\prod_{i=1}^{200}X_i\leqslant c^{200}\right\}$ 的近似值。其中，$1<c<6$。

9．将一枚均匀对称的硬币接连抛掷 10000 次，正面出现 5000 次的概率是 0.5 吗？试利用中心极限定理估算其值。

第 6 章　数理统计基础

概率论和数理统计都是研究随机变量数量规律的学科。概率论是在概率分布已知的情况下，研究随机变量的特征、性质和规律，如数字特征、随机变量的函数分布。而数理统计是以概率论为基础，研究如何有效地收集数据和分析受随机因素影响的数据，以便对所考虑的问题做出推断或预测。在《不列颠百科全书》中，将数理统计定义为收集和分析数据的科学和艺术。

各个领域内的活动，都得在不同的程度上与数据打交道，都会遇到收集和分析数据的问题，因此数理统计有了用武之地。如今数理统计的理论和方法被广泛应用到社会的各个领域，形成了相应的统计方法，如生物统计、工业统计、计量经济和金融统计等。

本书不涉及“如何收集数据”这个问题的研究，只讨论在已有数据资料的情况下怎样进行统计分析，也就是通常所说的推断统计问题。

本章介绍数理统计的基本概念：总体、样本、统计量等，并重点介绍几种常用抽样分布及正态总体的抽样定理。

6.1　总体与样本

6.1.1　总体

研究对象的全体称为**总体**，构成总体的每个成员称为**个体**。总体中的个体是一些实实在在的人或物。譬如，要研究某高校学生的身高情况，那么该校全体学生构成该问题的总体，每个学生即一个个体。事实上，该问题中我们感兴趣的是学生身高，与学生的其他特征，例如性别、年龄、籍贯等无关，因而可将每个学生的身高当作个体，也就是说，该问题中的总体可用全体学生的身高表示。在数理统计研究中，通常用**研究对象的某个或某些指标取值的全体表示总体**。通常情况下，总体就是一堆数，其取值有大有小，有的出现机会多，有的出现机会小，因此一个总体可用一个概率分布去描述。从这个意义上看，总体就是一个分布，其数量指标就是服从该分布的随机变量，所以总体可用一个随机变量及其分布来描述，即 $X \sim F(x)$，而这个分布是未知的，或者不完全已知的。我们对总体的研究就是对随机变量 X 的研究，X 的分布函数和数字特征就是总体的分布函数和数字特征。

【例 6.1.1】 考察某厂生产的电子元器件的质量，将产品分为合格与不合格品。该问题的总体是该厂生产的全部电子元器件，由于仅考虑产品是否合格这一属性，所以该问题中的个体可用合格品与不合格品替代，用 0 和 1 表示，即总体={由 0 或 1 组成的一堆数}。若用 p 表示这堆数中 1 的比例（合格率），则该总体可由一个二点分布表示，即 $X \sim B(1,\ p)$。

【例 6.1.2】 考察某厂生产的灯管的使用寿命情况，则总体是该厂生产的所有灯管。由于仅考虑灯管的寿命，因此该问题的个体可用每只灯管的使用寿命替代，则总体可用全体灯管的使用寿命表示。由于生产过程中的一些随机性因素的影响，有些灯管的使用寿命长，有些则短，因此可用一个随机变量 X 表示该厂生产灯管的使用寿命，记作 $X \sim F(x)$，其中 $F(x)$ 为总体的分布。

总体中个体的数量称为**总体容量**，容量有限的总体称为**有限总体**，容量无限的总体称为**无限总体**。例如，考察某大学新入学男生的身高情况，若一年级共有 2 000 名男生，每个男生的身高是一个可观测的值，则这 2 000 名学生的身高全体组成该问题的总体，是一个有限总体。又如，考虑全国正在使用的某一型号灯泡的寿命构成的总体，由于需要观察的灯泡数量过于庞大，可以认为该问题的总体为一个无限总体。在数理统计中，通常将总体容量较大的有限总体看作无限总体。

对于每一个研究的对象，可能要考虑两个甚至多个指标，此时需要用多维随机变量及其联合分布来描述总体，这种总体称为多维总体。例如，要了解学前儿童的身高、体重两个指标，用一个二维随机变量及分布描述该问题的总体。

6.1.2 样本

在研究总体时，当总体容量相当大，或者当对个体进行试验具有破坏性或费时、耗资大时，需要对总体进行抽样来获取数据。所谓**抽样**，就是从总体中抽取一部分个体进行观测的过程。在数理统计中，为了推断总体中的某些未知信息，总是对总体进行抽样来获得数据。注意，从总体中抽取 n 个个体，就是对代表总体的随机变量 X 进行 n 次试验或观测。每次试验结果可以看作一个随机变量，n 次试验的结果就是 n 个随机变量，称 X_1，X_2，…，X_n 为总体 X 的**样本**，样本中个体的数量 n 称为**样本容量**或样本大小。n 次观测一旦完成，就得到一组数据 x_1，x_2，…，x_n，即样本的观测值，简称**样本值**。

样本具有随机和数值两种属性。抽取前，由于无法预测它们的数值，因此是一组随机变量；抽取后，经观测就有确定的观测值，因此是一组确定的数。从总体中抽取样本可以有不同的方法，为了能用样本对总体做出较为可靠的推断，要求从总体中抽取的样本必须是随机的，即每个个体都有同等概率被抽取，称这种等概率抽取方法为简单随机抽样。通过简单随机抽样得到的样本称作简单随机样本。简单随机样本具有以下两个性质：

（1）**独立性**，即样本 X_1，X_2，…，X_n 相互独立。

（2）**代表性**，即样本 X_1，X_2，…，X_n 与总体 X 具有相同的分布。

简单随机样本通常简称为样本。除非特别说明，本书中的样本皆指简单随机样本。对于无限总体，因抽取一个个体不影响它的分布，故采用有无放回抽样都可得到一个简单随机样本。对于有限总体，若采用有放回抽样，能得到简单随机样本，但有放回抽样操作起来不方便，故实际操作中通常采用无放回抽样，这样得到的样本不再是简单随机样本；然而，当所考察的总体很大时，可把无放回抽样得到的样本看成是一个简单随机样本。 今后若无特别证明，样本都是指简单随机样本。

若总体 X 的分布函数为 $F(x)$，则样本 X_1，X_2，…，X_n 的**联合分布函数表示为**

$$F(x_1, x_2, \cdots, x_n)=\prod_{i=1}^{n} F(x_i)$$

若总体为离散型随机变量，其分布律为 $p(x)=p\{X=x\}$，则样本 X_1，X_2，…，X_n 的**联合分布律**表示为

$$p(x_1, x_2, \cdots, x_n)=\prod_{i=1}^{n} p(x_i)$$

若总体为连续型随机变量，其概率密度为 $f(x)$，则样本 X_1，X_2，…，X_n 的**联合密度函数**表示为

$$f(x_1, x_2, \cdots, x_n)=\prod_{i=1}^{n} f(x_i)$$

【例 6.1.3】 若 X_1，X_2，…，X_n 为来自总体 $X \sim b(1, p)$ 的样本，则其联合概率函数表示为

$$p(x_1, x_2, \cdots, x_n)=\prod_{i=1}^{n} p^{x_i}(1-p)^{1-x_i}=p^{\sum_{i=1}^{n} x_i}(1-p)^{1-\sum_{i=1}^{n} x_i}$$

其中，$p(x)=p^x(1-p)^{1-x}$，$x=0$，1。

【例 6.1.4】 若 X_1，X_2，…，X_n 为来自总体 $X \sim N(\mu, \sigma^2)$ 的样本，则其联合密度函数表示为

$$\begin{aligned} f(x_1, x_2, \cdots, x_n) &=\prod_{i=1}^{n} \frac{1}{\sqrt{2\pi}\sigma} \exp\left\{-\frac{(x_i-\mu)^2}{2\sigma^2}\right\} \\ &=\left(\sqrt{2\pi}\sigma\right)^{-n} \exp\left\{-\frac{1}{2\sigma^2} \sum_{i=1}^{n}(x_i-\mu)^2\right\} \end{aligned}$$

【例 6.1.5】 若 X_1，X_2，…，X_n 为来自总体 $X \sim P(\lambda)$ 的样本，则其联合概率函数表示为

$$P(x_1, x_2, \cdots, x_n)=\prod_{i=1}^{n} \frac{\lambda^{x_i}}{x_i!} e^{-\lambda}=\frac{\lambda^{\sum_{i=1}^{n} X_i}}{x_1!\cdots x_n!} e^{-n\lambda}$$

其中，$p(x_i)=\dfrac{\lambda^x}{x!} e^{-\lambda}$，$x=0$，1，2，…

【例 6.1.6】 若 X_1，X_2，…，X_n 为来自总体 $X \sim U(a, b)$ 的样本，则其联合概率函数表示为

$$f(x_1, x_2, \cdots, x_n)=\prod_{i=1}^{n} \frac{1}{b-a}=\frac{1}{(b-a)^n}, \quad a<x_1, x_2, \cdots, x_n<b$$

练习 6.1

1. 研究某车间切割钢筋的长度误差问题。试指出该问题的总体和个体。

2. 某地电视台想了解某电视栏目在首播时刻在某地的收视率，于是委托一家咨询公司进行电话访查。试表示该问题的总体及其分布。

6.2 经验分布函数

下面介绍经验分布函数的定义与性质。

定义 6.2.1 设 X_1，X_2，…，X_n 是取自总体 $X \sim F(x)$ 的样本，若将观测值由小到大排列，即 $x_{(1)} \leqslant x_{(2)} \leqslant \cdots \leqslant x_{(n)}$，令

$$F_n(x) = \begin{cases} 0, & x < x_{(1)} \\ \dfrac{k}{n}, & x_{(k)} \leqslant x < x_{(k+1)}, k = 1, 2, \cdots, n-1 \\ 1, & x \geqslant x_{(n)} \end{cases}$$

称 $F_n(x)$ 为经验分布函数或样本分布函数。

显然，根据 $F_n(x)$ 的定义，不难看出它是一个单调不减的右连续函数，且满足

$$F_n(-\infty) = 0 \text{ 和 } F_n(+\infty) = 0$$

由此可见，经验分布函数 $F_n(x)$ 是一个分布函数。经验分布函数值 $F_n(x)$ 等于样本落入区间 $(-\infty, x]$ 的频率，而总体分布函数 $F(x)$ 表示事件 $\{X \leqslant x\}$ 发生的概率。根据贝努利大数定理，对于任意的 $\varepsilon > 0$，有

$$\lim_{n\to\infty} P\{|F_n(x) - F(x)| < \varepsilon\} = 1 \qquad (6.2.1)$$

另外，格里文科（W.Glivenko, 1933）给出了比式（6.2.1）更强的结论：

$$P\left\{\lim_{n\to\infty} \sup_{-\infty<x<\infty} |F_n(x) - F(x)| = 0\right\} = 1 \qquad (6.2.2)$$

式（6.2.1）和式（6.2.2）表明：当样本容量 n 较大时，样本分布函数 $F_n(x)$ 是总体分布函数 $F(x)$ 的一个很好的近似。这就是利用样本推断总体的理论依据。

【例 6.2.1】 某工厂通过抽样调查，得到 4 名工人一天生产的产品数（件）为 30、27、32、29。求该样本的经验分布函数及图形。

解 这是一个容量为 4 的样本，经过排序得到有序样本：

$x_{(1)} = 27$，　　$x_{(2)} = 29$，　　$x_{(3)} = 30$，　　$x_{(4)} = 32$

其经验分布函数表示为

$$F_n(x)=\begin{cases}0, & x<27\\ 0.25, & 27\leqslant x<29\\ 0.50, & 29\leqslant x<30\\ 0.75, & 30\leqslant x<32\\ 1, & x\geqslant 32\end{cases}$$

经验分布函数图形如图 6.2.1 所示。

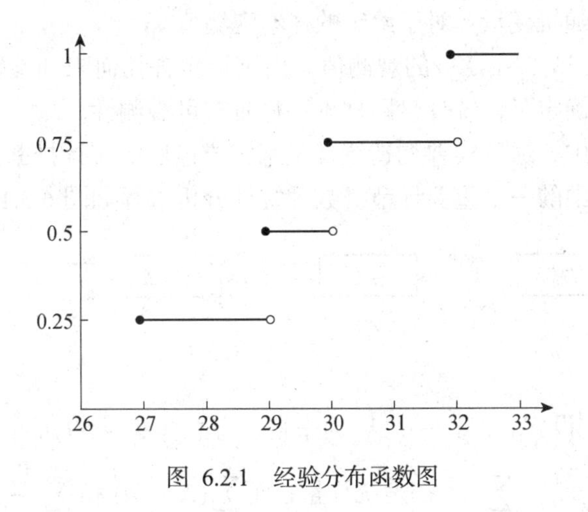

图 6.2.1　经验分布函数图

由于对同一个总体的不同样本得到的观测值是变化的，因此对于给定实数 x，经验分布函数 $F_n(x)$ 是一个随机变量。当给定观测值 x_1，x_2，…，x_n 时，$F_n(x)$ 可以理解为 n 次试验中事件 $\{X\leqslant x\}$ 发生的频率。

练习 6.2

1. 设 $F_n(x)$ 是总体 $X\sim F(x)$ 的一个经验分布函数，下列说法错误的是________。
   （A）当 x 给定时，$F_n(x)$ 是一个随机变量　　（B）$E(F_n(x))=F(x)$
   （C）当 x 给定时，$F_n(x)$ 是一个分布函数　　（D）$F_n(x)\xrightarrow{p}F(x)$
2. 给定一组样本观测 1，4，5，2，通过这组数据得到的经验分布函数为________。

6.3　统 计 量

6.3.1　统计量的概念

样本来自总体，样本的观测值中含有总体各方面的信息，所以可以用样本来推断总体的未知信息。但样本观测值是一串分散的数据，有时显得杂乱无章，很难直接反映总体的某一具体特征和性质。譬如一组样本观测值并不直接反映总体均值，而对样本加工后的算术平均能直接反映总体均值情况。因此，为了从样本中提取直接反映总体的各种特征的信息，需要对样本进行加工。最常用的加工方法是构造样本的函数，不同的函数反映总体的不同特征。

定义 6.3.1 设 X_1, X_2, …, X_n 为来自总体 X 的一个样本，$g(X_1, X_2, \cdots, X_n)$ 是样本的函数，若 g 不包含任何未知参数，则称 $g(X_1, X_2, \cdots, X_n)$ 是一个统计量。

由于 X_1, X_2, …, X_n 都是随机变量，而 $g(X_1, X_2, \cdots, X_n)$ 为随机变量函数，所以统计量也是一个随机变量。对于给定的样本观测值 x_1, x_2, …, x_n，称 $g(x_1, x_2, \cdots, x_n)$ 为统计量 $g(X_1, X_2, \cdots, X_n)$ 的观测值。由于不包含任何未知参数，一旦给定样本值，统计量的值也就确定了，统计量跟样本一样具有可观测性。

在数理统计中，通常需要构造统计量来完成最后的统计推断问题。构造统计量是数理统计推断问题中的一个重要环节。数理统计分析过程如图 6.3.1 所示。

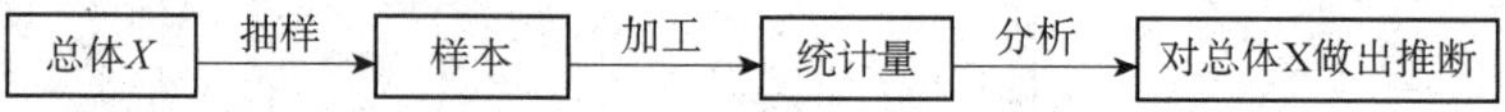

总体X —抽样→ 样本 —加工→ 统计量 —分析→ 对总体X做出推断

图 6.3.1

【例 6.3.1】设 X_1, X_2, …, X_n 为来自正态总体 $X \sim N(\mu, \sigma^2)$ 的样本，其中 μ 和 σ^2 未知，则 X_1、$\sum_{i=1}^{n} X_i$、$\sum_{i=1}^{n} X_i^2$ 都是统计量；而 $\sum_{i=1}^{n}(X_i - \mu)$ 和 $\sum_{i=1}^{n}\frac{X_i}{\sigma}$ 由于包含未知参数，都不是统计量。

6.3.2 常用统计量

设 X_1, X_2, …, X_n 为来自总体 X 的一个样本，下面给出几个反映总体常用特征的统计量。

1. 样本均值

$$\overline{X} = \frac{1}{n}\sum_{i=1}^{n} X_i$$

它的观测值为

$$\bar{x} = \frac{1}{n}\sum_{i=1}^{n} x_i$$

样本均值是反映总体均值的统计量。若把样本中的数据与样本均值之差称为偏差，则样本所有偏差之和为 0，即

$$\sum_{i=1}^{n}(x_i - \overline{x}) = \sum_{i=1}^{n} x_i - n\overline{x} = 0$$

【例 6.3.2】 设总体，$X \sim N(\mu, \sigma^2)$，X_1, X_2, …, X_n 为来自总体 X 的一个样本。由于 X_1, X_2, …, X_n 相互独立，$X_i \sim N(\mu, \sigma^2)$，因此 X_1, X_2, …, X_n 的线性组合 $\overline{X}$ 服

从正态分布。又 $E(X_i)=\mu$，$D(X_i)=\sigma^2$，所以

$$E(\overline{X})=\frac{1}{n}\sum_{i=1}^{n}E(X_i)=\mu,\quad D(\overline{X})=\frac{1}{n^2}\sum_{i=1}^{n}D(X_i)=\frac{\sigma^2}{n}$$

故

$$\overline{X}\sim N\left(\mu,\ \frac{\sigma^2}{n}\right),\qquad \frac{\overline{X}-\mu}{\sigma/\sqrt{n}}\sim N(0,\ 1)$$

2. 样本方差

$$S^2=\frac{1}{n-1}\sum_{i=1}^{n}(X_i-\overline{X})^2=\frac{1}{n-1}\left(\sum_{i=1}^{n}X_i^2-n\overline{X}^2\right)$$

它的观测值为

$$S^2=\frac{1}{n-1}\sum_{i=1}^{n}(x_i-\overline{x})^2=\frac{1}{n-1}\left(\sum_{i=1}^{n}x_i^2-n\overline{x}^2\right)$$

3. 样本标准差

$$S=\sqrt{\frac{1}{n-1}\sum_{i=1}^{n}(X_i-\overline{X})^2}$$

它的观测值为

$$S=\sqrt{\frac{1}{n-1}\sum_{i=1}^{n}(x_i-\overline{x})^2}$$

样本方差与样本标准差反映总体方差和总体标准差。

4. 样本 k 阶原点矩

$$A_k=\frac{1}{n}\sum_{i=1}^{n}X_i^k,\quad k=1,\ 2,\ \cdots$$

它的观测值为

$$a_k=\frac{1}{n}\sum_{i=1}^{n}x_i^k,\quad k=1,\ 2,\ \cdots$$

5. 样本 k 阶中心矩

$$B_k=\frac{1}{n}\sum_{i=1}^{n}(X_i-\overline{X})^k,\quad k=2,\ 3,\ \cdots$$

它的观测值为

$$b_k=\frac{1}{n}\sum_{i=1}^{n}(x_i-\overline{x})^k,\quad k=2,\ 3,\ \cdots$$

特别地，称二阶中心矩 $B_2=\frac{1}{n}\sum_{i=1}^{n}(X_i-\overline{X})^2$ 为名义样本方差，记为 S^{*2}。若总体 X 的期望和方差存在，$E(X)=\mu$，$D(X)=\sigma^2$，可得如下结论：

（1）$E(\overline{X})=\mu$，$D(\overline{X})=\dfrac{\sigma^2}{n}$

（2）$E(S^2)=\sigma^2$，$E(S^{*2})=\dfrac{n-1}{n}\sigma^2$

上面介绍的样本均值、样本方差、样本标准差、样本 k 阶原点矩及样本 k 阶中心矩统称为样本矩。与总体的样本矩相对应，最常用的是样本均值 $\overline{X}$ 和样本方差 S^2 。**根据大数定律，当样本容量充分大时，样本矩依概率收敛总体矩，因此可以通过构造样本矩来反映相应的总体矩特征。**

6. 样本协方差

设 $(X_1, Y_1), (X_2, Y_2), \cdots, (X_n, Y_n)$ 是来自二维总体 (X, Y) 的样本，$(x_1, y_1), (x_2, y_2), \cdots, (x_n, y_n)$为相应的观测值，称

$$S_{XY}^2=\frac{1}{n-1}\sum_{i=1}^{n}(X_i-\overline{X})(Y_i-\overline{Y})$$

为总体 X 与总体 Y 的样本方差，它的观测值为

$$s_{XY}^2=\frac{1}{n-1}\sum_{i=1}^{n}(x_i-\overline{x})(y_i-\overline{y})$$

7. 样本相关系数

$$\rho_{XY}=\frac{s_{XY}^2}{S_X S_Y}$$

这里 S_X 和 S_Y 分别为总体 X 和总体 Y 的样本标准差。

练习 6.3

1. 总体 $X \sim N(\mu, \sigma^2)$，其中 μ 是已知常数，X_1、X_2、X_3 是来自总体的样本，则下列样本函数为统计量的是________________。

（A）$\dfrac{X_1}{\sigma}$　　（B）$\dfrac{\overline{X}-\mu}{\sigma/\sqrt{n}}$　　（C）$\min(X_1, X_2, X_3)$　　（D）$\sum_{i=1}^{n}(x_i-\mu)^2$

2. 设二维总体 (X,Y) 的一组样本如下所示：

(1，2.8)　(2，5.7)　(3，6.4)　(4，11.2)　(5，10.9)

试求样本 X 和 Y 的均值和方差，以及样本相关系数。

6.4 抽样分布与抽样定理

将统计量的分布称作抽样分布。本节首先介绍统计推断中的三个重要分布；然后在正态总体条件下，给出几个重要的结论。

6.4.1　三大抽样分布

1. χ^2分布

定义 6.4.1　设随机变量 X_1，X_2，…，X_n 独立同分布于标准正态分布 $N(0,\ 1)$，则称

$$\chi^2 = X_1^2 + X_2^2 + \cdots + X_n^2$$

所服从的分布为自由度为 n 的 χ^2 分布，记为 $\chi^2 \sim \chi^2(n)$。

χ^2 分布是由正态分布派生出来的，在推断统计学中占有重要的地位。可以证明，$\chi^2(n)$ 分布的密度函数为

$$f(x) = \begin{cases} \dfrac{1}{2^{n/2}\Gamma(n/2)} x^{\frac{n}{2}-1} \mathrm{e}^{-\frac{n}{2}x}, & x > 0 \\ 0, & x \leqslant 0 \end{cases}$$

该密度函数的图像是一个只取非负值的偏态分布，如图 6.4.1 所示。当 n 增大时，其图形逐渐接近正态分布。

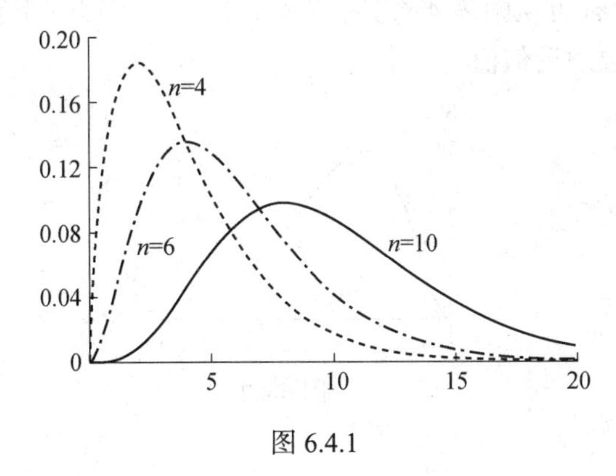

图 6.4.1

性质 6.4.1　设 $\chi^2 \sim \chi^2(n)$，则 $E(\chi^2) = n$，$D(\chi^2) = 2n$。

证明　因为自由度为 n 的 χ^2 分布可表示为 n 个相互独立的标准正态随机变量之和，即 $\chi^2 = X_1^2 + X_2^2 + \cdots + X_n^2$，且 X_1，X_2，…，X_n 独立同分布于 $N(0,\ 1)$。由于

$$E(X_i^2) = \mathrm{var}(X_i^2) + E^2(X_i^2) = 1,\ i = 1,\ 2, \cdots,\ n$$

因而

$$E(X^2) = E(X_1^2) + E(X_2^2) + \cdots + E(X_n^2) = n$$

又

$$E(X_i^4) = \frac{1}{\sqrt{2\pi}} \int_{-\infty}^{+\infty} x^4 \mathrm{e}^{-\frac{x^2}{2}} \mathrm{d}x = \frac{1}{\sqrt{2\pi}} \left[-x^3 \mathrm{e}^{-\frac{x^2}{2}} \Big|_{-\infty}^{+\infty} + 3\int_{-\infty}^{+\infty} x^2 \mathrm{e}^{-\frac{x^2}{2}} \mathrm{d}x \right]$$

$$= 3E(X_i^2) = 3$$

于是

$$\mathrm{var}\ (X_i^2) = E(X_i^4) - E^2(X_i^2) = 3 - 1 = 2,\ i=1,\ 2,\ \cdots,\ n$$

所以

$$\mathrm{var}(\chi^2)=\mathrm{var}(X_1^2)+\mathrm{var}(X_2^2)+\cdots+\mathrm{var}(X_n^2)=2n$$

性质 6.4.2 设 $\chi_1^2\sim\chi^2(m)$，$\chi_2^2\sim\chi^2(n)$，且 χ_1^2 和 χ_2^2 相互独立，则 $\chi_1^2+\chi_2^2\sim\chi^2\ (m+n)$。

证明 事实上，可设

$$\chi_1^2=X_1^2+X_2^2+\cdots+X_m^2,\quad \chi_2^2=\chi_{m+1}^2+\chi_{m+2}^2+\cdots+X_{m+n}^2$$

其中，X_1，X_2,…，X_m，X_{m+1}，X_{m+2}，…，X_{m+n} 均服从 $N(0,\ 1)$，且相互独立，于是由 χ^2 分布的定义可知

$$\chi_1^2+\chi_2^2=X_1^2+X_2^2+\cdots+X_m^2+X_{m+1}^2+X_{m+2}^2+\cdots+X_{m+n}^2$$

服从 $\chi^2(m+n)$ 分布。

定义 6.4.2 设 $\chi^2\sim\chi^2(n)$，对于给定的实数 α $(0<\alpha<1)$，称满足条件

$$P\left\{\chi^2>\chi_\alpha^2(n)\right\}=\int_{\chi_{\alpha(n)}^2}^{+\infty}f(x)\mathrm{d}x=\alpha$$

的数值 $\chi_\alpha^2(n)$ 为 $\chi^2(n)$ 分布的 α 分位数，如图 6.4.2 所示。

当 $n\leqslant 45$ 时，$\chi_\alpha^2(n)$ 可从附表 4 查到；当 $n>45$ 时，可以利用 $\chi^2(n)$ 分布近似于正态分布的性质求其分位数的近似值。

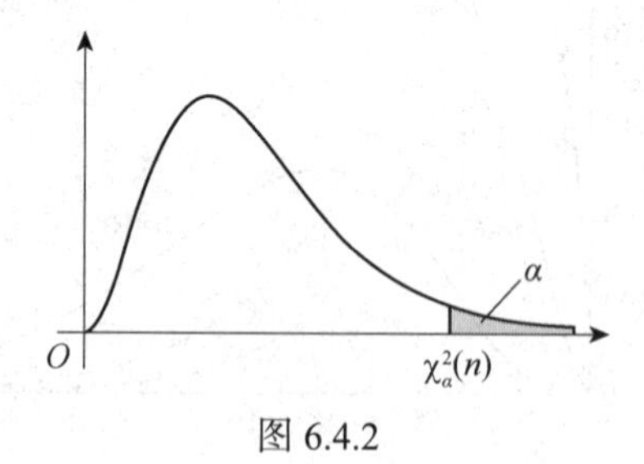

图 6.4.2

2. *t* 分布

定义 6.4.3 设随机变量 $X\sim N(0,\ 1)$，$Y\sim\chi^2(n)$，且相互独立，称

$$t=\frac{X}{\sqrt{Y/n}}$$

服从自由度为 n 的 t 分布，记为 $t\sim t(n)$。t 分布在一篇署名为“学生”的论文中首次提出，因此常被称为学生氏（Student）分布。自由度为 n 的 t 分布的密度函数为

$$f(x)=\frac{\Gamma[(n+1)/2]}{\sqrt{\pi n}\Gamma(n/2)}\left(1+\frac{x^2}{n}\right)^{-\frac{n+1}{2}},\quad -\infty<x<+\infty$$

t 分布的密度函数曲线与标准正态分布密度函数曲线类似（如图 6.4.3 所示），两者都是均值为 0 的对称倒钟形曲线。与标准正态分布相比，当自由度 n 较小时，$t(n)$ 分布的中心部分较低，两个尾部较高，呈现拖尾特征。随着自由度 n 不断增大，t 分布越来越接近于标准正态分布。

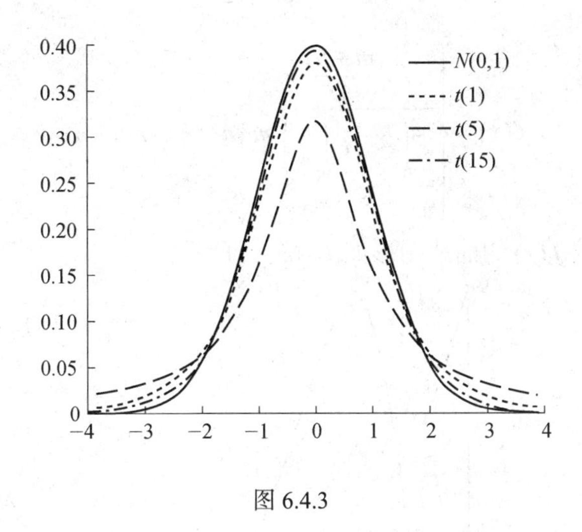

图 6.4.3

定义 6.4.4　设 $t \sim t(n)$，对于给定的实数 α　$(0<a<1)$，称满足条件

$$P\{t > t_\alpha(n)\} = \int_{t_\alpha(n)}^{+\infty} f(x)\mathrm{d}x = \alpha$$

的数值 $t_\alpha(n)$ 为 $t(n)$ 的 α 分位数，如图 6.4.4 所示。

类似标准正态分布分位数的性质，有 $t_{1-\alpha}(n) = -t_\alpha(n)$。当 $n \leqslant 45$ 时，$t_\alpha(n)$ 可通过附表 3 查得；当 $n>45$ 时，可利用标准正态分布的分位数近似，即

$$t_\alpha(n) = u_\alpha$$

这里 u_α 为标准正态分布的 α 分位数。

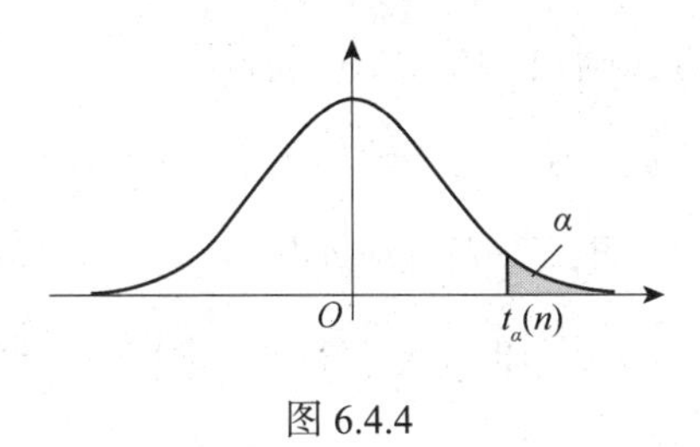

图 6.4.4

【**例 6.4.1**】　通过查表，计算分位数 $t_{0.025}(8)$、$t_{0.95}(10)$ 和 $t_{0.95}(100)$。

解　通过查附表 3，得到 $t_{0.025}(8) = 2.3060$。根据 t 分布的性质，$t_{0.95}(10) = -t_{1-0.95}(10) = -1.8125$。当 $n = 100$ 时，可用标准正态分布的分位数近似 t 分布的分位数，即 $t_{0.95}(100) = -t_{0.05}(100) \approx -u_{0.05} = -1.65$。

3. *F* 分布

定义 6.4.5　设随机变量 $X \sim \chi^2(m)$，$Y \sim \chi^2(n)$，且 X 与 Y 相互独立，则随机变量

$$F = \frac{X/m}{Y/n}$$

的分布为自由度为 m 与 n 的 F 分布，记为 $F \sim F(m,n)$，m 和 n 分别为分子和分母自由度。自由度为 m 与 n 的 F 分布的密度函数为

$$f(x)=\begin{cases}\dfrac{\Gamma\dfrac{(m+n)}{2}}{\Gamma\left(\dfrac{m}{2}\right)\Gamma\left(\dfrac{n}{2}\right)}m^{\frac{m}{2}}n^{\frac{m}{2}}x^{\frac{m}{2}-1}(mx+n)^{-\frac{m+n}{2}}, & x>0\\ 0 & x\leqslant 0\end{cases}$$

F 分布的密度函数 $f(x)$ 的曲线图形如图 6.4.5 所示。

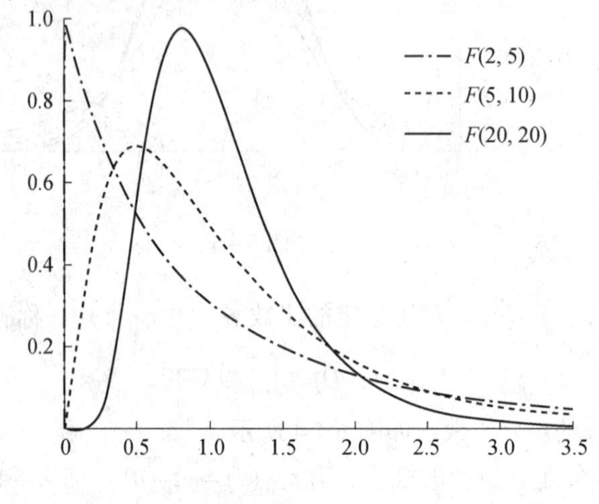

图 6.4.5

根据 F 分布的定义，容易得到如下结论：

（1）若 $X\sim t(n)$，则 $X^2\sim F(1, n)$。

（2）若 $F\sim F(m, n)$，则 $1/F\sim F(n, m)$。

定义 6.4.6 设 $F\sim F(m, n)$，对于给定的实数阿 a（$0<\alpha<1$），称满足条件

$$P\{F>F_\alpha(m, n)\}=\int_{F_{\alpha(m, n)}}^{+\infty}f(x)\mathrm{d}x=\alpha$$

的数值 $F_\alpha(m, n)$ 为 $F(m, n)$ 分布的 α 分位数，如图 6.4.6 所示。

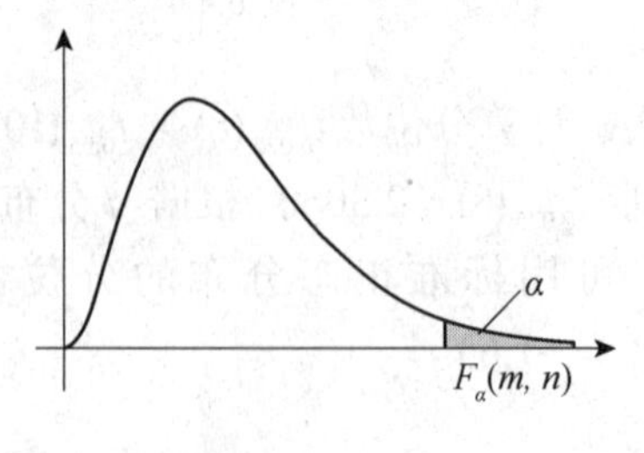

图 6.4.6

性质 6.4.3 设 $F\sim F(m, n)$，对于给定的实数 α $(0<\alpha<1)$，有

$$F_{1-\alpha}(n, m)=\frac{1}{F_\alpha(m, n)}$$

证明 根据 F 分布的定义，可知

$$F=\frac{X/m}{Y/n}\sim F(m,\ n),\quad \frac{1}{F}=\frac{Y/n}{X/m}\sim F(n,\ m)$$

$$\alpha=P\{F>F_{\alpha}(m,\ n)\}=P\left\{\frac{1}{F}\leqslant\frac{1}{F_{\alpha}(m,\ n)}\right\}=1-P\left\{\frac{1}{F}>\frac{1}{F_{\alpha}(m,\ n)}\right\}$$

因而

$$P\left\{\frac{1}{F}>\frac{1}{F_{\alpha}(m,\ n)}\right\}=1-\alpha$$

因此$\frac{1}{F_{\alpha}(m,\ n)}$是$F(n,\ m)$的$1-\alpha$分位数，即 $F_{1-\alpha}(n,\ m)=\frac{1}{F_{\alpha}(m,\ n)}$ 。

【例 6.4.2】 已知随机变量$F\sim F(10,\ 2)$，试求$F_{0.05}(10,\ 2)$和$F_{0.95}(2,\ 10)$。

解 通过查附表 5，得到$F_{0.05}(10,\ 2)=19.40$，而$F_{0.95}(2,\ 10)$不能直接通过查表获得。根据F分布分位数的性质 6.4.3，有

$$F_{0.95}(2,\ 10)=\frac{1}{F_{0.05}(10,\ 2)}=\frac{1}{19.40}$$

6.4.2 正态总体的抽样定理

实际问题涉及的总体大都服从正态分布或近似服从正态分布。正态总体的参数统计推断问题是本书统计部分研究的重点，下面介绍基于正态总体的几个重要抽样结论。

设$X_1,\ X_2,\ \cdots,\ X_n$是来自总体$X\sim N(\mu,\ \sigma^2)$的一个样本，$\overline{X}$和S^2分别为该样本的均值和样本方差，则有

$$E(\overline{X})=E\left(\frac{1}{n}\sum_{i=1}^{n}X_i\right)=\frac{1}{n}\sum_{i=1}^{n}E(X_i)=\frac{1}{n}n\mu=\mu$$

$$\operatorname{var}(\overline{X})=\operatorname{var}\left(\frac{1}{n}\sum_{i=1}^{n}X_i\right)=\frac{1}{n^2}\sum_{i=1}^{n}\operatorname{var}(X_i)=\frac{1}{n^2}n\sigma^2=\frac{\sigma^2}{n}$$

从而

$$E(S^2)=\left[\frac{1}{n-1}E\left(\sum_{i=1}^{n}X_i^2-n\overline{X}^2\right)\right]=\frac{1}{n-1}\left[\sum_{i=1}^{n}E(X_i^2)-nE(\overline{X}^2)\right]$$

$$=\frac{1}{n-1}\left[\sum_{i=1}^{n}(\sigma^2+\mu^2)-n(\sigma^2/n+\mu^2)\right]=\sigma^2$$

定理 6.4.1 设$X_1,\ X_2,\ \cdots,\ X_n$是来自总体$X\sim N(\mu,\ \sigma^2)$的样本，$\overline{X}$是样本均值，则

$$U=\frac{\overline{X}-\mu}{\sigma/\sqrt{n}}\sim N(0,\ 1)$$

证明 因为$\overline{X}\sim N\left(\mu,\ \frac{\sigma^2}{n}\right)$，将其标准化，即得定理的结论。

定理 6.4.2 设$X_1,\ X_2,\ \cdots,\ X_n$是来自总体$X\sim N(\mu,\ \sigma^2)$的一个样本，$\overline{X}$和S^2分别为该样本的均值和样本方差，则

（1）$\dfrac{n-1}{\sigma^2}S^2=\dfrac{1}{\sigma^2}\sum_{i=1}^{n}(X_i-\overline{X})^2\sim\chi^2(n-1)$

（2）$\overline{X}$ 与 S^2 相互独立。

注：在 $S^2=\dfrac{1}{n-1}\sum_{i=1}^{n}(X_i-\overline{X})^2$ 中，n 个离差 $X_1-\overline{X}$，$X_2-\overline{X}$，…，$X_n-\overline{X}$，存在一个约束 $\sum_{i=1}^{n}(X_i-\overline{X})=0$，即只有 $n-1$ 个独立分量，因此该随机平方和的自由度为 $n-1$。

定理 6.4.3 设 X_1，X_2，…，X_n 是来自总体 $X\sim N(\mu,\ \sigma^2)$ 的一个样本，$\overline{X}$ 和 S^2 分别为该样本的均值和样本方差，则

$$\frac{\overline{X}-\mu}{S/\sqrt{n}}\sim t(n-1)$$

证明 利用定理 6.4.1 和定理 6.4.2，有

$$\frac{\overline{X}-\mu}{\sigma/\sqrt{n}}\sim N(0,\ 1),\quad \frac{n-1}{\sigma^2}S^2\sim\chi^2(n-1)$$

且 $\dfrac{\overline{X}-\mu}{\sigma/\sqrt{n}}$ 和 $\dfrac{n-1}{\sigma^2}S^2$ 相互独立。由 t 分布的定义，有

$$\frac{\overline{X}-\mu}{S/\sqrt{n}}=\frac{\overline{X}-\mu}{\sigma/\sqrt{n}}\Bigg/\sqrt{\frac{(n-1)S^2}{\sigma^2(n-1)}}\sim t(n-1)$$

定理 6.4.4 设 X_1，X_2，…，X_{n_1} 是来自总体 $X\sim N(\mu,\ \sigma_1^2)$ 的一个样本，$\overline{X}$ 和 S_1^2 分别为该样本的样本值与样本方差；Y_1，Y_2，…，Y_{n_2} 是来自总体 $X\sim N(\mu_2,\ \sigma_2^2)$ 的一个样本，$\overline{Y}$ 和 S_2^2 分别为该样本的样本值与样本方差；若两个总体相互独立，则

（1）$\dfrac{(\overline{X}-\overline{Y})-(\mu_1-\mu_2)}{\sqrt{\sigma_1^2/n_1+\sigma_2^2/n_2}}\sim N(0,\ 1)$

（2）$\sigma_1^2=\sigma_2^2=\sigma^2$（未知），则

$$\frac{(\overline{X}-\overline{Y})-(\mu_1-\mu_2)}{S_w\sqrt{1/n_1+1/n_2}}\sim t(n_1+n_2-2)$$

这里，$S_w^2=\dfrac{n_1-1}{n_1+n_2-2}S_1^2+\dfrac{n_2-1}{n_1+n_2-2}S_2^2$。

（3）$\dfrac{S_1^2/\sigma_1^2}{S_2^2/\sigma_2^2}\sim F(n_1-1,\ n_2-1)$

证明 （1）根据定理 6.4.1，有

$$\overline{X}\sim N\left(\mu_1,\ \frac{\sigma_1^2}{n_1}\right),\quad \overline{Y}\sim N\left(\mu_2,\ \frac{\sigma_2^2}{n_2}\right)$$

由于总体相互独立，$\overline{X}$ 与 $\overline{Y}$ 也相互独立，可得

$$\overline{X}-\overline{Y}\sim N\left(\mu_1-\mu_2,\ \frac{\sigma_1^2}{n_1}+\frac{\sigma_2^2}{n_2}\right)$$

将其标准化，即得（1）的结论。

（2）当$\sigma_1^2=\sigma_2^2=\sigma^2$时，根据（1）中的结论，有

$$\frac{(\overline{X}-\overline{Y})-(\mu_1-\mu_2)}{\sigma/\sqrt{\frac{1}{n_1}+\frac{1}{n_2}}}\sim N(0,\ 1)$$

此外，

$$\frac{n_1-1}{\sigma^2}S_1^2\sim\chi^2(n_1-1),\ \ \frac{n_2-1}{\sigma^2}S_2^2\sim\chi^2(n_2-1)$$

又 $\frac{n_1-1}{\sigma^2}S_1^2$和$\frac{n_2-1}{\sigma^2}S_2^2$相互独立，故

$$\frac{n_1-1}{\sigma^2}S_1^2+\frac{n_2-1}{\sigma^2}S_2^2\sim\chi^2(n_1+n_2-2)\text{。}$$

根据t分布的定义，可得

$$\frac{(\overline{X}-\overline{Y})-(\mu_1-\mu_2)}{S_w\sqrt{1/n_1+1/n_2}}\sim t(n_1+n_2-2)$$

（3）由于

$$\frac{n_1-1}{\sigma^2}S_1^2\sim\chi^2(n_1-1),\ \ \frac{n_2-1}{\sigma^2}S_2^2\sim\chi^2(n_2-1)$$

根据F分布的定义，可得

$$F=\frac{\frac{n_1-1}{\sigma_1^2}S_1^2\Big/(n_1-1)}{\frac{n_2-1}{\sigma_2^2}S_2^2\Big/(n_2-1)}=\frac{\sigma_2^2S_1^2}{\sigma_1^2S_2^2}=\sim F(n_1-1,\ n_2-1)$$

练习 6.4

1．设随机变量$X\sim t(n)$，对于给定的$\alpha\in(0,\ 1)$，$t_\alpha(n)$满足$p(X>t_\alpha(n))=\alpha$，若$P(|X|\leqslant x)=1-\alpha$，则$x$等于________。

（A）$t_{\frac{\alpha}{2}}(n)$　　（B）$t_{1-\frac{\alpha}{2}}(n)$　　（C）$t_{1-\alpha}(n)$　　（D）$t_{\frac{1-\alpha}{2}}(n)$

2．设X_1，X_2，…，X_n为来自正态总体$X\sim N(\mu,\ \sigma^2)$的样本，$\overline{X}$为样本均值，记

$$S_1^2=\frac{1}{n-1}\sum_{i=1}^n(X_i-\overline{X})^2,\ S_2^2=\frac{1}{n}\sum_{i=1}^n(X_i-\overline{X})^2,\ S_3^2=\frac{1}{n-1}\sum_{i=1}^n(X_i-\mu)^2,$$

$S_4^2=\frac{1}{n}\sum_{i=1}^n(X_i-\mu)^2$,则服从自由度为$n-1$的$t$分布随机变量为________。

（A）$t=\frac{\overline{X}-\mu}{S_1/\sqrt{n-1}}$　　（B）$t=\frac{\overline{X}-\mu}{S_2/\sqrt{n-1}}$

（C）$t=\frac{\overline{X}-\mu}{S_3/\sqrt{n-1}}$　　（D）$t=\frac{\overline{X}-\mu}{S_4/\sqrt{n-1}}$

习 题 6

1. 设X_1，X_2，…，X_{10}为来自总体 X 的样本。试分别就以下三种总体分布写出样本的联合分布律或联合分布密度函数。

（1）$X \sim b(1, \theta)$，其中θ为未知参数。

（2）$X \sim P(\lambda)$，其中λ为未知参数。

（3）$X \sim N(\mu, \sigma^2)$，其中μ，σ^2为未知参数。

2. 求在下列各种情况下，λ的取值。

（1）设$X \sim N(0, 1)$，$P(|X| \leqslant \lambda)=0.95$。

（2）设$X \sim t(9)$，$P(-\lambda < X < \lambda)=0.95$。

（3）设$X \sim \chi^2(10)$，$P(X > \lambda)=0.95$。

3. 设总体 X 的均值和方差分别为$E(X)=\mu$和$D(X)=\sigma^2$，而$\overline{X}$和S^2分别为样本均值与样本方差。求$E(X)$、$D(X)$和$E(S^2)$。

4. 设样本 X_1，X_2，…，X_n 的观测值为 x_1，x_2，…，x_n，试证明 $\sum_{i=1}^{n}(x_i-\overline{x})^2 = \sum_{i=1}^{n}x_i^2 - n\overline{x}^2$。

5. 设一组样本观测值为 1，0，3， 4，1，2，2。试计算该样本的均值、样本方差及样本二阶中心矩。

6. 设总体 X 服从 $N(\mu, 0.5)$，若要以 95%的概率保证样本均值$\overline{X}$与μ的偏差不超过 0.1，样本容量 n 至少应取多大?

7. 设X_1，X_2，…，X_{10}是来自总体$X \sim N(\mu, 4^2)$的样本，若$P(S^2 > a)=0.1$，求 a 的取值。

8. 设 X_1，X_2，X_3，X_4 是来自正态总体 $N(0, 2^2)$ 的样本，要使随机变量$Y=a(X_1-4X_2)^2+b(2X_3-2X_4)^2$服从$\chi^2$分布，$a$ 和 b 应取何值?

9. 设总体$X \sim N(0, 2^2)$，而 X_1，X_2，…，X_{15}是来自总体X的简单随机样本，求随机变量$Y=\dfrac{X_1^2+\cdots+X_{10}^2}{2(X_{11}^2+\cdots+X_{15}^2)}$的分布。

10. 从总体$X \sim N=(5, 2^2)$中随机抽取一个容量为 25 的样本，试求：

（1）求样本均值$\overline{X}$落在 4.2 ~ 5.8 之间的概率。

（2）样本方差S^2大于 6.07 的概率。

11. 设X_1，X_2是总体$X \sim N(1, 2)$的样本，试计算 $P\{(X_1-X_2)^2 > 0.5\}$。

12. 设$X \sim N(\mu, \sigma^2)$，X_1，X_2，…，X_{2n}是总体X的容量为 $2n$ 的样本，其样本均值

为 $\overline{X}=\frac{1}{2n}\sum_{i=1}^{2n}X_i$ ，试求 $Z=\sum_{i=1}^{N}(X_i+X_{n+i}-2\overline{X})^2$ 的期望与方差。

13. 设 X_1，X_2，…，X_n，X_{n+1} 是来自总体 $X\sim N(\mu, \sigma^2)$ 的样本，记 $\overline{X}_n=\frac{1}{n}\sum_{i=1}^{n}X_i$ ，$S_n^2=\frac{1}{n-1}\sum_{i=1}^{n}(X_i-\overline{X}_n)^2$ 。试求 c，使 $Y=c\frac{X_{n+1}-\overline{X}_n}{S_n}$ 服从自由度为 n-1 的 t 分布。

第 7 章　参数估计

在实际中，经常会遇到总体分布类型已知，却包含某些未知参数的情形。例如，正态总体 $X \sim N(\mu, 1)$ 中包含未知参数 μ，如果给定一组样本数据，我们自然会想到利用这组样本去估计未知参数 μ。将此类利用样本去估计总体未知参数的问题，称作参数估计问题。参数估计问题有两类，分别为点估计和区间估计。

7.1　点估计

设总体X的分布函数 $F(x, \theta)$ 的形式已知，而 $\theta=(\theta_1, \theta_2, \cdots, \theta_k) \in \Theta$是未知参数。这里$\boldsymbol{\Theta}$是未知参数$\theta$的取值范围；$X_1, X_2, \cdots, X_n$是总体 X 的一个样本，其观测值为 $x_1, x_2, \cdots, x_n$。点估计就是要构造一个合适的统计量$\hat{\theta}(X_1, X_2, \cdots, X_n)$，用它的观测值$\hat{\theta}(x_1, x_2, \cdots, x_n)$作为未知参数$\theta$的近似值，称统计量$\hat{\theta}(X_1, X_2, \cdots, X_n)$为$\theta$的估计量，称统计量的观测值 $\hat{\theta}(x_1, x_2, \cdots, x_n)$为$\theta$的估计值。在不致混淆的情况下，通常将估计量与估计值统称为点估计，并都简记为 $\hat{\theta}$。例如，对于均值未知的正态总体 $X \sim N(\mu, 1)$，可用样本均值 $\bar{X}=\frac{1}{n}\sum_{i=1}^{n}X_i$ 作为 μ 的估计量，其对应的观测值作为参数 μ 的估计值。

在参数估计中，最关键的问题是求估计量。如何寻找估计量，涉及估计方法的问题。下面介绍两种常用的参数估计方法——**矩估计**和**极大似然估计**。

7.1.1　矩估计

大数定律表明，样本矩依概率收敛于总体矩，也就是说，当样本较大时，样本矩与总体矩仅有细微的差别，因而很自然地想到用样本矩来估计与之对应的总体矩，即

$$\hat{E}(X^k)=\frac{1}{n}\sum_{i=1}^{n}X_i^k, \quad k=1, 2, \cdots$$

矩估计方法正是基于这种简单的估计（替代）思想建立起来的一种参数估计方法。

矩估计的一般提法：设总体 X 包含，未知参数θ_1，θ_2，…，θ_k，它的 k 阶原点矩 $\mu_k=E(X^k)(k=1，2，\cdots，r)$ 包含未知参数θ_1，θ_2，…，θ_r，即

$$\mu_k=\mu_k(\theta_1，\theta_2，\cdots，\theta_r)，k=1，2，\cdots，r$$

用样本 k 阶原点矩 $A_k=\sum_{k=1}^{n}X_i^k$ 依次估计总体 k 原点矩$\mu_k(\theta_1，\theta_2，\cdots，\theta_r)$，建立一个含有 θ_1，θ_2，…，θ_r的方程组，即

$$\begin{cases}\mu_1(\theta_1，\theta_2，\cdots，\theta_r)=A_1\\ \mu_2(\theta_1，\theta_2，\cdots，\theta_r)=A_2\\ \quad\vdots\\ \mu_r(\theta_1，\theta_2，\cdots，\theta_r)=A_r\end{cases}$$

由上述方程解出 r 个未知参数，记为

$$\begin{cases}\hat{\theta}_1=\theta_1(A_1，A_2，\cdots，A_r)\\ \hat{\theta}_2=\theta_2(A_1，A_2，\cdots，A_r)\\ \quad\vdots\\ \hat{\theta}_r=\theta_r(A_1，A_2，\cdots，A_r)\end{cases}$$

则称$\hat{\theta}_1,\hat{\theta}_2,\cdots，\hat{\theta}_r$为未知参数$\theta_1$，$\theta_2$，…，$\theta_r$的**矩估计量**。给定样本观测值$x_1$，$x_2$，…，$x_n$，即可得到未知参数$\theta_1$，$\theta_2$，…，$\theta_r$的**矩估计值**，统称**矩估计**。若 $\bar{\theta}$ 为 θ 的矩估计，$g(x)$ 为连续函数，则 $g(\hat{\theta})$ 也是 $g(\theta)$ 的矩估计。

求矩法估计时，必须注意两个问题：其一，要求被“替代”的总体矩存在；其二，要求“替代”的阶数由低往高选择。例如，单参数的矩法估计直接采用样本均值“替代”总体总体均值来获得相应的矩估计量。

【例 7.1.1】 已知某主机单位时间内被访问的次数 X 服从泊松分布，即 $P(X=k)=\dfrac{\lambda^k}{k!}\mathrm{e}^{-\lambda}$，$k=0，1，\cdots$，其中$\lambda$为未知参数。今获得样本值 5，3，2，6，6，求$\lambda$的矩估计。

解 由于$E(X)=\lambda$，由方程 $E(X)=\lambda=A_1=\bar{X}$ 可得矩估计量 $\hat{\lambda}=\bar{X}$。代入样本值，得矩估计值为 $\hat{\lambda}=4.4$。

【例 7.1.2】 设正态总体 $X\sim N(\mu，\sigma^2)$，从总体中抽取样本X_1，X_2，…，X_n，求未知参数 μ 和 σ^2 的矩估计量。

解 因为 $E(X^2)=D(X)+[E(X)]^2=\sigma^2+\mu^2$，由方程组

$$\begin{cases}E(X)=\mu=A_1=\dfrac{1}{n}\sum_{i=1}^{n}X_i\\ E(X^2)=\sigma^2+\mu^2=A_2=\dfrac{1}{n}\sum_{i=1}^{n}X_i^2\end{cases}$$

解得μ和σ^2的矩估计量为

$$\hat{\mu}=\bar{X}, \quad \hat{\sigma}^2=\frac{1}{n}\sum_{i=1}^{n}X_i^2-\bar{X}^2=\frac{1}{n}\sum_{i=1}^{n}(X_i-\bar{X})^2$$

7.1.2 极大似然估计

极大似然估计是在总体概率函数形式已知的条件下，普遍采用的一种参数估计方法。极大似然估计的一个重要概念是样本似然函数。

对于离散的总体X，它的分布律为$P(X=x)=p(x, \theta_1, \cdots, \theta_r)$。对于一组给定的样本$x_1, x_2, \cdots, x_n$，将

$$L(x_1, \cdots, x_n; \theta_1, \cdots, \theta_r)=\prod_{i=1}^{n}p(x_i; \theta_1, \cdots, \theta_r)$$

称为样本的似然函数。对于离散型总体，似然函数就是样本事件$\{X_1=x_1, \cdots, X_n=x_n\}$发生的概率。

对于连续的总体X，它的密度函数为$f(x)=f(x, \theta_1, \cdots, \theta_r)$。对于一组给定的样本$x_1, x_2, \cdots, x_n$，将

$$L(x_1, \cdots, x_n; \theta_1, \cdots, \theta_r)=\prod_{i=1}^{n}f(x_i; \theta_1, \cdots, \theta_r)$$

称为样本的似然函数。对于连续型总体，似然函数就是样本联合密度函数在样本点上的函数值，也称作该点上的单位概率值。

极大似然估计方法建立在极大似然原理的基础上。极大似然原理的直观想法是：一个随机试验如有若干个可能的结果$A_1, A_2, \cdots$，若在一次试验中，结果A_1出现，则认为试验条件对A_1出现有利，即A_1出现的概率很大。对于给定的一组样本观测值$x_1, x_2, \cdots, x_n$，它是已经发生的事件，直观地认为取到这组观测值可能性较大，即对应样本的似然函数值也应该较大。

定义 7.1.1 设总体X分布形式已知，$\theta\in\Theta$，θ为未知参数，Θ为θ的取值范围。设$x_1, x_2, \cdots, x_n$为样本$X_1, X_2, \cdots, X_n$的一组观测值，记$L(\theta)$为对应样本的似然函数。如果$\hat{\theta}\in\Theta$使得$L(\hat{\theta})$达到最大，即

$$L(\hat{\theta})=\max_{\theta\in\Theta}L(\theta)$$

则称$\hat{\theta}(x_1, x_2, \cdots, x_n)$为$\theta$的极大似然估计值，称$\hat{\theta}(X_1, X_2, \cdots, X_n)$为$\theta$的极大似然估计。若$\hat{\theta}$为$\theta$的极大似然估计，$g(\theta)$为一个实值函数，则$g(\hat{\theta})$为$g(\theta)$的极大似然估计。

求未知参数θ的极大似然估计问题，可归结为求似然函数$L(\theta)$的最大值点的问题。若似然函数$L(\theta)$的关于参数是θ可导的，则似然函数$L(\theta)$的最大值点必为驻点，即

$$\frac{\mathrm{d}L(\theta)}{\mathrm{d}\theta}\Big|_{\theta=\hat{\theta}}=0 \qquad (7.1.1)$$

因而$\hat{\theta}$就是θ的极大似然估计。由于取对数不改变函数的单调性，因此，使对数似然函数 $\ln L(\theta)$达到最大值与使似然函数$L(\theta)$达到最大是等价的。因此，求似然函数$L(\theta)$的驻点，等价于求对数似然函数$\ln L(\theta)$的驻点，即

$$\frac{\mathrm{d}L(\theta)}{\mathrm{d}\theta}\Big|_{\theta=\hat{\theta}}=0 \qquad (7.1.2)$$

设总体X包含r个未知参数，其概率函数为$P(x，\theta_1，\cdots，\theta_r)$。下面是求未知参数$\theta_1，\theta_2，\cdots，\theta_r$极大似然估计的**一般步骤**。

（1）写出似然函数，即

$$L(\theta_1，\theta_2，\cdots，\theta_r)=\prod_{i=1}^{n}P(x，\theta_1，\theta_2，\cdots，\theta_r)$$

（2） 若似然函数$L(\theta_1，\theta_2，\cdots，\theta_r)$关于$\theta_1，\theta_2，\cdots，\theta_r$是可导的，建立对数似然方程组：

$$\begin{cases}\dfrac{\partial \ln L(\theta_1，\theta_2，\cdots，\theta_r)}{\partial\theta_1}=0\\ \dfrac{\partial \ln L(\theta_1，\theta_2，\cdots，\theta_r)}{\partial\theta_2}=0\\ \dfrac{\partial \ln L(\theta_1，\theta_2，\cdots，\theta_r)}{\partial\theta_3}=0\end{cases}$$

（3）通过求解方程，得到各个未知参数$\hat{\theta}_k$的最大似然估计值$\hat{\theta}_k=\hat{\theta}_k(x_1，x_2，\cdots，x_n)$和相应的估计量$\hat{\theta}_k=\hat{\theta}_k(X_1，X_2，\cdots，X_n)$。这里$k$=1，2，⋯，$r$。

【例 7.1.3】 设总体X的密度函数为

$$f(x)=\begin{cases}\theta \mathrm{e}^{-\theta x}，& x>0\\ 0，& x\leqslant 0\end{cases}$$

其中，$\theta>0$是未知参数，$X_1，X_2，\cdots，X_n$是来自总体的样本。试求θ的极大似然估计量与矩法估计。

解 极大似然估计为

$$L(\theta)=n\ln\theta-\theta\sum_{i=1}^{n}x_i$$

$$\frac{\mathrm{d}L(\theta)}{\mathrm{d}\theta}=\frac{n}{\theta}-\sum_{i=1}^{n}x_i=0$$

可得θ的极大似然估计量为

$$\hat{\theta}_L = \frac{1}{\overline{X}}$$

其中，$\overline{X} = \frac{1}{n}\sum_{i=1}^{n} X_i$。

矩法估计：因为$E(X) = \frac{1}{\theta}$，由方程 $E(X) = \frac{1}{\theta} = \overline{X}$，可得$\theta$的矩估计量为$\hat{\theta}_M = \frac{1}{\overline{X}}$。

【例 7.1.4】　设总体X的概率密度为

$$f(x) = \begin{cases} (\theta+1)x^{\theta}, & 0<x<1 \\ 0, & 其他 \end{cases}$$

其中，$\theta>-1$是未知参数，X_1，X_2，…，X_n是来自总体X的一个容量为n的样本。试分别求θ的极大似然估量和矩估计量。

解　极大似然估计为

$$L(\theta) = \prod_{i=1}^{n} f(x_i) = \prod_{i=1}^{n} (\theta+1) = (\theta+1)^n \prod_{i=1}^{n} x_i^{\theta}$$

$$\ln L(\theta) = n\ln(\theta+1) + \theta\sum_{i=1}^{n} \ln x_i$$

令 $\frac{\mathrm{d}\ln L(\theta)}{\mathrm{d}\theta} = \frac{n}{\theta+1} + \sum_{i=1}^{n} \ln x_i = 0$，可得$\theta$的极大似然估计量为

$$\hat{\theta}_L = -\frac{n}{\sum_{i=1}^{n} \ln x_i} - 1$$

矩法估计为

$$E(X) = \int_{-\infty}^{+\infty} xf(x)\mathrm{d}x = \int_0^1 x(\theta+1)x^{\theta}\mathrm{d}x = \frac{\theta+1}{\theta+2} = \overline{X}$$

可得θ的矩估计量为

$$\hat{\theta}_M = \frac{2\overline{X}-1}{1-\overline{X}}$$

【例 7.1.5】　某小型超市上午 9:00～10:00 这一小时内到达的顾客数X是一个随机变量。假设它服从以θ为参数的泊松分布，参数θ是未知的。现有以下样本值，试估计未来的某天上午 9:00~10:00 这一小时内无顾客到达的概率p。

2	6	3	3	0	2	2	8	6	3
2	2	3	3	3	3	4	5	5	4

解 $L(\theta)=\prod_{i=1}^{n} p(x_i, \theta)=\prod_{i=1}^{n}\frac{\theta^{x_i}}{x_i!}\mathrm{e}^{-\theta}=e^{-n\theta}\theta^{\sum_{i=1}^{n}x_i}\left(\prod_{i=1}^{n}\frac{1}{x_i!}\right)$

$$\frac{\mathrm{d}\ln L(\theta)}{\mathrm{d}\theta}=-n+\frac{1}{\theta}\sum_{i=1}^{n}x_i=0$$

所以，参数θ的极大似然估计为$\hat{\theta}=\frac{1}{n}\sum_{i=1}^{n}x_i=3.45$。另外，$p=P(X=0)=\mathrm{e}^{-\theta}$，因此，$p$的极大似然估计为$\hat{p}=\mathrm{e}^{-3.45}\approx 0.0317$。

当总体X的取值范围与未知参数有关时，似然函数关于未知参数未必是可导的，因此上述求极大似然估计的方法不再适用。对于这种情况，可以通过极大似然估计的定义求未知参数的极大似然估计。

【例 7.1.6】 设总体X服从均匀分布$U(\theta_1, \theta_2)$，试求参数θ_1和θ_2的最大似然估计。

解 似然函数为

$$L(\theta)=\prod_{i=1}^{n}f(x_i)=\prod_{i=1}^{n}\frac{1}{\theta_2-\theta_1}=\left(\frac{1}{\theta_2-\theta_1}\right)^n,\quad \theta_1\leqslant x_1, x_2, \cdots, x_n\leqslant\theta_2$$

似然函数关于θ_1和θ_2在端点处不可导，因此不能用取对数求导的方法求最大似然估计。注意到

$$0<L(\theta)=\left(\frac{1}{\theta_2-\theta}\right)^n\leqslant\left(\frac{1}{x_{(n)}-x_{(1)}}\right)^n$$

这里，$x_{(1)}$=min(x_1，x_2，…，x_n)，$x_{(n)}$=max(x_1，x，…，x_n)，可得θ_1和θ_2的最大似然估计量分别为$\hat{\theta}_1$=min(x_1，x_2，…，x_n)，$\hat{\theta}_2$=min(x_1，x_2，…，x_n)。

练习 7.1

1. 设 $X_1, X_2, \cdots, X_n$ 是总体 $X\sim U(\theta, 1)$ 的样本，则参数 θ 的矩法估计为____________，极大似然估计为________________。

2. 设$X_1, X_2, \cdots, X_n$是总体$X\sim N(\mu, 1)$的样本，$P(X<0)$的极大似然估计可表示为______________。

7.2 点估计的评价标准

对于同一参数，用不同的估计方法求出的估计量可能不相同。譬如，对于正态总体$N(\mu, \sigma^2)$，可以用样本方差S^2，也可以用样本名义方差$S^{*2}=\frac{1}{n}\sum_{i=1}^{n}(X_i-\bar{X})^2$作为方差

σ^2的估计量。原则上，任何统计量都可以作为未知参数的估计量。我们自然要问，采用哪一个估计为好呢？这就涉及估计好坏评价的问题。为了评价估计量的好坏，要给出评价标准。下面给出常用的三类估计量优劣评价标准：无偏性、有效性和一致性。

7.2.1　无偏性

定义 7.2.1　设$\hat{\theta}$是未知参数$\theta\in\Theta$的估计量，Θ为θ的取值范围。若对任意$\theta\in\Theta$，有

$$E(\hat{\theta})=\theta$$

则称$\hat{\theta}$为θ的无偏估计量，否则称为有偏估计量。

无偏性要求可改写为$E(\hat{\theta})-\theta$，这表明无偏估计没有系统偏差。当使用$\hat{\theta}$去估计θ时，由于样本的随机性，$\hat{\theta}$与θ总是有偏差的。对有些样本，它是正的；对有些样本，它是负的。无偏性要求将这些偏差加起来为0，这就是无偏估计的含义。

定理 7.2.1　设X_1，…，X_n是取自总体X的样本，总体X的均值和方差分别为μ和σ^2，则样本均值$\bar{X}$和样本方差S^2分别为μ和σ^2的无偏估计量。

证明　由于$E(X_i)=\mu$，$D(X_i)=\sigma^2$，i=(1，2，…，n)，所以

$$E(\bar{X})=E\left(\frac{1}{n}\sum_{i=1}^{n}X_i\right)=\frac{1}{n}\sum_{i=1}^{n}E(X_i)=\frac{1}{n}n\mu=\mu$$

$$D(\bar{X})=\text{var}\left(\frac{1}{n}\sum_{i=1}^{n}X_i\right)=\frac{1}{n^2}\sum_{i=1}^{n}\text{var}(X_i)=\frac{1}{n^2}n\sigma^2=\frac{\sigma^2}{n}$$

从而

$$E(S^2)=E\left[\frac{1}{n-1}\left(\sum_{i=1}^{n}X_i^2-n\bar{X}^2\right)\right]=\frac{1}{n-1}\left[\sum_{i=1}^{n}E(X_i^2)-nE(\bar{X}^2)\right]$$

$$=\frac{1}{n-1}\left[\sum_{i=1}^{n}(\sigma^2+\mu^2)-n(\sigma^2/n+\mu^2)\right]=\sigma^2$$

故定理得证。

【例 7.2.1】　设总体X的均值μ存在，从总体中抽取一组样本X_1，X_2，X_3。试验证下面三个估计量均为μ的无偏估计量。

（1）$\hat{\mu}_1=X_1$；　（2）$\hat{\mu}_2=\frac{1}{3}X_1+\frac{1}{3}X_2+\frac{1}{3}X_3$；　（3）$\hat{\mu}_3=\frac{1}{4}X_1+\frac{1}{2}X_2+\frac{1}{4}X_3$

证明　$E(X_i)=\mu$，$i=1$，2，3，　$E(\hat{\mu}_1)=E(X_1)=\mu$

$$E(\hat{\mu}_2)=\frac{1}{3}E(X_1)+\frac{1}{3}E(X_2)+\frac{1}{3}E(X_3)=\mu$$

$$E(\hat{\mu}_3)=\frac{1}{4}E(X_1)+\frac{1}{2}E(X_2)+\frac{1}{4}E(X_3)=\mu$$

因此，$\hat{\mu}_1$、$\hat{\mu}_2$和$\hat{\mu}_3$ 都是μ的无偏估计量。

7.2.2 有效性

一个未知参数θ常有多个无偏估计量，在这些估计量中，自然应选用对θ的偏离程度较小的，即一个较好的估计量的波动应该较小，因此人们常利用无偏估计方差的大小作为衡量无偏估计优劣的标准，这就是有效性。

定义 7.2.2 设$\hat{\theta}_1$和$\hat{\theta}_2$是未知参数$\theta\in\Theta$的两个无偏估计量，Θ为θ的取值范围。若对任意$\theta\in\Theta$，都有

$$D(\hat{\theta}_1)\geqslant D(\hat{\theta}_2)$$

且至少有一个$\theta\in\Theta$使得不等式严格成立，则称$\hat{\theta}_2$比$\hat{\theta}_1$更有效。

【例 7.2.2】 在例 7.2.1 中设总体的方差σ^2存在，试比较三个估计量中哪一个更有效。

解 由于X_1、X_2、X_3相互独立，且$D(X_i)=\sigma^2$，$i=1$，2，3，因此有

$$D(\hat{\mu}_1)=D(X_1)=\sigma^2$$

$$D(\hat{\mu}_2)=\frac{1}{9}D(X_1)+\frac{1}{9}D(X_2)+\frac{1}{9}D(X_3)=\frac{\sigma^2}{3}$$

$$D(\hat{\mu}_3)=\frac{1}{16}D(X_1)+\frac{1}{4}D(X_2)+\frac{1}{16}D(X_3)=\frac{3\sigma^2}{8}$$

即$D(\hat{\mu}_2)<D(\hat{\mu}_3)<D(\hat{\mu}_1)$。所以在$\hat{\mu}_1$、$\hat{\mu}_2$、$\hat{\mu}_3$三个无偏估计量中，估计量$\hat{\mu}_2$最有效。

7.2.3 一致性

未知参数θ的估计量$\hat{\theta}$是一个统计量，在样本容量给定的条件下，不同的样本观测值得到的估计值是不一样的，因此估计值与参数真值必定存在偏差。但是，我们希望随机样本量充分大时，$\hat{\theta}$的观测值稳定在θ附近，这就是一致性概念。

定义 7.2.3 设$\theta\in\Theta$为未知参数，Θ为θ的取值范围，$\hat{\theta}_n=\hat{\theta}_n(X_1, X_2, \cdots, X_n)$是$\theta$的一个估计量。若对任意一个$\varepsilon>0$，有

$$\lim_{x\to\infty}P\left\{\left|\hat{\theta}-\theta\right|\geqslant\varepsilon\right\}=0$$

则称$\hat{\theta}_n$为参数θ的一致估计量或相合估计量。

可以证明，估计量的一致性具有传递性：$\hat{\theta}_n$为参数θ的一致估计量，$g(\cdot)$是一个连续函数，则$g(\hat{\theta}_n)$必为$g(\theta)$。

定理 7.2.2 在判断估计量的一致性中非常有用。

定理 7.2.2　设$\hat{\theta}_n=\hat{\theta}_n(X_1, X_2, \cdots, X_n)$是未知参数$\theta$的一个估计量，若

$$\lim_{n\to\infty}E(\hat{\theta}_n)=\theta, \qquad \lim_{n\to\infty}D(\hat{\theta}_n)=0$$

则$\hat{\theta}_n$为参数θ的一致估计量。

证明　略。

【例 7.2.3】　设总体$X\sim b(1, p)$，从总体中抽取容量为n的样本$X_1, X_2, \cdots, X_n$，证明样本均值$\bar{X}=\frac{1}{n}\sum_{i=1}^{n}X_i$是未知参数$\mu$的一致估计量。

证明　由于$X_1, X_2, \cdots, X_n$独立且与总体具有相同的分布，故

$E(X_i)=p$，$D(X_i)=P(1-p)$，$i=1, 2, \cdots, n$

注意到

$$E(\bar{X})=\mu, \qquad \lim_{n\to\infty}D(\bar{X})=\lim_{n\to\infty}\frac{p(1-p)}{n}=0$$

所以，$\bar{X}$为未知参数p的一致估计量。

估计的一致性是一种渐近性质，其实质是在样本容量不断增大时，这种估计能将待估参数估计到任意指定精度。如果一个估计量，在样本不断增大时，它都不能把被估参数估计到任意精度，那么这个估计是值得怀疑的。实际上不满足相合性的估计往往因为有系统误差而不被采用。

练习 7.2

1. 若$\hat{\theta}=aX_1+\frac{1}{2}X_2+\frac{1}{3}X_3$是总体均值$E(X)$的一个无偏估计，则常数$a=$______。

2. 设X_1, X_2, X_3是来自总体X的一个样本，且$E(X)=\mu, D(X)=\sigma^2$，则下面的估计量中，为μ的无偏估计量的有________，方差最小的无偏估计量是________。

（A）$\hat{\mu}_1=\frac{1}{5}X_1+\frac{3}{10}X_2+\frac{1}{2}X_3$　　（B）$\hat{\mu}_2=\frac{1}{3}X_1+\frac{1}{4}X_2+\frac{5}{12}X_3$

（C）$\hat{\mu}_3=\frac{1}{3}X_1+\frac{3}{4}X_2+\frac{1}{12}X_3$　　（D）$\hat{\mu}_4=\frac{1}{3}X_1+\frac{3}{4}X_2+\frac{1}{12}X_3$

7.3　区 间 估 计

由于样本的随机性，点估计必然存在误差，因此仅对总体参数做出点估计是不够的，还需要了解估计的精度及误差。本节引入的区间估计能够非常直观地描述估计的精度及误差情况。

7.3.1 置信区间

定义 7.3.1 设θ是总体X中的一个未知参数，$\theta\in\Theta$。对给定的数α $(0<\alpha<1)$，若由样本X_1，X_2，…，X_n确定的两个统计量$\hat{\theta}_L(X_1, X_2, \cdots, X_n)$和$\hat{\theta}_U(X_1, X_2, \cdots, X_n)$满足

$$P\left\{\hat{\theta}_L(X_1, X_2, \cdots, X_n)\leqslant\theta\leqslant\hat{\theta}_U(X_1, X_2, \cdots, X_n)\right\}=1-a$$

则称$(\hat{\theta}_L, \hat{\theta}_U)$为参数$\theta$的$1-\alpha$**置信区间**，$1-\alpha$称为**置信水平或置信度**。

置信区间是指由样本统计量构造的总体参数的估计区间，它是随机区间。置信水平为$1-\alpha$的置信区间**表示该随机区间**包含未知参数真值的概率为$1-\alpha$。例如，对置信水平为 0.95 的置信区间的统计量进行 1000 次重复抽样观测，可得到 1000 个相应的区间。有些区间包含参数真值，有些不包含，但包含参数真值约 950 个。

【例 7.3.1】 设X_1，X_2，…，X_n是来自总体$X\sim N(\mu, 1)$的样本，求μ的置信水平为$1-\alpha$的置信区间。

解 样本均值$\bar{X}$是μ的无偏估计，且有

$$U=\frac{\bar{X}-\mu}{1/\sqrt{n}}\sim N(0,1)$$

样本函数U服从分布$N(0, 1)$，不依赖任何未知参数。根据标准正态分布分位数的定义，有

$$P\left(\left|\frac{\bar{X}-\mu}{1/\sqrt{n}}\right|<u_{\alpha/2}\right)=P\left(\bar{X}-\frac{u_{\alpha/2}}{\sqrt{n}}<\mu<\bar{X}+\frac{u_{\alpha/2}}{\sqrt{n}}\right)=1-\alpha \quad (7.3.1)$$

通过式（7.3.1），得到μ的一个$1-\alpha$置信区间

$$\left(\bar{X}-\frac{u_{\alpha/2}}{\sqrt{n}}, \bar{X}+\frac{u_{\alpha/2}}{\sqrt{n}}\right)$$

然而，置信水平为$1-\alpha$的置信区间不是唯一的。事实上，

$$P\left(-u_{4\alpha/5}\leqslant\frac{\bar{X}-\mu}{1/\sqrt{n}}<u_{\alpha/5}\right)=P\left(\bar{X}-\frac{u_{\alpha/5}}{\sqrt{n}}<\mu<\bar{X}+\frac{u_{4\alpha/5}}{\sqrt{n}}\right)=1-\alpha \quad (7.3.2)$$

通过式（7.3.2），得到μ的另一个$1-\alpha$置信区间

$$\left(\bar{X}-\frac{u_{\alpha/5}}{\sqrt{n}}, \bar{X}+\frac{u_{4\alpha/5}}{\sqrt{n}}\right)$$

若取$1-\alpha=0.95$，通过式（7.3.1）和式（7.3.2）得到的两个置信区间的长度分别为

$$l_1=\frac{2u_{0.025}}{\sqrt{n}}=\frac{3.92}{\sqrt{n}}, \quad l_1=\frac{u_{0.04}+u_{0.01}}{\sqrt{n}}=\frac{4.08}{\sqrt{n}}$$

置信区间短，表示估计精度高，故由式（7.3.1）得出的置信区间较由式（7.3.2）得出的置信区间为优。我们自然选择通过式（7.3.1）导出的置信区间作为例7.3.1的置信区间。

求参数θ的$1-\alpha$置信区间的具体做法：

（1）选取未知参数θ的某个较优估计量$\hat{\theta}$，围绕$\hat{\theta}$构造仅包含待估参数θ的样本函数，记作$W=W(X_1, X_2, \cdots, X_n, \theta)$，其分布不依赖任何未知参数。

（2）针对给定的置信水平$1-\alpha$，确定a、b，使得$P\{a \leqslant W(X_1, X_2, \cdots, X_n, \theta) \leqslant b\}=1-\alpha$。

（3）将事件$\{a \leqslant W(X_1, X_2, \cdots, X_n, \theta) \leqslant b\}$写成如下等价形式：

$$\left\{\hat{\theta}_1(X_1, X_2, \cdots, X_n) \leqslant \theta \leqslant \hat{\theta}_2(X_1, X_2, \cdots, X_n)\right\}$$

这里，$\hat{\theta}_1(X_1, X_2, \cdots, X_n)$是置信区间的置信下限，$\hat{\theta}_1(X_1, X_2, \cdots, X_n)$是置信区间的置信上限。

（4）将样本$X_1, X_2, \cdots, X_n$的观测值$x_1, x_2, \cdots, x_n$代入置信区间，得到一个实值区间（$\hat{\theta}_2(x_1, x_2, \cdots, x_n)$，$\hat{\theta}_2(x_1, x_2, \cdots, x_n)$），称之为$\theta$的$1-\alpha$置信区间。

通常情况下，a和b取等尾分位数，具体做法是：将α平分为两部分，在样本函数W的分布两侧各截面积为$\alpha/2$的部分，即

$$P\{W \leqslant a\}=P\{W \geqslant b\}=\frac{\alpha}{2}$$

例如，当$W \sim N(0, 1)$时，取$a=-u_{\alpha/2}$，$b=-u_{\alpha/2}$，参见图7.3.1；当$W \sim \chi^2(n)$时，取$a=\chi^2_{1-\alpha/2}(n)$，$b=\chi^2_{\alpha/2}(n)$，参见图7.3.2。称由等尾分位数确定的置信区间为**等尾置信区间**。容易证明，当样本函数W的密度具有单峰对称特征，例如$N(0, 1)$、t分布时，等尾置信区间的长度是最短的。为了方便起见，当W为偏态分布，例如χ^2分布、F分布时，仍然取等尾置信区间。

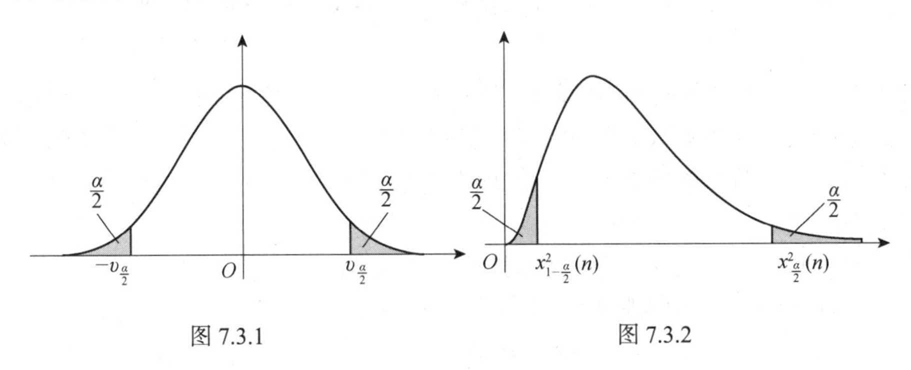

图7.3.1　　图7.3.2

7.3.2 正态总体未知参数的置信区间

1. 单个正态总体均值与方差的置信区间

假设总体$X \sim N(\mu, \sigma^2)$，$X_1, X_2, \cdots, X_n$是取自总体X的样本，$\bar{X}$和S^2分别为样

本均值和样本方差。

（1）σ^2已知，引入随机变量求μ的$1-\alpha$置信区间：

$$\frac{\bar{X}-\mu}{\sigma/\sqrt{n}} \sim N(0,\ 1),$$

根据图 7.3.1，取等尾分位数，即

$$P\left\{\frac{\bar{X}-\mu}{\sigma/\sqrt{n}} \leqslant -u_{\alpha/2}\right\} = P\left\{\frac{\bar{X}-\mu}{\sigma/\sqrt{n}} \geqslant u_{\alpha/2}\right\} = \frac{\alpha}{2}$$

这里$u_{\alpha/2}$表示标准正态分布的$\alpha/2$分位数，所以

$$P\left\{\bar{X}-u_{\alpha/2}\frac{\sigma}{\sqrt{n}} \leqslant \mu \leqslant \bar{X}+u_{\alpha/2}\frac{\sigma}{\sqrt{n}}\right\} = 1-\alpha$$

这样，就得到μ 的置信水平为$1-\alpha$的置信区间

$$\left(\bar{X}-\frac{\sigma}{\sqrt{n}}u_{\alpha/2},\quad \bar{X}+\frac{\sigma}{\sqrt{n}}u_{\alpha/2}\right) \tag{7.3.3}$$

【例 7.3.2】 根据经验知，某批零件质量$X \sim N(\mu,\ 0.05^2)$（单位：g），随机抽取 5 个零件，测得质量为

14.5　15.0　14.7　15.5　15.0

试求总体X均值μ的置信水平为 0.95 的置信区间。

解 查表得到 $u_{0.025}$=1.96，计算得到$\bar{x}=14.94$，由式（7.3.3）得到μ的置信水平为 0.95 的置信区间为

$$\left(\bar{x}-\frac{\sigma}{\sqrt{n}}u_{\alpha/2},\quad \bar{x}+\frac{\sigma}{\sqrt{n}}u_{\alpha/2}\right) = (14.896,\quad 14.984) = (14.94 \pm 0.0438)$$

也就是说，这批零件的质量的均值在 14.898g 与 14.984g 之间，这个估计的可信度为 95%。若以$\bar{x}=14.94$作为参数μ的估计值，其误差不大于 0.0438，因此样本均值作为总体均值的估计的可允许误差为 0.0438，这个误差估计的可信度为 95%。显然，区间估计越短，估计的误差越小，估计精度越高。

（2）σ^2未知，求μ的$1-\alpha$置信区间。

由于σ^2未知，引入随机变量

$$\frac{\bar{X}-\mu}{S/\sqrt{n}} \sim t(n-1)$$

根据图 7.3.3，取等尾分位数，即

$$P\left\{\frac{\bar{X}-\mu}{S/\sqrt{n}} \leqslant -t_{\alpha/2}(n-1)\right\} = P\left\{\frac{\bar{X}-\mu}{S/\sqrt{n}} \geqslant t_{\alpha/2}(n-1)\right\} = \frac{\alpha}{2}$$

这里，$t_{\alpha/2}(n-1)$为$t(n-1)$分布的$\alpha/2$分位数，所以

$$P\left\{\bar{X}-t_{\alpha/2}(n-1)\frac{S}{\sqrt{n}}\leqslant\mu\leqslant\bar{X}+t_{\alpha/2}(n-1)\frac{S}{\sqrt{n}}\right\}=1-\alpha$$

得到μ 的置信水平为$1-\alpha$的置信区间

$$\left(\bar{X}-\frac{S}{\sqrt{n}}t_{\alpha/2}(n-1),\ \bar{X}+\frac{S}{\sqrt{n}}t_{\alpha/2}(n-1)\right)\tag{7.3.4}$$

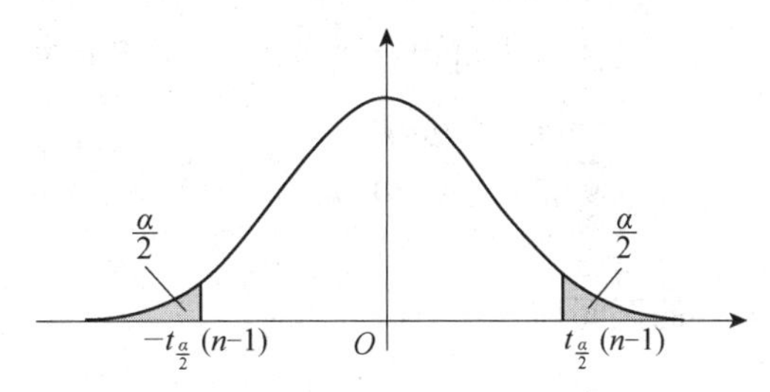

图 7.3.3

【例 7.3.3】 某型号电子元件的使用寿命 X（小时）服从正态分布$N(\mu,\ \sigma^2)$。现随机抽取 25 只，测得其平均使用寿命为 200 小时，标准差为 10 小时。求该型号电子元件的平均使用寿命μ的 95%置信区间。

解 这里$\bar{x}=200$，$s=10$，查表得到 $t_{0.025}(24)=2.0639$。由式（7.3.4）得μ的置信水平为 0.95 的置信区间为

$$\left(\bar{x}-\frac{s}{\sqrt{n}}t_{0.025}(24),\ \bar{x}+\frac{s}{\sqrt{n}}t_{0.025}(24)\right)=(195.87,\ 204.13)=(200\pm4.13)$$

（3）求σ^2的$1-\alpha$置信区间。

事实上，σ^2未知而μ已知的情况很少出现，所以只介绍μ未知的情形。由于样本方差S^2是σ^2的无偏估计，且

$$\frac{n-1}{\sigma^2}S^2-\chi^2(n-1)$$

类似图 7.3.2，取等尾分位数，即

$$P\left\{\frac{n-1}{\sigma^2}S^2<\chi^2_{\alpha/2}(n-1)\right\}=P\left\{\frac{n-1}{\sigma^2}S^2\geqslant\chi^2_{1-\alpha/2}(n-1)\right\}=\frac{\alpha}{2}$$

因而

$$P\left\{\chi^2_{1-\alpha/2}(n-1)<\frac{n-1}{\sigma^2}S^2<\chi^2_{\alpha/2}(n-1)\right\}=1-\alpha$$

得到σ^2的置信水平为$1-\alpha$的置信区间

$$\left(\frac{(n-1)S^2}{\chi^2_{\alpha/2}(n-1)},\ \frac{(n-1)S^2}{\chi^2_{1-\alpha/2}(n-1)}\right)\tag{7.3.5}$$

由式（7.3.5），导出标准差σ的$1-\alpha$置信区间

$$\left(\sqrt{\frac{(n-1)S^2}{\chi^2_{\alpha/2}(n-1)}},\ \sqrt{\frac{(n-1)S^2}{\chi^2_{1-\alpha/2}(n-1)}}\right) \tag{7.3.6}$$

【例 7.3.4】 续例 7.3.3，求该型号电子元件使用寿命方差σ^2的置信水平为 0.95 的置信区间。

解 由 $s^2=100$，$(n-1)s^2=24\times100=2400$，查表得到 $\chi^2_{0.025}(24)=39.364$，$\chi^2_{0.975}(24)=12.401$，代入式（7.3.5），可得$\sigma^2$的置信水平为 0.95 的置信区间为

$$\left(\frac{2400}{39.634},\ \frac{2400}{12.401}\right)=(60.55,\ 193.53)$$

2. 双正态总体均值差的区间估计

假设从两个独立正态总体 $N(\mu_1,\ \sigma_1^2)$ 和 $N(\mu_2,\ \sigma_2^2)$ 中分别抽取样本 X_1，X_2，$\cdots$，X_{n_1} 和 Y_1，Y_2，$\cdots$，Y_{n_2}，样本均值分别记为$\bar{X}$和$\bar{Y}$，样本方差分别记为S_1^2和S_2^2。求$\mu_1-\mu_2$的置信水平为$1-\alpha$的置信的区间。

（1）若σ_1^2和σ_2^2已知，$\bar{X}$和$\bar{Y}$分别为 μ_1和μ_2的无偏估计，且

$$\frac{(\bar{X}-\bar{Y})-(\mu_1-\mu_2)}{\sqrt{\sigma_1^2/n_1+\sigma_2^2/n_2}}\sim N(0,\ 1)$$

对于给定的置信水平$1-\alpha$，由于

$$P\left\{\left|\frac{(\bar{X}-\bar{Y})-(\mu_1-\mu_2)}{\sqrt{\sigma_1^2/n_1+\sigma_2^2/n_2}}\right|<u_{\alpha/2}\right\}=1-\alpha$$

导出$\mu_1-\mu_2$的置信水平为$1-\alpha$的置信的区间为

$$\left(X-\bar{Y}-u_{\alpha/2}\cdot\sqrt{\frac{\sigma_1^2}{n_1}+\frac{\sigma_2^2}{n_2}},\ \bar{X}-\bar{Y}+u_{\alpha/2}\cdot\sqrt{\frac{\sigma_1^2}{n_1}+\frac{\sigma_2^2}{n_2}}\right) \tag{7.3.7}$$

（2）当σ_1^2和σ_2^2未知时，根据抽样定理，有

$$\frac{(\bar{X}-\bar{Y})-(\mu_1-\mu_2)}{S_w\sqrt{1/n_1+1/n_2}}\sim t(n_1+n_2-2)$$

其中，

$$S_w^2=\frac{n_1-1}{n_1+n_2-2}S_1^2+\frac{n_2-1}{n_1+n_2-2}S_2^2$$

对于给定的置信水平$1-\alpha$，由于

$$P\left\{\left|\frac{(\bar{X}-\bar{Y})-(\mu_1-\mu_2)}{S_w\sqrt{1/n_1+1/n_2}}\right|<t_{\alpha/2}(n_1+n_2-2)\right\}=1-\alpha$$

导出 $\mu_1-\mu_2$ 的置信水平为 $1-\alpha$ 的置信区间为

$$\left((\bar{X}-\bar{Y})-t_{\alpha/2}(n_1+n_2-2)S_w\sqrt{\frac{1}{n_1}+\frac{1}{n_2}},\ (\bar{X}-\bar{Y})-t_{\alpha/2}(n_1+n_2-2)S_w\sqrt{\frac{1}{n_1}+\frac{1}{n_2}}\right)$$

3. 双正态总体方差比的置信区间

设 S_1^2 是总体 $N(\mu_1,\ \sigma_1^2)$ 的容量为 n_1 的样本方差，S_2^2 是总体 $N(\mu_2,\ \sigma_2^2)$ 的容量为 n_2 的样本方差，且两个总体相互独立。其中，μ_1、σ_1^2、μ_2、σ_2^2 未知。则 S_1^2 和 S_2^2 分别是 σ_1^2 和 σ_2^2 的无偏估计，且

$$F=\left(\frac{\sigma_2}{\sigma_1}\right)^2\frac{S_1^2}{S_2^2}\sim F(n_1-1,\ n_2-1)$$

对于给定的置信水平 $1-\alpha$，根据图 7.3.4，取等尾分位数，即

$$P\{F\leqslant F_{1-\alpha/2}(n_1-1,\ n_2-1)\}=P\{F>F_{\alpha/2}(n_1-1,\ n_2-1)\}=\frac{\alpha}{2}$$

因而，

$$P\{F_{1-\alpha/2}(n_1-1,\ n_2-1)<F<F_{\alpha/2}(n_1-1,\ n_2-1)\}=1-\alpha$$

等价变换后，得

$$P\left\{\frac{1}{F_{\alpha/2}(n_1-1,\ n_2-1)}\cdot\frac{S_1^2}{S_2^2}<\frac{\sigma_1^2}{\sigma_2^2}<\frac{1}{F_{1-\alpha/2}(n_1-1,\ n_2-1)}\cdot\frac{S_1^2}{S_2^2}\right\}=1-\alpha$$

故 σ_1^2/σ_2^2 的 $1-\alpha$ 置信区间为

$$\left(\frac{1}{F_{\alpha/2}(n_1-1,\ n_2-1)}\cdot\frac{S_1^2}{S_2^2},\ \frac{1}{F_{1-\alpha/2}(n_1-1,\ n_2-1)}\cdot\frac{S_1^2}{S_2^2}\right)$$

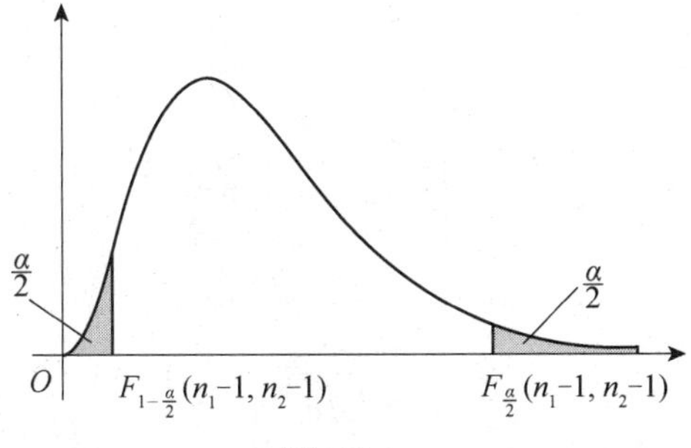

图 7.3.4

4. 正态总体单侧置信区间

在许多实际问题中，人们只对未知参数θ的置信下限或上限感兴趣。例如，元件和设备的寿命是产品质量的重要特征，我们关心的是平均寿命的“下限”；对产品废品率的估计，希望废品率越低越好，我们更关注的是废品率的“上限”。

定义 7.3.2 设θ是总体X中的一个未知参数，X_1，X_2，…，X_n是来自总体的一个样本。对于给定的概率$1-\alpha$ $(0<\alpha<1)$，若统计量$\hat{\theta}_L$满足

$$P(\hat{\theta}_L \leqslant \theta)=1-\alpha$$

称随机区间$[\hat{\theta}_L,\ +\infty)$为$\theta$置信水平为$1-\alpha$的单侧置信区间，$\hat{\theta}_L$为$\theta$的置信水平为$1-\alpha$的单侧置信下限。若统计量$\hat{\theta}_U$满足

$$P(\theta \leqslant \hat{\theta}_U)=1-\alpha$$

称随机区间$(-\infty,\ \hat{\theta}_U]$为$\theta$置信水平为$1-\alpha$的单侧置信区间，$\hat{\theta}_U$为$\theta$的置信水平为$1-\alpha$的单侧置信上限。

【例 7.3.5】 设$X\sim N(\mu,\ \sigma^2)$，σ^2未知，X_1，X_2，…，X_n是来自总体的一个样本，试给出μ的置信水平为$1-\alpha$的单侧置信上限和置信下限，并给出相应的单侧置信区间。

解 选取与求μ的置信区间完全相同的随机变量

$$t=\frac{\bar{X}-\mu}{S/\sqrt{n}}\sim t(n-1)$$

类似图 7.3.4，易知

$$P\left\{\frac{\bar{X}-\mu}{S/\sqrt{n}}\geqslant -t_\alpha(n-1)\right\}=1-\alpha$$

即

$$P\left\{\mu\leqslant \bar{X}+\frac{S}{\sqrt{n}}t_\alpha(n-1)\right\}=1-\alpha$$

所以，μ的置信水平为$1-\alpha$的单侧置信上限为$\bar{X}+\frac{S}{\sqrt{n}}t_\alpha(n-1)$，对应的单侧置信区间为

$$\left(-\infty,\ \bar{X}+\frac{S}{\sqrt{n}}t_\alpha(n-1)\right)$$

类似地，

$$P\left\{\frac{\bar{X}-\mu}{S/\sqrt{n}}\leqslant t_\alpha(n-1)\right\}=1-\alpha$$

即

$$P\left\{\mu\geqslant \bar{X}-\frac{S}{\sqrt{n}}t_\alpha(n-1)\right\}=1-\alpha$$

所以，μ 的置信水平为$1-\alpha$ 的单侧置信下限为$\bar{X}-\frac{S}{\sqrt{n}}t_{\alpha}(n-1)$，对应的单侧置信区间为

$$\left(\bar{X}-\frac{S}{\sqrt{n}}t_{\alpha}(n-1),\ +\infty\right)$$

【例 7.3.6】 设某批电子管的使用寿命服从正态分布。从中抽出容量为 10 的样本，测得使用寿命的均值$\bar{x}=1000$，标准差$s=45$（小时）。求这批电子管使用寿命的均方差的置信水平为 95%的单侧置信下限。

解 由于方差未知，则均值参数μ 的置信水平为 0.95 的单侧置信下限为

$$\bar{X}-\frac{S}{\sqrt{n}}t_{\alpha}(n-1)$$

因此，对应的单侧置信区间为

$$\left[\bar{X}-\frac{S}{\sqrt{n}}t_{0.05}(n-1),\ +\infty\right)$$

代入样本值，得到单侧置信区间为 $[972.50,\ +\infty)$

其余情况不再一一推导。现将正态分布均值和方差置信区间的计算公式汇总于表 7.3.1 中。

7.3.3 总体均值的大样本置信区间

当总体分布是非正态分布时，由中心极限定理可知，只要样本容量充分大（一般要求 $n\geqslant 35$），样本均值$\bar{X}$ 近似服从正态分布，即

$$U=\frac{\bar{X}-\mu}{\sigma/\sqrt{n}}\sim N(0,\ 1)$$

其中，μ 和σ 分别表示总体均值和总体标准差。根据这个近似分布，可以类似求正态总体均值置信区间的方法来求非正态总体均值μ 的近似置信区间，通常也称之为大样本置信区间。下面分两种情况讨论μ 的大样本置信区间。

（1）当σ 已知时，类似正态总体均值置信区间的求法，可得μ 的$1-\alpha$ 大样本置信区间为

$$\left(\bar{X}-\frac{\sigma}{\sqrt{n}}u_{\alpha/2},\ \bar{X}+\frac{\sigma}{\sqrt{n}}u_{\alpha/2}\right)$$

（2）当σ 未知时，一般用样本标准差S 替代σ，可得μ 的$1-\alpha$ 大样本置信区间为

$$\left(\bar{X}-\frac{S}{\sqrt{n}}u_{\alpha/2},\ \bar{X}+\frac{S}{\sqrt{n}}u_{\alpha/2}\right) \tag{7.3.8}$$

图 7.3.1　正态总体均值和方差的置信区间

	待估参数	其他参数	随机变量	双侧置信区间	左侧置信区间	右侧置信区间
单正态总体	μ	σ^2 已知	$\dfrac{\bar{X}-\mu}{\sigma/\sqrt{n}} \sim N(0,1)$	$\left(\bar{X}-u_{\alpha/2}\dfrac{\sigma}{\sqrt{n}},\ \bar{X}+u_{1-\alpha/2}\dfrac{\sigma}{\sqrt{n}}\right)$	$\left(-\infty,\ \bar{X}+u_{\alpha}\dfrac{\sigma}{\sqrt{n}}\right)$	$\left(\bar{X}-u_{\alpha}\dfrac{\sigma}{\sqrt{n}},\ +\infty\right)$
	μ	σ^2 未知	$\dfrac{\bar{X}-\mu}{S/\sqrt{n}} \sim t(n-1)$	$\left(\bar{X}-t_{\alpha/2}(n-1)\dfrac{S}{\sqrt{n}},\ \bar{X}+t_{\alpha/2}(n-1)\right)\dfrac{S}{\sqrt{n}}$	$\left(-\infty,\ \bar{X}+t_{\alpha}(n-1)\dfrac{S}{\sqrt{n}}\right)$	$\left(\bar{X}-t_{\alpha}(n-1)\dfrac{S}{\sqrt{n}},\ +\infty\right)$
	σ^2	μ 未知	$\dfrac{(n-1)S^2}{\sigma^2} \sim \chi^2(n-1)$	$\left(\dfrac{(n-1)S^2}{\chi^2_{\alpha/2}(n-1)},\ \dfrac{(n-1)S^2}{\chi^2_{1-\alpha/2}(n-1)}\right)$	$\left(0,\ \dfrac{(n-1)S^2}{\chi^2_{\alpha}(n-1)}\right)$	$\left(\dfrac{(n-1)S^2}{\chi^2_{\alpha}(n-1)},\ +\infty\right)$
双正态总体	$\mu_1-\mu_2$	σ_1^2，σ_2^2 已知	$\dfrac{(\bar{X}_1-\bar{X}_2)-(\mu_1-\mu_2)}{\sqrt{\sigma_1^2/n_1+\sigma_2^2/n_2}} \sim N(0,\ 1)$	$\left((\bar{X}_1-\bar{X}_2)\pm u_{\alpha/2}\cdot\sqrt{\sigma_1^2/n_1+\sigma_2^2/n_2}\right)$	$\left(-\infty,\ (\bar{X}_1-\bar{X}_2)+u_{\alpha}\cdot\sqrt{\sigma_1^2/n_1+\sigma_2^2/n_2}\right)$	$\left((\bar{X}_1-\bar{X}_2)-u_{\alpha}\cdot\sqrt{\sigma_1^2/n_1+\sigma_2^2/n_2},\ +\infty\right)$
	$\mu_1-\mu_2$	σ_1^2，σ_2^2 未知	$\dfrac{(\bar{X}_1-\bar{X}_2)-(\mu_1-\mu_2)}{S_w\sqrt{1/n_1+1/n_2}} \sim t(n_1+n_2-2)$	$\left((\bar{X}_1-\bar{X}_2)\pm t_{\alpha/2}(n_1+n_2-2)\cdot S_w\sqrt{1/n_1+1/n_2}\right)$	$\left(-\infty,\ (\bar{X}_1-\bar{X}_2)+t_{\alpha}(n_1+n_2-2)\cdot S_w\sqrt{1/n_1+1/n_2}\right)$	$\left((\bar{X}_1-\bar{X}_2)-t_{\alpha}(n_1+n_2-2)\cdot S_w\sqrt{1/n_1+1/n_2},\ +\infty\right)$
	$\dfrac{\sigma_1^2}{\sigma_2^2}$	μ_1，μ_2 未知	$\dfrac{\sigma_2^2 S_1^2}{\sigma_1^2 S_2^2} \sim F(n_1-1,\ n_2-1)$	$\left(\dfrac{S_1^2/S_2^2}{F_{\alpha/2}(n_1-1,\ n_2-1)},\ \dfrac{S_1^2/S_2^2}{F_{1-\alpha/2}(n_1-1,\ n_2-1)}\right)$	$\left(0,\ \dfrac{S_1^2/S_2^2}{F_{1-\alpha}(n_1-1,\ n_2-1)}\right)$	$\left(\dfrac{S_1^2/S_2^2}{F_{\alpha}(n_1-1,\ n_2-1)},\ +\infty\right)$

实际上，可以用σ的极大似然估计$\hat{\sigma}$替代σ，类似可得μ的$1-\alpha$大样本置信区间为

$$\left(\bar{X}-\frac{\hat{\sigma}}{\sqrt{n}}u_{\alpha/2},\ \bar{X}+\frac{\hat{\sigma}}{\sqrt{n}}u_{\alpha/2}\right) \tag{7.3.9}$$

例如，两点分布中取$\hat{\sigma}=\sqrt{\bar{X}(1-\bar{X})}$，泊松分布中取$\hat{\sigma}=\sqrt{\bar{X}}$。

【例 7.3.7】 为了解居民用于服装消费的支出情况，随机抽取 90 户居民组成一个简单随机样本，计算得样本均值为 800 元，样本标准差为 80 元。试给出该地区每户居民平均用于服装消费支出的 95%的置信区间。

解 设用随机变量 X 表示居民的服装消费支出。本题虽然总体分布未知，但由于 $n=90$，是大样本，由式（7.3.10），得到μ的 95% 置信区间为

$$\left(\bar{x}-\frac{S}{\sqrt{n}}u_{0.025},\ \bar{x}+\frac{S}{\sqrt{n}}u_{0.025}\right)=(783.47,\ 816.53)=(800\pm 16.53)$$

这就是说，居民用于服装消费的平均支出在 738.47～816.53 元之间。这个估计的可信度为 95%。若以$\bar{x}=800$作为参数μ的估计值，其误差不大于 16.53，也就是样本均值作为总体均值的估计的可允许误差为 16.53。这个误差估计的可信度为 95%。显然，增加样本容量可以提高估计精度水平。

【例 7.3.8】 为考察某一型号产品的合格率p，随机抽取 2 000 件，发现其中有 180 件是次品。试求该型号产品合格率p的 0.95 置信区间。

解 这是一个关于两点分布比例p的置信区间问题。由于样本容量 n=2 000 较大，可用大样本方法求p的置信区间。注意到$\bar{X}(1-\bar{X})$是方差$D(X)=p(1-p)$的极大似然估计，由式（7.3.11），得到p的 0.95 置信区间为

$$\left(\bar{x}-\sqrt{\frac{\bar{x}(1-\bar{x})}{n}}u_{0.025},\ \bar{x}+\sqrt{\frac{\bar{x}(1-\bar{x})}{n}}u_{0.025}\right)=(0.0479,\quad 0.0521)$$

练习 7.3

1. 设$X_1, X_2, \cdots, X_n$是来自总体$X\sim N(\mu, \sigma^2)$的样本，则当α增大时，μ的置信水平为$1-\alpha$的置信区间的长度d将________。

（A）变长　　（B）变短　　（C）不变　　（D）不能确定

2. 设某产品直径服从正态分布$X\sim N(\mu, \sigma^2)$，其中μ和σ^2未知。现从总体中随机抽取 25 件样本，得到样本的均值 100cm 和 2cm，则μ的 90%置信区间为________。

（A）$(100-0.02t_{0.025}(19),\ 100-0.02t_{0.025}(19))$

（B）$(100-0.02t_{0.025}(20),\ 100-0.02t_{0.025}(20))$

（C）$(100-0.02t_{0.05}(19),\ 100-0.02t_{0.05}(19))$

（D）$(100-0.02t_{0.05}(20),\ 100-0.02t_{0.05}(20))$

习 题 7

1. 从一批洗衣粉中抽取10袋，测得其净重如下（单位：kg）：

1.98　2.00　2.01　2.09　1.97　1.99　2.00　2.02　1.99　2.03

试估计该批洗衣粉净重的平均值与方差。

2. 设总体X概率函数如下所示，X_1，X_2，…，X_n是其样本。试求未知参数的矩法估计和极大似然估计。

（1）$X \sim B(1, p)$

（2）$f(x, \theta) = \sqrt{\theta} x^{\sqrt{\theta}-1}$，$0 < x < 1$，$\theta > 0$

（3）$f(x) = \begin{cases} \theta x^{\theta-1} & 0<x<1 \\ 0, & \text{其他} \end{cases}$，$\theta>0$

3. 设总体X的分布律如下所示：

X	1	2	4
p	θ^2	$2\theta(1-\theta)$	$(1-\theta)^2$

其中，$\theta(0<\theta<1)$是未知参数。已知来自总体X的样本值1，4，2，求θ的矩估计值和极大似然估计值。

4. 设总体X的分布密度为

$$f(x) = \begin{cases} \dfrac{2}{\theta^2}(\theta - x), & 0<x<\theta \\ 0, & \text{其他} \end{cases}$$

X_1，X_2，…，X_n是来自总体的样本。试求θ的矩估计量。

5. 设X_1，X_2，…，X_n是来自总体X的样本，X的密度函数为

$$f(x, \lambda) = \begin{cases} \lambda \alpha x^{\alpha-1} e^{-\lambda x^{\alpha}}, & x>0 \\ 0, & x \leqslant 0 \end{cases}$$

其中，$\lambda>0$为未知参数，α为已知常数。求λ的极大似然估计。

6. 设总体X的密度函数为

$$f(x, \lambda) = \begin{cases} \lambda e^{-\lambda x}, & x>0 \\ 0, & x \leqslant 0 \end{cases}$$

其中，λ为未知参数。设0.5，0.3，0.6，0.9，1.0是来自总体的一组样本观测值。试求：

（1）λ的极大似然估计。

（2）$P(X>1)$的极大似然估计。

7. 设X_1，X_2，…，X_n是来自总体X的样本，且$E(X)=\mu$和$D(X)=\sigma^2<+\infty$。当a_1，a_2，…，a_n取何值时，估计量$\hat{\mu}=a_1X_1+a_2X_2+\cdots+a_nX_n$是$\mu$的方差最小线性无偏估计。

8. 设有一组来自正态总体$N(\mu,\ \sigma^2)$的样本观测值：

0.49，0.50，0.51，0.52，0.48，0.51，0.51，0.52，0.55

试求下面两种情况下，μ的置信水平为0.95的置信区间：（1）当$\sigma=0.01$时；（2）当σ^2未知时。

9. 从某种炮弹中随机地取9发做试验，测得炮口速度的样本标准差$s=10$（m/s）。设炮口速度X服从$N(\mu,\ \sigma^2)$。求这种炮弹的炮口速度方差在0.95置信水平下的一个置信区间。

10. 随机地从甲、乙两个生产电线的车间各抽取5根电线，测得电阻值如下所示（单位：欧姆，Ω）：

甲车间：0.152　0.144　0.143　0.160　0.138

乙车间：0.139　0.141　0.452　0.155　0.401

设甲、乙两批电线的电阻分别服从$N(\mu_1,\ \sigma^2)$和$N(\mu_2,\ \sigma^2)$。已知$\sigma=0.005$，求$\mu_1-\mu_2$的95%置信区间。

11. 设总体$X\sim N(\mu_1,\ \sigma_1^2)$与$Y\sim N(\mu_2,\ \sigma_2^2)$相互独立，从总体$X$中抽取$n_1=25$的样本，得$s_1^2=60$；从总体$Y$中抽取$n_2=16$的样本，得$s_2^2=50$。试求两个总体方差比$\dfrac{\sigma_1^2}{\sigma_2^2}$的置信水平为90%的置信区间。

12. 设X_1，…，X_n为来自总体$N(\mu,\ \sigma^2)$的一个样本。求常数c，使$c\sum\limits_{i=1}^{n-1}(X_{i+1}-X_i)^2$为$\sigma^2$的无偏估计量。

13. 现有一批货物，从中随机抽取100件，测试发现其中有10件次品。试求这批货物次品率P的95%置信区间。

14. 设总体X的密度函数为

$$f(x,\ \theta)=\begin{cases}\dfrac{1}{2\theta}, & 0<x<\theta\\ \dfrac{1}{2(1-\theta)}, & \theta\leqslant x<1\\ 0, & x\geqslant 0\end{cases}$$

其中，θ为未知参数，X_1，X_2，…，X_n是来自总体X的一个样本，$\bar{X}$为样本均值。

（1）求参数θ的矩估计量。

（2）判断$4\bar{X}^2$是否为θ^2的无偏估计量，并说明理由。

15. 设总体 X 的密度函数为

$$f(x, \theta)=\begin{cases}e^{-(x-\theta)}, & x \geqslant \theta \\ 0, & x<\theta\end{cases}$$

设 X_1，X_2，…，X_n 为来自总体 X 的一个样本，求参数 θ 的矩估计与极大似然估计。

第8章　假设检验

在数理统计理论研究与应用中，一些方法依赖于总体的分布，此时假定总体的分布是给定的。为保证方法的正确性和合理性，需要根据获得的样本，对有关总体的某种论断做检验。这些论断包括总体的数学期望、总体的方差等随机变量数字特征的假设，也包括对随机变量的分布函数、密度函数和分布律的假定，甚至关于多维随机变量之间的独立性假设。这些统计假设检验统称假设检验。假设检验和参数估计一样，都在数理统计的理论研究和实际应用中占有重要的地位。

本章先介绍假设检验的基本思想和方法；其次给出正态总体的数学期望和方差的显著性检验方法，包括单个正态总体和两个正态总体的情形；最后介绍大样本检验和非参数 χ^2 检验。

8.1　假设检验的基本概念

【例 8.1.1】　为了保障产品的质量，企业生产的产品必须经过检验才可出厂。如果规定产品的不合格率不得超过2%，现在一批产品中抽取200件后发现有5件不合格品，问这批产品是否符合标准?

在这个实例中，对产品的不合格率 p 没有历史资料，所以用 5/200=2.5%作为整批产品的不合格率的估计。

问题的重点不仅是估计不合格率，而且要明确判断这批产品的不合格率是否超过2%。若断定超过了 2%，则整批产品是不能销售的；而若断定没有超过 2%，则整批产品就能销售。这里的“$p\leqslant 2\%$”就是一个关于整批产品不合格率的假设，需要解决的问题是根据数据对这个假设是否成立做出判断。

【例 8.1.2】　假设某厂生产的一种电子元件的寿命（单位：小时）$X \sim N(\mu, 225)$。历史数据表明，这种电子元件的平均寿命 $\mu_0 = 1\,200$ 小时。技术革新后，该电子元件的生产工艺有所调整，现从所生产的电子元件中抽取 16 个，测得平均寿命为 $\bar{X} = 1\,230$ 小时。问经过技术革新后，这种电子元件的平均寿命是否显著提高?

该问题是要判断假设“技术革新后所生产的电子元件的寿命为 $\mu = \mu_0 = 1\,200$”是否成立。若成立，说明技术革新无效，否则就是有效的，即“技术革新后所生产的电子元件的寿命为 $\mu > \mu_0 = 1\,200$”成立。

一般地，在统计假设检验问题中对总体的假设称为**原假设**或**零假设**，记为 H_0；与之对立的假设称为**备择假设**或**对立假设**，记为 H_1。原假设和备择假设统称为**统计假设**，如例 8.1.1 中的"$p \leqslant 2\%$"和例 8.1.2 中的"$\mu_0 = 1\,200$"都是原假设。

在统计检验中，需要根据样本数据对原假设进行检验，其一般方法如下所述：首先根据问题提出相应的假设，在原假设成立的前提下，构造一个小概率事件；然后根据样本数据判断小概率事件是否发生。如果小概率事件发生了，就做出"原假设是不合理的"结论；相应地，与原假设相反的结论理应得到认可。

在构造小概率事件时，这个概率多小才合适呢？没有绝对的标准，要根据具体问题的重要性来确定。一般用 $\alpha(0<\alpha<1)$ 表示小概率，通常可取为 0. 01、0.05、0.1 等，称之为**显著性水平**。

【例 8.1.2】（续） 问题的假设为

$$H_0 : \mu_0 = 1\,200 \qquad \leftrightarrow \qquad H_1 : \mu_0 \neq 1\,200 \tag{8.1.1}$$

根据参数的点估计理论，对正态总体而言，$E(\bar{X}) = \mu$，从而样本均值 $\bar{X}$ 是总体 μ 一个良好估计。因此直观来看，如果 $\mu_0 = 1\,200$ 成立，那么 $|\bar{X} - 1\,200|$ 应该比较小；反过来，若原假设不成立，则该值应该比较大。因此，给定一个常数 c，当 $|\bar{X} - 1\,200| \geqslant c$ 时，拒绝原假设 H_0；反之，应该接受 H_0。

以下根据给定的显著性水平 α 来确定 c 的值。

由 $X \sim N(\mu,\ 225)$，容易得到 $\bar{X} \sim N(\mu,\ \frac{225}{16})$，那么

$$\frac{\bar{X} - \mu}{\sqrt{\frac{225}{16}}} = \frac{4(\bar{X} - \mu)}{15} \sim N(0,\ 1)$$

当原假设成立时，

$$\frac{4(\bar{X} - 1\,200)}{15} \sim N(0,\ 1) \tag{8.1.2}$$

对于给定的 α，由分位点的定义，如图 8.1.1 所示，

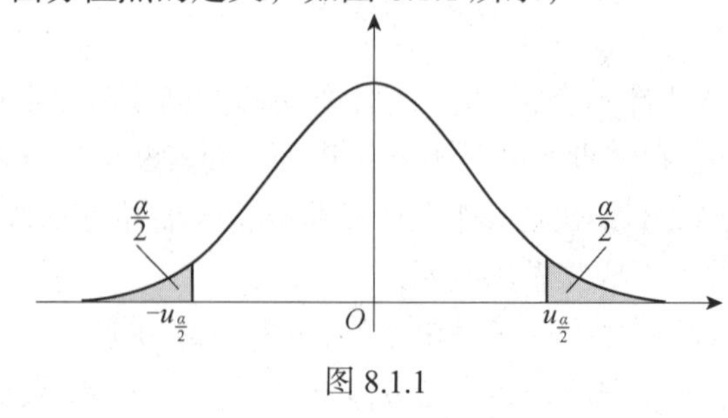

图 8.1.1

可得

$$P\left\{\left|\frac{4(\bar{X} - 1\,200)}{15}\right| \geqslant u_{\alpha/2}\right\} = \alpha$$

即

$$P\left\{\left|\bar{X}-1\,200\right|\geqslant 3.75u_{\alpha/2}\right\}=\alpha \tag{8.1.3}$$

得到$c=3.75u_{\alpha/2}$。根据式 (8.1.3)，得出如下结论：

（1）对于给定的α，如果$\left|\bar{X}-1\,200\right|\geqslant 3.75u_{\alpha/2}$，应拒绝原假设，即认为经过技术革新后，电子元件的平均寿命有显著提高。

（2）对于给定的α，如果$\left|\bar{X}-1\,200\right|<3.75u_{\alpha/2}$，不能拒绝原假设，即认为经过技术革新后，电子元件的平均寿命没有显著提高。

例 8.1.2 中，$\dfrac{4(\bar{X}-1\,200)}{15}$称为**检验统计量**。式$\left|\bar{X}-1\,200\right|\geqslant 3.75u_{\alpha/2}$中定义的区域称为该问题检验的**拒绝域**，一般记为W。

综上所述，将一个假设检验问题的具体步骤归纳如下：

（1）根据实际问题，建立假设。

（2）选择检验的统计量，给出拒绝域形式。

（3）选择显著性水平。

（4）给出拒绝域。

（5）根据样本值做出判断。

对于检验假设H_0，是基于小概率事件是否发生而做相应的结论的，因此可能导致以下两类错误：其一为H_0是正确的，但根据样本值，拒绝了H_0，这就犯了“弃真”的错误，称之为第一类错误。犯第一类错误的概率一般记为α；其二为H_0本来是不成立的，但根据样本值，接受了H_0，这就犯了“采伪”的错误，称之为第二类错误。第二类错误的概率一般记为β。表 8.1.1 给出了检验的所有情况及两类错误。

表 8.1.1 检验的两类错误

样本数据	**总体**	
	H_0成立	H_1成立
样本值落在拒绝域	第一类错误	正确
样本值没有落在拒绝域	正确	第二类错误

由于样本的随机性，这两类错误是无法避免的。在数理统计中，总是在控制犯第一类错误的概率的前提下，使得犯第二类错误的概率尽可能小。这种检验方法称为**显著性检验**。

8.2 正态总体均值的检验

本节讨论总体为正态分布的均值的检验，包括单个正态总体均值和两个正态总体均值比较的检验。

8.2.1 单个正态总体均值的检验

假设$X \sim N(\mu, \sigma^2)$，$X_1, X_2, \cdots, X_n$是来自总体X的一组样本，记样本均值为$\bar{X}$，样本方差为S^2。考虑如下三种类型检验：

（1）　$H_0: \mu = \mu_0 \quad \leftrightarrow \quad H_1: \mu \neq \mu_0$

（2）　$H_0: \mu = \mu_0 \quad \leftrightarrow \quad H_1: \mu > \mu_0$

（3）　$H_0: \mu = \mu_0 \quad \leftrightarrow \quad H_1: \mu < \mu_0$

针对上述三种类型的检验，以下分别给出其检验的统计量及其拒绝域：

$$H_0: \mu = \mu_0 \quad \leftrightarrow \quad H_1: \mu \neq \mu_0$$

若总体方差σ^2已知，根据例 8.1.2 所述的检验过程，取检验统计量为

$$\frac{\bar{X} - \mu_0}{\sigma / \sqrt{n}} \sim N(0, 1)$$

对于给定的显著性水平α，拒绝域选为

$$\left| \frac{\bar{X} - \mu_0}{\sigma / \sqrt{n}} \right| \geqslant u_{\alpha/2}$$

即

$$\left| \bar{X} - \mu_0 \right| \geqslant \frac{\sigma}{\sqrt{n}} u_{\alpha/2} \tag{8.2.1}$$

在实际数据分析中，σ^2往往是未知的。由$E(S^2) = \sigma^2$可知，S^2为σ^2的一个良好估计。因此，可以用S^2代替σ^2。此时，显然有

$$\frac{\bar{X} - \mu_0}{S / \sqrt{n}} \sim t(n-1)$$

则对于给定的显著性水平α，如图 8.2.1 所示，拒绝域选为

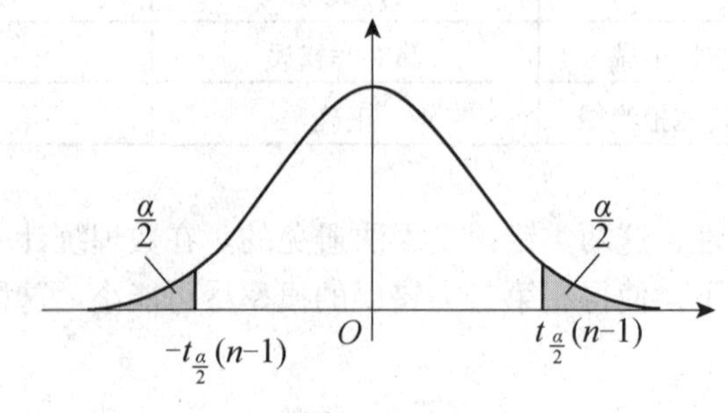

图 8.2 .1

$$\left| \frac{\bar{X} - \mu_0}{S / \sqrt{n}} \right| \geqslant t_{\alpha/2}(n-1)$$

即

$$\left| \bar{X} - \mu_0 \right| \geqslant \frac{S}{\sqrt{n}} t_{\alpha/2}(n-1) \tag{8.2.2}$$

上述两种检验分别称为u**检验法**和T**检验法**。对于给定的显著性水平α，只要样本均值落在对应的拒绝域中，就拒绝原假设H_0，否则不能拒绝H_0，而接受H_0。

【例 8.2.1】　某种袋装食品的质量服从正态分布。现在随机抽取超市货架上的 10 袋食品，测得它们的质量（单位：克）分别为 102，100，101，99，105，99，102，99，101，102。给定显著性水平 α=0.05。 在下面两种情况下，检验袋装食品的平均质量是否为 100 克：（1）假设总体的方差$\sigma^2=1$；（2）总体的方差未知。

解　根据题意，需要检验

$$H_0:\mu=100 \quad \leftrightarrow \quad H_1:\mu\neq 100$$

经计算，$\bar{x}=101$，$s^2=3.5556$。

（1）根据式（8.2.1），$|\bar{x}-\mu_0|=1$，$\frac{\sigma}{\sqrt{n}}u_{\alpha/2}=\frac{1}{\sqrt{10}}\times 1.96=0.62$，从而$|\bar{x}-\mu_0|>\frac{\sigma}{\sqrt{n}}u_{\alpha/2}$，故不能接受原假设$\mu=100$，即认为袋装食品的质量不为 100 克。

（2）根据式（8.2.2），$\frac{s}{\sqrt{n}}t_{\alpha/2}(n-1)=\frac{1.8856}{\sqrt{10}}\times 2.262=1.35$，从而$|\bar{x}-\mu_0|<\frac{s}{\sqrt{n}}t_{\frac{\alpha}{2}}(n-1)$，因此在方差未知的情况下，不能拒绝原假设$\mu=100$，即认为袋装食品的质量为 100 克。

$$H_0:\mu=\mu_0 \quad \leftrightarrow \quad H_1:\mu>\mu_0$$

由于$E(\bar{X})=\mu$，所以当$\bar{X}-\mu_0$比较大时，有理由拒绝H_0，从而接受H_1。对于给定的显著性水平α，当σ^2已知时，取检验统计量为$\frac{\bar{X}-\mu_0}{\sigma/\sqrt{n}}\sim N(0,\ 1)$， 如图 8.2.2 所示，

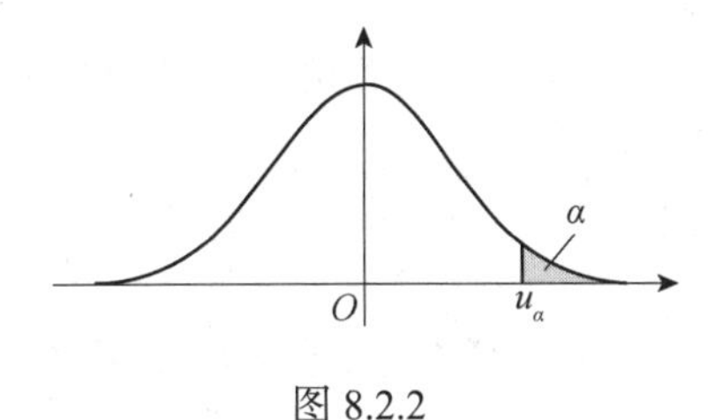

图 8.2.2

此时，拒绝域应为$\frac{\bar{X}-\mu_0}{\sigma/\sqrt{n}}\geqslant u_\alpha$，即

$$\bar{X}-\mu_0\geqslant\frac{\sigma}{\sqrt{n}}u_\alpha \tag{8.2.3}$$

当σ^2未知时，取检验统计量为$\frac{\bar{X}-\mu_0}{S/\sqrt{n}}\sim t(n-1)$，如图 8.2.3 所示，

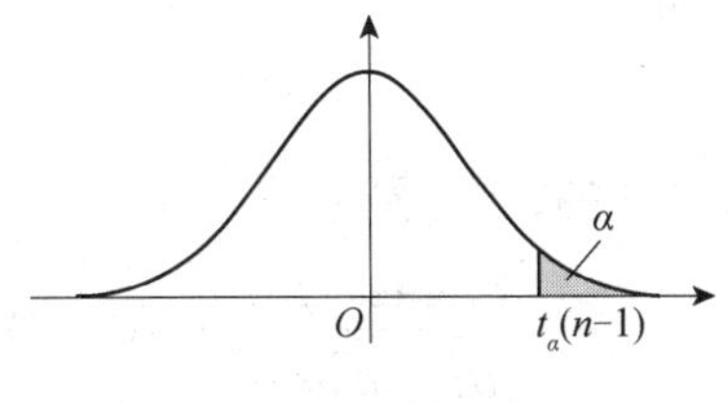

图 8.2.3

此时的拒绝域为

$$\bar{X}-\mu_0 \geqslant \frac{S}{\sqrt{n}} t_\alpha(n-1) \tag{8.2.4}$$

3. $H_0: \mu=\mu_0 \quad \leftrightarrow \quad H_1: \mu<\mu_0$

由 1 和 2 两种类型的检验过程，对于给定的显著性水平 α ，易得检验的拒绝域如下所述：

当 σ^2 已知时，

$$\bar{X}-\mu_0 \leqslant \frac{\sigma}{\sqrt{n}} u_{1-\alpha} \tag{8.2.5}$$

当 σ^2 未知时，

$$\bar{X}-\mu_0 \leqslant \frac{S}{\sqrt{n}} t_{1-\alpha}(n-1) \tag{8.2.6}$$

【例 8.2.2】 爱迪生电气学会公布的数字显示：吸尘器每年平均消耗的电量为 46 度。现选取 12 个家庭的随机样本，结果显示吸尘器平均每年的耗电量为 42 度，标准差为 11.9 度。 假定显著性水平为 0.05，且总体服从正态分布，能否说明吸尘器每年平均消耗的电量低于 46 度?

解 据题意，需要检验

$$H_0: \mu=46 \quad \leftrightarrow \quad H_1: \mu<46$$

且 $\bar{x}=42$，$s=11.9$，$n=12$ ，$t_{0.95}(11)=-1.796$ 。取检验的统计量为

$$\frac{\bar{X}-\mu_0}{s/\sqrt{n}} \sim t(n-1) \tag{8.2.7}$$

$\dfrac{\bar{x}-\mu_0}{s/\sqrt{n}}=-1.16>-1.796=t_{0.95}(11)$ ，样本值没有落在其拒绝域 $\bar{X}-\mu_0 \leqslant \frac{s}{\sqrt{n}} t_{1-\alpha}(n-1)$ ，说明吸尘器平均每年的耗电量未显著低于 46 度。

8.2.2 两个正态总体均值比较的检验

假设 $X_1, X_2, \cdots, X_n$ 和 $Y_1, Y_2, \cdots, Y_m$ 分别为来自正态总体 $N(\mu_1, \sigma_1^2)$ 和 $N(\mu_2, \sigma_2^2)$ 的样本，分别记 $\bar{X}$ 和 $\bar{Y}$ 为对应的样本均值，S_1^2 和 S_2^2 为对应的样本方差，且假设这两个样本是独立的。现在要检验如下假设：

1. $H_0: \mu_1=\mu_2 \quad \leftrightarrow \quad \mu_1 \neq \mu_2$

若总体的方差 σ_1^2、σ_2^2 是已知的，易得

$$\frac{(\bar{X}-\bar{Y})-(\mu_1-\mu_2)}{\sqrt{\dfrac{\sigma_1^2}{n}+\dfrac{\sigma_2^2}{m}}} \sim N(0, 1)$$

当H_0成立时，可得

$$\frac{\bar{X}-\bar{Y}}{\sqrt{\frac{\sigma_1^2}{n}+\frac{\sigma_2^2}{m}}} \sim N(0,\ 1)$$

对于给定的显著性水平α，与8.2.1节中类型（1）的检验过程类似，取拒绝域为

$$\left|\frac{\bar{X}-\bar{Y}}{\sqrt{\frac{\sigma_1^2}{n}+\frac{\sigma_2^2}{m}}}\right| \geqslant u_{\frac{\alpha}{2}}$$

得该检验的拒绝域为

$$\left|\bar{X}-\bar{Y}\right| \geqslant u_{\alpha/2}\sqrt{\frac{\sigma_1^2}{n}+\frac{\sigma_2^2}{m}} \tag{8.2.8}$$

这个结论也是容易理解的：由于$\bar{X}$和$\bar{Y}$分别是μ_1和μ_2的无偏估计，从而$\bar{X}-\bar{Y}$作为$\mu_1-\mu_2$的无偏估计，自然当$\left|\bar{X}-\bar{Y}\right|$较大时，要拒绝原假设$\mu_1=\mu_2$，而$u_{\alpha/2}\sqrt{\frac{\sigma_1^2}{n}+\frac{\sigma_2^2}{m}}$就是对应于显著性水平$\alpha$的阈值。

若总体的方差σ_1^2、σ_2^2未知，但满足$\sigma_1^2=\sigma_2^2=\sigma^2$，此时令

$$S_w^2=\frac{(n-1)S_1^2+(m-1)S_2^2}{m+n-2}$$

由$E(S_1^2)=\sigma_1^2=\sigma^2, E(S_2^2)=\sigma_2^2=\sigma^2$，可得$E(S^2)=\sigma^2$。根据点估计理论，得

$$\frac{(\bar{X}-\bar{Y})-(\mu_1-\mu_2)}{S_w\sqrt{\frac{1}{n}+\frac{1}{m}}} \sim t(m+n-2)$$

从而当原假设H_0成立时，

$$\frac{\bar{X}-\bar{Y}}{S_w\sqrt{\frac{1}{n}+\frac{1}{m}}} \sim t(m+n-2)$$

与8.2.1节中类型(1)的检验过程类似，对于给定的显著性水平α，取拒绝域为

$$\left|\frac{\bar{X}-\bar{Y}}{S_w\sqrt{\frac{1}{n}+\frac{1}{m}}}\right| \geqslant t_{\alpha/2}(m+n-2)$$

即

$$\left|\bar{X}-\bar{Y}\right| \geqslant t_{\alpha/2}(m+n-2)S_w\sqrt{\frac{1}{n}+\frac{1}{m}} \tag{8.2.9}$$

该检验称为两个样本的t检验。注意，在此有“两个总体的方差是相等的”这样一个前提条件。显然，没有该条件，上述t检验是不成立的。在实际问题中，只要有充分

理由认为两个总体的方差差别不大，就可以近似认为两者是相等的。此时，两个样本的t检验还是成立的。

类似地，对于给定的显著性水平α，有如下检验问题：

2. $H_0:\mu_1=\mu_2 \quad \leftrightarrow \quad H_1:\mu_1>\mu_2$

3. $H_0:\mu_1=\mu_2 \quad \leftrightarrow \quad H_1:\mu_1<\mu_2$

当总体的方差σ_1^2、σ_2^2已知时，其拒绝域分别为

$$\bar{X}-\bar{Y}\geqslant u_\alpha\sqrt{\frac{\sigma_1^2}{n}+\frac{\sigma_2^2}{m}} \tag{8.2.10}$$

和

$$\bar{X}-\bar{Y}\leqslant u_{1-\alpha}\sqrt{\frac{\sigma_1^2}{n}+\frac{\sigma_2^2}{m}} \tag{8.2.11}$$

而当总体的方差$\sigma_1^2=\sigma_2^2=\sigma^2$未知时，其拒绝域分别为

$$\bar{X}-\bar{Y}\geqslant t_\alpha(m+n-2)S_w\sqrt{\frac{1}{n}+\frac{1}{m}} \tag{8.2.12}$$

和

$$\bar{X}-\bar{Y}\leqslant t_{1-\alpha}(m+n-2)S_w\sqrt{\frac{1}{n}+\frac{1}{m}} \tag{8.2.13}$$

其余情况不再一一推导，正态总体均值的假设检验情况汇总于表 8.2.1 中。

【例 8.2.3】 杜鹃总是把蛋生在别的鸟巢中。现在在两个鸟巢发现杜鹃蛋共 24 枚。其中，9 枚来自 A 鸟巢，15 枚来自 B 鸟巢，测得的样本均值和样本方差的数据结果汇总如下：$\bar{x}_{\mathrm{A}}=22.2$，$s_{\mathrm{A}}=0.65$和$\bar{x}_{\mathrm{B}}=21.12$，$s_{\mathrm{B}}=0.75$。假定杜鹃蛋的长度均服从正态分布，且总体的方差相等。试在显著性水平$\alpha=0.05$条件下，判断蛋的长度是由于随机因素造成的，还是与它们被发现的鸟巢不同有关。

解 检验如下假设：

$$H_0:\mu_{\mathrm{A}}=\mu_{\mathrm{B}} \quad \leftrightarrow \quad \mu_{\mathrm{A}}\neq\mu_{\mathrm{B}}$$

其中，μ_{A}和μ_{B}分别为 A 鸟巢和 B 鸟巢的蛋长。根据题意，易知$n=9$，$m=15$。此时，

$$S_w^2=\frac{(n-1)s_{\mathrm{A}}^2+(m-1)s_{\mathrm{B}}^2}{m+n-2}=\frac{8\times0.65^2+14\times0.75^2}{22}=0.51$$

而且$|\bar{x}_{\mathrm{A}}-\bar{x}_{\mathrm{B}}|=1.08$，$t_{\frac{\alpha}{2}}(m+n-2)S_w\sqrt{\dfrac{1}{n}+\dfrac{1}{m}}=t_{0.025}(22)\sqrt{0.51\times(\dfrac{1}{9}+\dfrac{1}{15})}=0.62$。显然，$|\bar{x}_{\mathrm{A}}-\bar{x}_{\mathrm{B}}|\geqslant t_{\frac{\alpha}{2}}(m+n-2)S_w\sqrt{\frac{1}{n}+\frac{1}{m}}$，故应该拒绝原假设，即认为蛋的长度差异明显与其被发现的鸟巢不同有关。

表 8.2.1 正态总体均值的假设检验

	检验法	前提条件	原假设 H_0	备择假设 H_1	检验的统计量	检验的拒绝域
单正态总体	u	σ^2 已知	$u \leqslant u_0$ $u \geqslant u_0$ $u = u_0$	$u > u_0$ $u < u_0$ $u \neq u_0$	$u = \dfrac{\bar{X} - \mu_0}{\sigma / \sqrt{n}}$	$\{u \geqslant u_\alpha\}$ $\{u \leqslant u_{1-\alpha}\}$ $\{\lvert u \rvert \geqslant u_{\alpha/2}\}$
	t	σ^2 未知	$u \leqslant u_0$ $u \geqslant u_0$ $u = u_0$	$u > u_0$ $u < u_0$ $u \neq u_0$	$t = \dfrac{\bar{X} - \mu_0}{s / \sqrt{n}}$	$\{t \geqslant t_\alpha(n-1)\}$ $\{t \leqslant t_{1-\alpha}(n-1)\}$ $\{\lvert t \rvert \geqslant t_{\alpha/2}(n-1)\}$
双正态总体	u	σ_1^2，σ_2^2 已知	$u \leqslant u_0$ $u \geqslant u_0$ $u = u_0$	$u > u_0$ $u < u_0$ $u \neq u_0$	$u = \dfrac{(\bar{X} - \bar{Y}) - (\mu_1 - \mu_2)}{\sqrt{\sigma_1^2 / n + \sigma_2^2 / m}}$	$\{u \geqslant u_\alpha\}$ $\{u \leqslant u_{1-\alpha}\}$ $\{\lvert u \rvert \geqslant u_{\alpha/2}\}$
	t	σ_1^2，σ_2^2 未知	$u \leqslant u_0$ $u \geqslant u_0$ $u = u_0$	$u > u_0$ $u < u_0$ $u \neq u_0$	$t = \dfrac{(\bar{X} - \bar{Y}) - (\mu_1 - \mu_2)}{S_w \sqrt{1/n + 1/m}}$	$\{t \geqslant t_\alpha(m+n-2)\}$ $\{t \leqslant t_{1-\alpha}(m+n-2)\}$ $\{\lvert t \rvert \geqslant t_{\alpha/2}(m+n-2)\}$

8.2.3 成对数据的检验

在上述两个样本均值的比较中，一个重要的前提是这两个正态总体是相互独立的。但在实际中，往往出现成对数据的比较问题。例如，为了比较对同一对象试验的前后效果，企业管理中研究改进生产方式前后的产量变化。另外，对配对的相近对象的不同试验结果做比较。例如，对医学院将发育状况相近的小白鼠进行配对，分别注射同种药物的不同剂量或者不同药物，以比较药物的疗效。这样的观测数据一般不再满足独立性假设，此时两个独立样本的 t 检验失效。此时，对于具有配对关系的两个样本，如果要检验其均值的差，用到如下成对数据 t 检验。

假设有如下成对数据 (X_1, Y_1), (X_2, Y_2), $\cdots$, (X_n, Y_n)，令 $Z_i = X_i - Y_i$，$i=1, 2, \cdots, n$，服从正态分布 $N(\mu, \sigma^2)$。假设问题

$$H_0: \mu_1 = \mu_2 \quad \leftrightarrow \quad H_1: \mu_1 \neq \mu_2$$

可转化为如下检验问题

$$H_0: \mu = 0 \quad \leftrightarrow \quad H_1: \mu \neq 0$$

此时两样本均值检验转化为单样本均值为 0 的 t 检验，其检验方法的细节不再赘述。

【例 8.2.4】 由 9 名学生组成的一个随机样本采用 A 和 B 两套试卷进行测试，分数如下表所示：

A	88	66	74	89	92	53	70	72	**89**
B	75	48	65	84	78	51	59	62	87

假设两组成绩都服从正态分布。试从样本数据出发，在显著性水平 $\alpha = 0.05$ 下，分析两套试卷是否有显著差异。

解 由于是对同一学生做的两次测试，因此数据是相关的，故这是一组配对样本数据。采用成对数据 t 检验方法，将两套试题的考试分数分别记为 X_1, $\cdots$, X_9 和 Y_1, $\cdots$, Y_9，且记 $Z_i = X_i - Y_i$，i=1，2，$\cdots$，9，即检验如下假设：

$$H_0: \mu = 0 \quad \leftrightarrow \quad H_1: \mu \neq 0$$

计算如下表所示：

A	88	66	74	89	92	53	70	62	89
B	75	48	65	84	78	60	59	72	87
Z	13	18	9	5	14	−7	11	−10	2

可得 $\bar{z}=6.11$， $s_Z=9.57$。查表可得 $t_{\alpha/2}(n-1)=t_{0.025}(8)=2.306$，

$$\frac{s_Z}{\sqrt{n}}t_{\alpha/2}(n-1)=\frac{9.57}{3}\times 2.306=7.356\ 1>6.11=\bar{d}$$

从而不能拒绝原假设，即阿 A 和 B 两套试卷无显著性差异。

8.2.4　假设检验和置信区间的关系

在单个样本的均值的假设检验中，当总体方差 σ^2 已知时，采用的统计量为 $u=\dfrac{\bar{X}-\mu_0}{\sigma/\sqrt{n}}$，与 7.3.2 节中在方差 σ^2 已知时，求解总体均值 μ 的置信区间时采用的量 $u=\dfrac{\bar{X}-\mu}{\sigma/\sqrt{n}}$ 非常类似。这不是偶然的，其实两者存在非常紧密的联系，如下所述。

假设 $X\sim N(\mu,\ \sigma^2)$，X_1，X_2，$\cdots$，X_n 是来自总体 X 的一组样本，记样本均值为 $\bar{X}$，现讨论总体方差 σ^2 已知时关于均值 μ 的检验问题。分以下三种情况：

考虑双侧检验问题

$$H_0:\mu=\mu_0 \quad\leftrightarrow\quad H_1:\mu\neq\mu_0$$

则显著性水平为 α 时的假设检验的接受域为

$$\overline{W}=\left\{\left|\frac{\bar{X}-\mu_0}{\sigma/\sqrt{n}}\right|\leqslant u_{\alpha/2}\right\}$$

改写为

$$\overline{W}=\left\{\bar{X}-\frac{\sigma}{\sqrt{n}}u_{\alpha/2}\leqslant\mu_0\leqslant\bar{X}+\frac{\sigma}{\sqrt{n}}u_{\alpha/2}\right\}$$

这里的 μ_0 并无限制。若让 μ_0 在 $(-\infty,+\infty)$ 内取值，得到 μ 的 $1-\alpha$ 的置信区间 $\bar{X}\pm\dfrac{\sigma}{\sqrt{n}}u_{\alpha/2}$；反之，如有以上 $1-\alpha$ 的置信区间，也可获得假设检验问题

$$H_0:\mu=\mu_0 \quad\leftrightarrow\quad H_1:\mu\neq\mu_0$$

的显著性水平为 α 的检验。所以，“正态均值 μ 的 $1-\alpha$ 置信区间”与“关于 $H_0:\mu=\mu_0\ \leftrightarrow\ H_1:\mu\neq\mu_0$ 的显著性水平为 α 的检验是一一对应的”。同理可得，显著性水平为 α 的单侧假设检验与 μ 的 $1-\alpha$ 的单侧置信区间也是一一对应的。

8.3 正态总体方差的检验

在假设检验中,有时不但需要检验正态总体的均值,而且需要检验正态总体的方差。如在产品质量检验中，有些质量指标是通过方差类型的指标反映的，如尺寸的方差、重量的方差、抗拉强度的方差等。在这里，方差反映产品的稳定性。方差大，说明产品的性能不稳定，波动大。在研究居民收入中，收入的方差反映了收入分配情况，可以用来评价收入的合理性； 而在金融投资方面，收益率的方差更是评估投资风险的重要指标。

本节讨论正态总体方差的检验方法,包括单个正态总体方差的χ^2检验和两个正态总体方差之比的F检验。

8.3.1 单个正态总体方差的检验

和前面的假设一样， 假定$X \sim N(\mu,\ \sigma^2)$，X_1，X_2，…，X_n是来自总体 X 的一组样本，记样本均值为$\bar{X}$，样本方差为S^2。先假设μ是未知的，考虑以下三种检验：

（1）$H_0:\sigma^2=\sigma_0^2 \leftrightarrow H_1:\sigma^2\neq\sigma_0^2$ （8.3.1）

（2）$H_0:\sigma^2\leqslant\sigma_0^2 \leftrightarrow H_1:\sigma^2>\sigma_0^2$ （8.3.2）

（3）$H_0:\sigma^2\geqslant\sigma_0^2 \leftrightarrow H_1:\sigma^2<\sigma_0^2$ （8.3.3）

对于式（8.3.1）， 容易知道$E(S^2)=\sigma^2$， 故当原假设成立时，S^2应该与σ_0^2相差不大。由于两者均为正值，故$\dfrac{S^2}{\sigma_0^{\ 2}}$的值应该在 1 的附近。从而对式 （8.3.1）构造如下形式的拒绝域：

$$W=\{\frac{S^2}{\sigma_0^2}\leqslant c_1 \text{ 或 } \frac{S^2}{\sigma_0^2}\geqslant c_2\}$$

其中，$c_1<c_2$。根据

$$\frac{(n-1)S^2}{\sigma_0^2}\sim\chi^2(n-1)$$

此时，W 等价于$\left\{\dfrac{(n-1)S^2}{\sigma_0^2}\leqslant d_1 \text{ 或 } \dfrac{(n-1)S^2}{\sigma_0^2}\geqslant d_2\right\}$，$d_1<d_2$。对于给定的显著性水平$\alpha$，根据图 8.3.1，可取$d_1=\chi^2_{1-\alpha/2}(n-1)$，$d_2=\chi^2_{\alpha/2}(n-1)$，得到检验的拒绝域为

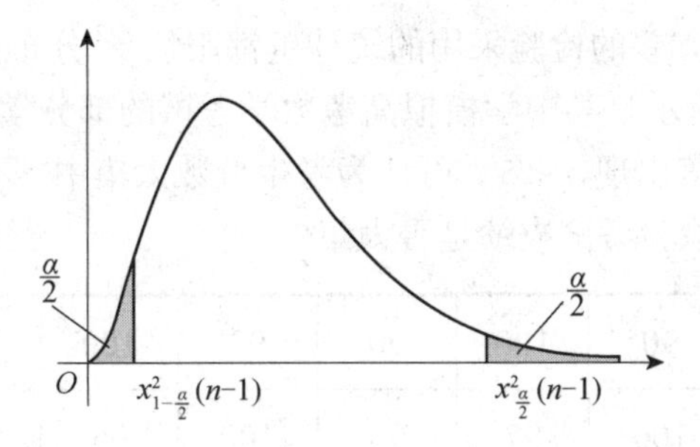

图 8.3.1

$$W=\left\{\frac{(n-1)S^2}{\sigma_0^2}\leqslant\chi^2_{1-\alpha/2}(n-1)\text{ 或 }\frac{(n-1)S^2}{\sigma_0^2}\geqslant\chi^2_{\alpha/2}(n-1)\right\}\tag{8.3.4}$$

同理，对于给定的显著性水平α， 类似地，易得假设检验（8.3.2）的拒绝域为

$$W=\left\{\frac{(n-1)S^2}{\sigma_0^2}\geqslant\chi^2_{\alpha}(n-1)\right\}\tag{8.3.5}$$

对于假设检验（8.3.3），拒绝域为

$$W=\left\{\frac{(n-1)S^2}{\sigma_0^2}\leqslant\chi^2_{1-\alpha}(n-1)\right\}\tag{8.3.6}$$

注意到上述三种检验中，假设μ是未知的，这在一般问题中大多数情况下是成立的。但如果μ的值已知，可通过下述方法选择检验统计量。

当$X_i\sim N(\mu,\ \sigma^2)$时，$\frac{X_i-\mu}{\sigma}\sim N(0,\ 1)$，且$\frac{(X_i-\mu)^2}{\sigma^2}\sim\chi^2(1)$，进一步可知，$\frac{(X_1-\mu)^2}{\sigma^2}$，$\frac{(X_2-\mu)^2}{\sigma^2}$，…，$\frac{(X_n-\mu)^2}{\sigma^2}$是相互独立的。由$\chi^2$分布的可加性，得

$$\frac{\sum\limits_{i=1}^{n}(X_i-\mu)^2}{\sigma^2}\sim\chi^2(n)\tag{8.3.7}$$

对检验问题（8.3.1），当原假设成立时，显然有

$$\frac{\sum\limits_{i=1}^{n}(X_i-\mu)^2}{\sigma_0^2}\sim\chi^2(n)$$

根据式（8.3.7），对于给定的显著性水平α，检验的拒绝域为

$$W=\left\{\frac{\sum\limits_{i=1}^{n}(X_i-\mu)^2}{\sigma_0^2}\leqslant\chi^2_{1-\frac{\alpha}{2}}(n)\text{ 或 }\frac{\sum\limits_{i=1}^{n}(X_i-\mu)^2}{\sigma_0^2}\geqslant\chi^2_{\frac{\alpha}{2}}(n)\right\}\tag{8.3.8}$$

对于检验问题（8.3.2）和（8.3.3），不难得到其对应的拒绝域。

上述单个正态总体方差的检验采用的统计量都服从 χ^2 分布，因此统称为 χ^2 检验。

【例 8.3.1】 下表所示是某中学模拟高考数学考试的部分学生成绩。假定成绩 $\sigma=10$ 是一个合理的分散度，若出现 $\sigma<5$，可认为考生分数太集中，不利于选拔人才。试在显著性水平 $\alpha=0.05$ 下，检验考试成绩是否太集中。

100	96	90	100	90	99	100	92	96
92	98	100	97	94	100	95	97	100

解 该总体的方差未知，因此这是一个样本方差未知的检验问题，检验的假设为

$$H_0:\sigma^2 \leqslant 5^2 \leftrightarrow H_1:\sigma^2>5^2$$

经计算，$s^2=12.732$，$\chi^2{}_{0.05}(17)=27.59$，则 $\dfrac{(n-1)s^2}{\sigma_0^2}=\dfrac{17s^2}{25}=8.66$，从而样本没有落在拒绝域中，不能拒绝原假设，即可认为成绩太集中。

8.3.2 两个正态总体方差比的检验

和前面的假设一样，$X_1, X_2, \cdots, X_n$ 和 $Y_1, Y_2, \cdots, Y_m$ 分别为来自正态总体 $N(\mu_1, \sigma_1^2)$ 和 $N(\mu_2, \sigma_2^2)$ 的样本，分别记 $\bar{X}$ 和 $\bar{Y}$ 为对应的样本均值，S_1^2 和 S_2^2 为对应的样本方差，且假设两个样本是独立的。检验如下三种假设：

（1）$H_0:\sigma_1^2=\sigma_2^2 \leftrightarrow H_1:\sigma_1^2 \neq \sigma_2^2$ （8.3.9）

（2）$H_0:\sigma_1^2 \leqslant \sigma_2^2 \leftrightarrow H_1:\sigma_1^2>\sigma_2^2$ （8.3.10）

（3）$H_0:\sigma_1^2 \geqslant \sigma_2^2 \leftrightarrow H_1:\sigma_1^2<\sigma_2^2$ （8.3.11）

下面仅就（1）的检验情形给予说明，其他场合的结果类似可得。

由 $E(S_1^2)=\sigma_1^2$，$E(S_2^2)=\sigma_2^2$ 可知，当 $H_0:\sigma_1^2=\sigma_2^2$ 成立时，S_1^2/S_2^2 应该与 1 相差不大，从而一个合理的拒绝域选为

$$W=\left\{\frac{S_1^2}{S_2^2}\leqslant c_1 \text{ 或 } \frac{S_1^2}{S_2^2}\geqslant c_2\right\}$$

其中，$0<c_1<c_2$。进一步，有

$$\frac{(n-1)S_1^2}{\sigma_1^2}\sim\chi^2(n-1),\quad \frac{(m-1)S_2^2}{\sigma_2^2}\sim\chi^2(m-1)$$

且两者相互独立，于是得

$$\frac{S_1^2/\sigma_1^2}{S_2^2/\sigma_2^2}\sim F(n-1,\ m-1)$$

当原假设成立，即$\sigma_1^2=\sigma_2^2$ 时，

$$\frac{S_1^2}{S_2^2}\sim F(n-1,\ m-1) \tag{8.3.12}$$

则对于给定的显著性水平α，检验的拒绝域为

$$W=\left\{\frac{S_1^2}{S_2^2}\leqslant F_{1-\frac{\alpha}{2}}(n-1,\ m-1)\ \text{或}\ \frac{S_1^2}{S_2^2}\geqslant F_{\frac{\alpha}{2}}(n-1,\ m-1)\right\} \tag{8.3.13}$$

类似地，对于给定的显著性水平α，不难得到如下结论：

对于检验问题（8.3.10），检验的拒绝域为

$$W=\left\{\frac{S_1^2}{S_2^2}\geqslant F_{\alpha}(n-1,\ m-1)\right\} \tag{8.3.14}$$

对于检验问题（8.3.11），检验的拒绝域为

$$W=\left\{\frac{S_1^2}{S_2^2}\leqslant F_{1-\alpha}(n-1,\ m-1)\right\} \tag{8.3.15}$$

上述两个正态总体方差的检验采用的统计量都服从F发分布，因此统称为F检验。其余情况不再一一推导，正态总体方差假设检验的情况汇总于表8.3.1。

【例 8.3.2】 甲、乙两台机床分别加工某种轴，轴的直径分别服从正态分布$N(\mu_1,\ \sigma_1^2)$和$N(\mu_2,\ \sigma_2^2)$。为了比较两台机床的加工精度有无显著差异，从甲和乙加工的轴中分别抽取8件和7件产品进行测量。经过计算，$S_{甲}^2=0.2164$，$S_{乙}^2=0.2729$。在给定的显著性水平$\alpha=0.05$下，检验两台机床的加工精度有无显著差异。

解 首先建立如下假设：

$$H_0:\sigma_1^2=\sigma_2^2 \leftrightarrow H_1:\sigma_1^2\neq\sigma_2^2$$

这里$n=8$，$m=7$，$\alpha=0.05$，那么$F_{1-\frac{\alpha}{2}}(n-1,\ m-1)=F_{0.975}(7,\ 6)=\dfrac{1}{F_{0.025}(6,\ 7)}=0.195$，且$F_{0.025}(7,\ 6)=5.7$。所以，检验的拒绝域为

$$W=\{F\leqslant 0.195,\ \text{或}\ \ F\geqslant 5.7\}$$

另外，$\dfrac{S_{甲}^2}{S_{乙}^2}=\dfrac{0.2164}{0.2729}=0.793$，未落入拒绝域，因此在显著性水平$\alpha=0.05$下，认为两台机床的加工精度一致。

表 8.3.1 正态总体方差假设检验

	检验法	前提条件	原假设 H_0	备择假设 H_1	检验的统计量	检验的拒绝域
单正态总体	χ^2	μ 未知	$\sigma^2 \leqslant \sigma_0^2$	$\sigma^2 > \sigma_0^2$	$\chi^2 = \dfrac{(n-1)s^2}{\sigma_0^2}$	$\{\chi^2 \geqslant \chi_\alpha^2(n-1)\}$
			$\sigma^2 \geqslant \sigma_0^2$	$\sigma^2 < \sigma_0^2$		$\{\chi^2 \leqslant \chi_{1-\alpha}^2(n-1)\}$
			$\sigma^2 = \sigma_0^2$	$\sigma^2 \neq \sigma_0^2$		$\{\chi^2 \geqslant \chi_{\alpha/2}^2(n-1)\} \cup \{\chi^2 \leqslant \chi_{1-\alpha/2}^2(n-1)\}$
	χ^2	μ 已知	$\sigma^2 \leqslant \sigma_0^2$	$\sigma^2 > \sigma_0^2$	$\chi^2 = \dfrac{\sum_{i=1}^{n}(x_i-\mu)^2}{\sigma_0^2}$	$\{\chi^2 \geqslant \chi_\alpha^2(n)\}$
			$\sigma^2 \geqslant \sigma_0^2$	$\sigma^2 < \sigma_0^2$		$\{\chi^2 \leqslant \chi_{1-\alpha}^2(n)\}$
			$\sigma^2 = \sigma_0^2$	$\sigma^2 \neq \sigma_0^2$		$\{\chi^2 \geqslant \chi_{\alpha/2}^2(n)\} \cup \{\chi^2 \leqslant \chi_{1-\alpha/2}^2(n)\}$
双正态总体	F	μ 未知	$\sigma_1^2 \leqslant \sigma_2^2$	$\sigma_1^2 > \sigma_2^2$	$F = \dfrac{s_1^2}{s_2^2}$	$\{F \geqslant F_\alpha(n-1,\ m-1)\}$
			$\sigma_1^2 \geqslant \sigma_2^2$	$\sigma_1^2 < \sigma_2^2$		$\{F \leqslant F_{1-\alpha}(n-1,\ m-1)\}$
			$\sigma_1^2 = \sigma_2^2$	$\sigma_1^2 \neq \sigma_2^2$		$\{F \leqslant F_{1-\alpha/2}(n-1,\ m-1)\} \cup \{F \geqslant F_{\alpha/2}(n-1,\ m-1)\}$

8.4　大样本检验

对正态总体而言,关于均值的检验有比较好的结果;而对于一般的总体的均值检验,检验统计量的选取和临界值的确定可能比较复杂,使用起来也不方便。但如果样本量较大,可采用近似的检验方法——大样本检验。其基本思路如下:假设 X_1, X_2, $\cdots$, X_n 为来自某总体的样本,假设总体的均值为μ,方差为μ的函数,记为$\sigma^2(\mu)$。例如,对两点分布 $b(1, \mu)$,其方差为 $\mu(1-\mu)$,是均值μ的函数;对于泊松分布 $p(\lambda)$,其方差为 λ,也是均值 λ 的函数。一般地,对于下列三类假设检验问题:

(1)H_0: $\mu\leqslant\mu_0$ $\longleftrightarrow H_1$: $\mu>\mu_0$

(2)H_0: $\mu\geqslant\mu_0$ $\longleftrightarrow H_1$: $\mu<\mu_0$

(3)H_0: $\mu=\mu_0$ $\longleftrightarrow H_1$: $\mu\neq\mu_0$

在样本容量 n 充分大时,利用中心极限定理可得

$$\bar{X}\sim AN(\mu,\ \sigma^2(\mu)/n)$$

故在 $\mu=\mu_0$ 时,采用如下检验统计量

$$U=\frac{\sqrt{n}(\bar{X}-\mu_0)}{\sqrt{\sigma^2(\mu_0)}}\sim AN(0,\ 1) \tag{8.4.1}$$

近似地确定拒绝域。给定显著性水平 α,对应上述三类检验问题的拒绝域依次为

$$W=\{U\geqslant u_\alpha\};\qquad W=\{U\leqslant u_{1-\alpha}\};\qquad W=\{|U|\geqslant u_{\alpha/2}\}$$

大样本检验是近似的。近似的含义是指检验的实际显著性水平与原先假定的显著性水平有差距。这是由于式(8.4.1)中的 U 的分布与 $N(0,\ 1)$有距离。当 n 很大时,这种差异很小。大样本检验是一个"不得已而为之"的方法,只要有基于精确分布的方法,总是首先加以考虑。

【例 8.4.1】 某建筑公司下属的建筑工地平均每天发生事故数服从泊松分布。现记录该工地 250 天的安全生产状况,事故数如下表所示:

单天发生的事故数	0	1	2	3	4	5	≥6	合计
天数	132	70	40	4	2	2	0	250

该建筑公司宣称:该建筑工地每天发生的事故数不超过 0.7。在显著性水平 $\alpha=0.05$ 下,检验该结论是否成立。

解　设 X 为该建筑工地一天发生的事故数,$X\sim P(\lambda)$,则需要检验的假设为

$$H_0:\lambda\leqslant 0.7\ \leftrightarrow\ H_1:\lambda>0.7$$

由于 n=250 很大，故采用大样本检验。而 $E(X)=\lambda$，$D(X)=\lambda$，选择的检验统计量为

$$U=\frac{\sqrt{n}(\bar{X}-\lambda_0)}{\sqrt{\lambda_0}}$$

另外，$\bar{X}=\frac{1}{250}\times(0\times132+1\times70+2\times40+3\times4+4\times2+5\times2+6\times0)=0.72$

从而 $U=\frac{\sqrt{250}(0.72-0.7)}{\sqrt{0.7}}=0.378$。而 $u_{0.05}=1.645$，则检验的拒绝域为 $W=\{U\geqslant1.645\}$。显然，样本值没有落在拒绝域，故不能拒绝原假设，即认为该建筑公司的宣称是成立的。

8.5 卡方拟合检验

8.5.1 分布拟合检验

在前面的检验中，着重研究了正态总体参数的假设检验问题。这些假设检验问题都是在总体分布形式已知的前提下进行的。在很多场合下，总体的分布类型往往是未知的，此时需要根据样本对总体的分布和分布类型提出假设进行检验，称之为分布拟合检验或非参数检验。

【例 8.5.1】 有人制造了一个骰子，他声称是均匀的，即各面出现的概率都是 1/6。是否真的如此呢？单凭审视其外形，恐怕难以判断，于是把骰子投掷若干次，记录出现各个面的次数，以此检验其结果与“各面的概率都是 1/6”的说法是否相符。

下面介绍一种分布拟合检验方法——非参数 χ^2 检验。

设离散型总体 X 可以分成 k 类，记为 A_1，A_2，…，A_k，其取值为 m_1，m_2，…，m_k。现在检验

$$H_0:P\{X=m_i\}=p_i,\ i=1,\ 2,\ \cdots,\ k \tag{8.5.1}$$

这里，

$$\sum_{i=1}^{k}p_i=1$$

且 p_i 已知。显然，如果 H_0 成立，则对每一类 A_i，A_i 发生的频数 m_i 与理论频数 np_i 应该非常接近，即 m_i 和 np_i 的差异大小反映出 H_0 的真伪。基于此，英国统计学家皮尔逊（Pearson）提出如下统计量：

$$\chi^2=\sum_{i=1}^{k}\frac{(m_i-np_i)^2}{np_i} \tag{8.5.2}$$

用于检验 H_0 成立，并证明在 H_0 成立时，对充分大的 n，式（8.5.2）中的检验统计量 χ^2 近似服从自由度为 $k-1$ 的 χ^2 分布。由此可知，当统计量 χ^2 越大时，两者偏离程度越大，样本数据越倾向于拒绝原假设 H_0。因此，对于给定的显著性水平 α，该检验的拒绝域为

$$W=\left\{\chi^2 \geqslant \chi_\alpha^2(k-1)\right\} \tag{8.5.3}$$

【例 8.5.2】（**续例 8.5.1**） 假设摇骰子 30 次，得到如下表所示的数据：

点数	1	2	3	4	5	6	合计
频数	6	7	5	4	5	3	30

若给定显著性水平 $\alpha=0.05$，检验各面的概率是否都是 1/6。

解 这是一个分布拟合检验问题。以 X 记一次试验出现的点数，$X=1,\ 2,\ \cdots,\ 6$，并记 $p_i=P(X_i=i),\ i=1,\ 2,\ \cdots,\ 6$，且 $p_i=\dfrac{1}{6}$。因此，建立如下假设：

$$H_0:\ p_i=\frac{1}{6},\ i=1,\ 2,\ \cdots,\ 6$$

依据题设，$n=30,\ k=6$，且

$$\chi^2=\frac{1}{5}\left[(6-5)^2+(7-5)^2+(5-5)^2+(4-5)^2+(5-5)^2+(3-5)^2\right]=2,$$

$\chi_{0.05}^2(5)=11.07$，从而 $\chi^2<\chi_\alpha^2(k-1)$，未落入拒绝域，故接受原假设，即骰子各面的概率都是 1/6。

当式（8.5.2）中的 p_i 并不完全已知时，或者假设其为未知参数 $\beta_1,\ \cdots,\ \beta_s$ 的函数，即 $p_i=p_i(\beta_1,\ \cdots,\ \beta_s),\ i=1,\ \cdots,\ k$，此时对于假设检验问题（8.5.1），首先给出 $\beta_1,\ \cdots,\ \beta_s$ 的极大似然估计 $\hat{\beta}_1,\ \cdots,\ \hat{\beta}_s$，从而得到 $p_i=p_i(\beta_1,\ \cdots,\ \beta_s),\ i=1,\ \cdots,\ k$ 的估计 $p_i=p_i(\hat{\beta}_1,\ \cdots,\ \hat{\beta}_s)$。此时，构造式(8.5.1)的检验的皮尔逊统计量为

$$\chi^2=\sum_{i=1}^{k}\frac{(m_i-n\hat{p}_i)^2}{n\hat{p}_i} \tag{8.5.4}$$

Fisher 证明了式（8.5.4）在 H_0 成立的条件下近似服从自由度为 $k-1-s$ 的 χ^2 分布。那么，检验的拒绝域为

$$W=\left\{\chi^2 \geqslant \chi_\alpha^2(k-s-1)\right\} \tag{8.5.5}$$

8.5.2 列联表的独立性检验

在社会科学中，为了某种需要进行社会调查得到的数据，很多都是分类数据，如人口普查中的性别、职业、受教育程度等数据；在市场调查中，为了了解某种新产品的销售前景，了解消费者的购买意愿等。这些描述对象属性或种类的数据称为属性数据。对属性数据进行描述和分析，通常需要采用列联表的方式，因此称之为列联分析。

假设总体中的个体 X 可按照两个属性 A 与 B 分类。其中，A 中有 s 个类 A_1，A_2，…，A_s，B 有 t 个类 B_1，B_2，…，B_t。从总体中抽取大小为 n 的样本，设其中有 n_{ij} 个个体既属于 A_i，又属于 B_i，其中 $i=1, 2, \cdots, s$，$j=1, 2, \cdots, t$。n_{ij} 称为频数，将 $s\times t$ 个 n_{ij} 排列为一个 s 行 t 列的如下所示二维列联表：

$A\backslash B$	1	…	j	…	t	行和
1	n_{11}	…	n_{1j}	…	n_{1t}	n_1
⋮	⋮		⋮		⋮	⋮
i	n_{i1}	…	n_{ij}	…	n_{it}	$n_{i\cdot}$
⋮	⋮		⋮		⋮	⋮
s	n_{s1}	…	n_{sj}	…	n_{st}	$n_{s\cdot}$
列和	$n_{\cdot1}$	…	$n_{\cdot j}$	…	$n_{\cdot t}$	n

二维列联表在医学、生物学及社会科学中有着广泛的应用。列联表分析的基本问题是考察这两个属性之间有无关联，即判断二维属性是否是独立的。这样，“A、B 两属性独立”的假设可表示为

$$H_0: p_{ij}=p_{i\cdot}p_{\cdot j},\ i=1, \cdots, s, j=1, \cdots, t$$

其中，$p_{ij}=P(X\in A_i, X\in B_j)$，$p_{i\cdot}=\sum_{j=1}^{t}p_{ij}$，$p_{\cdot j}=\sum_{i=1}^{s}p_{ij}$。

显然，p_{ij} 是未知的，且 p_{ij}、$p_{i\cdot}$、$p_{\cdot j}$ 的极大似然估计分别为

$$\hat{p}_{ij}=\frac{n_{ij}}{n},\ \hat{p}_{i\cdot}\frac{n_{i\cdot}}{n},\ \hat{p}_{\cdot j}=\frac{n_{\cdot j}}{n}$$

这就转化为上一节中 p_{ij} 不完全已知时的分布拟合检验。此时，p_{ij} 共有 st 个参数。在原假设 H_0 成立时，这 st 个参数由 $s+t$ 个参数 $p_{1\cdot}$，…，$p_{s\cdot}$ 和 $p_{\cdot1}$，…，$p_{\cdot t}$ 决定，且具有如下两个约束条件：

$$\sum_{i=1}^{s}p_{i}.=1,\ \sum_{j=1}^{t}p_{\cdot j}=1$$

这表明，p_{ij} 实际上由 $s+t-2$ 个独立参数确定。这样，检验的统计量为

$$\chi^2=\sum_{i=1}^{s}\sum_{j=1}^{t}\frac{(n_{ij}-n\hat{p}_{ij})^2}{n\hat{p}_{ij}} \tag{8.5.6}$$

在原假设 H_0 成立时，上式近似服从自由度为 $st-(s+t-2)-1=(s-1)(t-1)$ 的 χ^2 分

布。对于给定的显著性水平α，检验的拒绝域为

$$W=\left\{\chi^2 \geqslant \chi_\alpha^2((s-1)(t-1))\right\} \tag{8.5.7}$$

【例 8.5.3】　对 1 200 位大学生做性别与色盲调查，获得如下表所示的数据：

性别	视觉	
	正常	色盲
男	585	115
女	432	68

在显著性水平$\alpha=0.05$下，考察色盲与性别之间是否独立。

解　本例要考察色盲与性别之间是否独立，可建立如下检验：

$$H_0:\text{色盲性别独立} \leftrightarrow H_1:\text{色盲与性别不独立}$$

本例中$s=t=2$，从而是一个2×2列联表。计算表格如下所示：

性别	视觉		合计
	正常	色盲	
男	585(593.25)	115(106.75)	700
女	432(423.75)	68(76.25)	500
合计	1017	183	1200

利用在原假设成立的条件下，$n\hat{p}_{ij}=n\hat{p}_{i\cdot}\hat{p}_{\cdot j}$。计算检验统计量的值为

$$\begin{aligned}\chi^2&=\frac{(585-593.25)^2}{593.25}+\frac{(115-106.75)^2}{106.75}+\frac{(432-423.75)^2}{423.75}+\frac{(68-76.25)^2}{76.25}\\&=0.11+0.64+0.16+0.89\\&=1.8\end{aligned}$$

当显著性水平$\alpha=0.05$时，$\chi_{0.05}^2(1)=3.8415$。由于$3.8415>1.8$，故不能拒绝原假设，即色盲与性别之间是独立的。

习 题 8

1. 如何理解第一类错误的概率α和第二类错误概率β？是否有$\alpha+\beta=1$？
2. 设X_1，X_2，…，X_n是来自正态总体$N(\mu,\ 4)$的样本，考虑如下检验问题：

$$H_0:\mu=4 \leftrightarrow H_1:\mu=5$$

若检验的拒绝域为$W=\left\{\bar{X}\geqslant 4.6\right\}$，其中$\bar{X}$为样本均值。

（1）求当n=30 时，该检验犯第一类错误的概率α和犯第二类错误的概率β。

（2）如果要使$\beta\leqslant 0.01$，n的最小值应为多少？

（3）证明：当$n\to\infty$时，$\alpha\to 0$，$\beta\to 0$。

3. 某大学一年级女生的平均身高为 162.5cm，标准差为 6.9cm。现随机抽取 50 个大一女生的身高值，在显著性水平 $\alpha = 0.01$ 下，是否有理由认为平均身高发生了变化？假设标准差不变。

4. 假设某种品牌的香烟中尼古丁的含量服从正态分布。现随机抽取 16 支香烟，其尼古丁含量的均值为 $\bar{X} = 17.8\,\text{mg}$，样本标准差 $S = 2.2\,\text{mg}$。取显著性水平 $\alpha = 0.01$，能否接受“该品牌香烟的尼古丁含量均值为 $\mu = 17$”？

5. 某工厂宣称，A 种电线平均抗拉强度至少超过 B 种电线 12kg。为了检验这个声明，每种电线选取 50 根，在类似条件下测试，得到如下结果：A 线的平均抗拉强度为 86.7kg，标准差为 6.28 kg；B 线的平均抗拉强度为 77.8kg，标准差为 5.61 kg。试在显著性水平 0.05 下，检验工厂的声明是否成立。

6. 在 20 世纪 70 年代后期，人们发现，酿造啤酒时，麦芽干燥过程中形成致癌物质亚硝基二甲胺(NDMA)。到了 20 世纪 80 年代初期，人们开发了一种新的麦芽干燥过程，以下是新、老两种过程中形成 NDMA 的含量(以 10 亿份中的份数计)：

老过程	6	4	5	5	6	5	5	6	4	6	7	4
新过程	2	1	2	2	1	0	3	2	1	0	1	3

设两个样本分别来自正态总体，且两个总体的方差相等，但参数未知。两个样本独立，分别以 μ_1、μ_2 对应于老、新过程的总体均值。试检验假设（取 $\alpha = 0.05$）

$$H_0:\mu_1 - \mu_2 \leqslant 2 \leftrightarrow H_1:\mu_1 - \mu_2 > 2$$

7. 过去的经验表明，高中生完成一次标准化试卷所用的时间是方差为 6min 的正态分布。若随机选取 20 名高中生参加考试，得到的标准差为 S=4.82。在显著性水平为 0.05 下，检验假设

$$H_0:\sigma = 6 \leftrightarrow H_1:\sigma < 6$$

8. 进行一项试验，比较男人和女人组装合格产品的时间长度。过去的经验表明，男人和女人所用的时间是近似正态的，但是女人所用时间的方差比男人小。下面给出了随机选取的 11 个男人和 14 个女人组装产品所用时间的数据：

男	女
$n_1 = 11$	$n_2 = 14$
$S_1 = 5.6$	$S_2 = 4.9$

在显著性水平 0.05 下，检验假设

$$H_0:\sigma_1^2 = \sigma_2^2 \leftrightarrow H_1:\sigma_1^2 > \sigma_2^2$$

9. 今有两台测量材料中某种金属含量的光谱仪 A 和 B， 为鉴别它们的质量有无显著差异，对该金属含量不同的 9 种材料样品进行测量，得到 9 对观察值：

μ_1 (单位：%)：0.20，0.30，0.40，0.50，0.60，0.70，0.80，0.90，1.00

μ_2 (单位：%)：0.10，0.21，0.52，0.32，0.78，0.59，0.68，0.77，0.89

问根据试验结果，在 $\alpha = 0.01$ 下，能否判断这两台光谱仪的质量有显著差异？

10. 为募集社会福利基金，某地方政府发行福利彩票，中彩者用摇大转盘的方法确定最后的中奖金额。大转盘均分为 16 份，金额分别为 5 万、10 万、20 万、30 万和 100 万的占 2 份、4 份、5 份、3 份、2 份。现有 16 人参加摇奖，摇得 5 万、10 万、20 万、30 万和 60 万的人数分别为 3、3、6、4、0。由于没有一个人摇到 100 万，于是有人怀疑大转盘是不均匀的。试在显著性水平 $\alpha = 0.05$ 下，检验该怀疑是否成立。

11. 为了研究儿童智力发展与营养的关系，某研究机构调查了 1436 名儿童，具体数据如下表所示：

营养	智商			
	<80	80~89	90~99	100 以上
良好	367	342	266	329
不良	56	40	20	132

分别在显著性水平 0.01 和 0.05 下，判断智力发展和营养有无关系。

第9章　回归分析

在解决实际问题时，经常需要研究变量之间的相互关系。变量之间的关系一般分为确定性关系和非确定性关系。确定性关系是指变量之间可以用函数关系来表达，如球的体积 V 与半径 r 之间存在关系 $V=\frac{4}{3}\pi r^3$。非确定性关系是指变量之间存在密切关系，但是没有密切到可以通过一个变量确定另一个变量的程度，称之为统计关系或相关关系。例如，人的身高与体重有相关关系，通常来讲，身高较高的人体重较重，但是同样身高的人的体重可以不相同。我们平时遇到的实际数据，其变量之间主要就是这种关系。

回归分析是研究单个变量（响应变量）与单个变量或多个变量（自变量）之间的统计关系的一种统计方法。只有一个自变量的回归分析叫做**一元回归分析**，多于一个自变量的回归分析叫做**多元回归分析**。

9.1　一元线性回归模型

9.1.1　回归分析的基本概念

通常我们对所研究的问题要收集与它相关的 n 组样本数据 (x_i, y_i)，$i=1, 2, \cdots, n$。为了寻找两个变量之间存在的关系，把每一对数 (x_i, y_i) 看成是平面直角坐标系中的一个点，在直角坐标系下画出这 n 个点，称之为**散点图**。

【例 9.1.1】　营业税收总额 y（亿元）与社会商品零售总额 x（亿元）有关。为了能从社会商品零售总额预测税收总额，需要了解两者之间的关系。现收集了 9 组数据，列于表 9.1.1。

表 9.1.1　营业税收总额 y 与社会商品零售总额 x　　（单位：亿元）

序号	1	2	3	4	5	6	7	8	9
x	142.08	177.30	204.68	242.68	316.24	341.99	332.69	389.29	453.40
y	3.93	5.96	7.85	9.82	12.50	15.55	15.79	16.39	18.45

首先描绘出其散点图，营业税收总额 y 与社会商品零售总额 x 的散点图如图 9.1.1 所示。

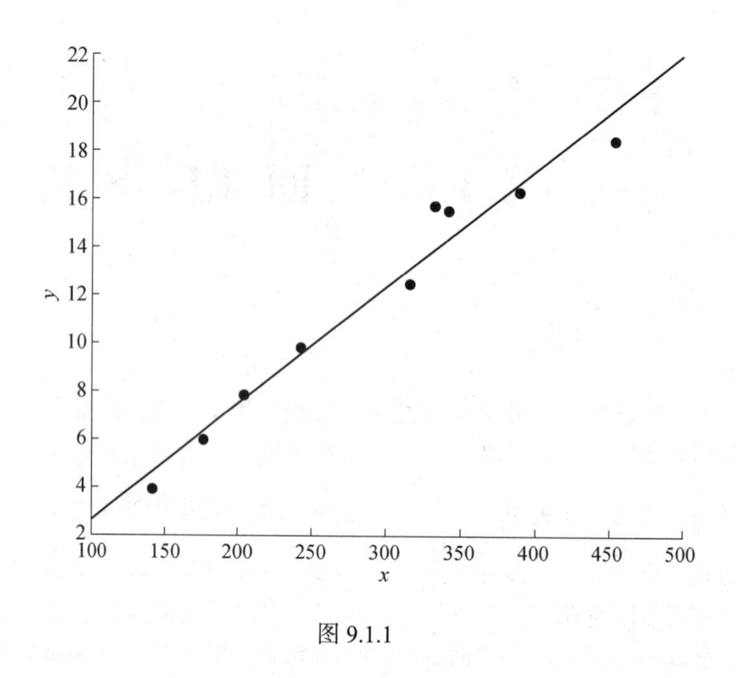

图 9.1.1

从图中可以发现，9 个样本点基本上落在一条直线附近，说明营业税收总额 y 与社会商品零售总额 x 具有明显的线性关系。从图中还可以看到，这些样本点不都在一条直线上，表明变量 x 与 y 的关系没有明确到给定 x 就可以唯一确定 y 的程度。假设它们满足如下统计模型：

$$y = \beta_0 + \beta_1 x + \varepsilon \tag{9.1.1}$$

模型(9.1.1)称为**一元线性回归模型**。通常假定 x 是非随机的，β_0 和 β_1 是未知参数，称为回归系数；ε 表示随机误差，且满足 $E(\varepsilon) = 0$，$\mathrm{var}(\varepsilon) = \sigma^2$。

在研究实际问题时，给定样本数据（x_i，y_i）后，常假定各 ε_i 相互独立，且都服从同一正态分布 $N(0,\ \sigma^2)$。

综合上述各项假设，给出一元线性回归的统计模型：

$$\begin{cases} y_i = \beta_0 + \beta_1 x_i + \varepsilon_i,\ i = 1,\ 2,\ \cdots,\ n \\ \varepsilon_i \text{相互独立，且都服从 } N(0,\ \sigma^2) \end{cases} \tag{9.1.2}$$

回归分析的基本任务就是根据样本观测值(x_i, y_i)，$i = 1$，2，…，n 求得 β_n 和 β_1 的估计。一般用 $\hat{\beta}_0$、$\hat{\beta}_1$ 分别表示 β_0、β_1 的估计值，则称

$$\hat{y} = \hat{\beta}_0 = \hat{\beta}_1 x$$

为 y 关于 x 的一元线性经验回归方程，简称回归方程。

给定 $x = x_i$ 后，称

$$\hat{y}_i = \hat{\beta}_0 + \hat{\beta}_1 x_i$$

为第 i 个观察值的拟合值。

9.1.2 回归系数的最小二乘估计

1. 最小二乘估计的概念

采用最小二乘估计来估计一元线性回归模型（9.1.2）中的 β_0 和 β_1。综合考虑 n 个离差值，定义离差平方和为

$$Q(\beta_0,\ \beta_1)=\sum_{i=1}^{n}(y_i-\beta_0-\beta_1 x_i)^2 \tag{9.1.3}$$

所谓最小二乘估计，就是寻找 β_0 和 β_1 的估计值 $\hat{\beta}_0$ 和 $\hat{\beta}_1$，使得离差平方和最小，即

$$Q(\hat{\beta}_0,\ \hat{\beta}_1)=\min_{\beta_0,\ \beta_1}\sum_{i=1}^{n}(y_i-\beta_0-\beta_1 x_i)^2$$

这样得到的 $\hat{\beta}_0$ 和 $\hat{\beta}_1$ 称为回归参数 β_0 和 β_1 的最小二乘估计。

可以通过对式（9.1.3）求偏导数并令其为 0 来求 $\hat{\beta}_0$ 和 $\hat{\beta}_1$。那么，$\hat{\beta}_0$ 和 $\hat{\beta}_1$ 应满足下列方程组：

$$\begin{cases}\dfrac{\partial Q}{\partial \beta_0}\Big|_{\beta_0=\hat{\beta}_0}=-2\sum\limits_{i=1}^{n}(y_i-\hat{\beta}_0-\hat{\beta}_1 x_i)=0\\ \dfrac{\partial Q}{\partial \beta_1}\Big|_{\beta_1=\hat{\beta}_1}=-2\sum\limits_{i=1}^{n}(y_i-\hat{\beta}_0-\hat{\beta}_1 x_i)x_i=0\end{cases} \tag{9.1.4}$$

方程组（9.1.4）称为正则方程组。经过整理，得

$$\begin{cases}n\hat{\beta}_0+\left(\sum\limits_{i=1}^{n}x_i\right)\hat{\beta}_1=\sum\limits_{i=1}^{n}y_i\\ \left(\sum\limits_{i=1}^{n}x_i\right)\hat{\beta}_0+\left(\sum\limits_{i=1}^{n}x_i^2\right)\hat{\beta}_1=\sum\limits_{i=1}^{n}x_i y_i\end{cases}$$

解上述方程组，得

$$\begin{cases}\hat{\beta}_0=\overline{y}-\hat{\beta}_1\overline{x}\\ \hat{\beta}_1=\dfrac{l_{xy}}{l_{xx}}\end{cases} \tag{9.1.5}$$

其中，

$$l_{xx}=\sum_{i=1}^{n}(x_i-\overline{x})^2=\sum_{i=1}^{n}x_i^2-n\overline{x}^2$$

$$l_{xy}=\sum_{i=1}^{n}(x_i-\overline{x})(y_i-\overline{y})=\sum_{i=1}^{n}x_i y_i-n\overline{x}\,\overline{y}$$

$$\overline{x}=\frac{1}{n}\sum_{i=1}^{n}x_i,\quad \overline{y}=\frac{1}{n}\sum_{i=1}^{n}y_i$$

由 $\hat{\beta}_0=\overline{y}-\hat{\beta}_1\overline{x}$，可知 $\overline{y}=\hat{\beta}_0-\hat{\beta}_1\overline{x}$。可见，回归直线 $\hat{y}=\hat{\beta}_0-\hat{\beta}_1 x$ 是通过点 $(\overline{x},\ \overline{y})$ 的，这对回归直线作图很有帮助。

【例 9.1.2】 在例 9.1.1 中，根据表 9.1.1 的数据，计算得

$$\overline{x}=\frac{1}{n}\sum_{i=1}^{n}x_i=288.927\,8,\quad \overline{y}=\frac{1}{n}\sum_{i=1}^{n}y_i=11.804\,4$$

$$l_{xx}=\sum_{i=1}^{n}x_i^2-n(\overline{x})^2=8.586\,2\times 10^4$$

$$l_{xy}=\sum_{i=1}^{n}x_i y_i-n\overline{x}\,\overline{y}=4.179\,1\times 10^3$$

由式（9.1.5），得

$$\hat{\beta}_1=\frac{l_{xy}}{l_{xx}}=0.048\,7,\quad \hat{\beta}_0=\overline{y}-\hat{\beta}_1\overline{x}=-2.258\,2$$

于是，回归方程为

$$\hat{y}=-2.258\,2+0.048\,7x$$

由图 9.1.1 看出，回归直线与 9 个样本点都很接近，说明回归直线对数据的拟合效果是好的。从上述回归方程可以看出，社会商品零售总额每增加 1 亿元，营业税收总额将期望增加约 0.048 7 亿元。

2. 最小二乘估计的性质

在模型（9.1.2）下，最小二乘估计具有如下性质：

(1) $\hat{\beta}_0$ 和 $\hat{\beta}_1$ 分别是 β_0 和 β_1 的无偏估计量。

(2) $\hat{\beta}_0\sim N\left(\beta,\left(\frac{1}{n}+\frac{\overline{x}^2}{l_{xx}}\right)\sigma^2\right)$，$\hat{\beta}_1\sim N\left(0,\ \frac{\sigma^2}{l_{xx}}\right)$。

(3) $\mathrm{cov}(\hat{\beta}_0,\ \hat{\beta}_1)=-\frac{\overline{x}^2}{l_{xx}}\sigma^2$。

证明 （1）由于

$$\hat{\beta}_1\frac{l_{xy}}{l_{xx}}=\frac{\sum_{i=1}^{n}(x_i-\overline{x})(y_i-\overline{y})}{\sum_{i=1}^{n}(x_i-\overline{x})^2}$$

故

$$\begin{aligned}E(\hat{\beta}_1)&=\frac{1}{(x_i-\overline{x})^2}\sum_{i=1}^{n}E(x_i-\overline{x})(y_i-\overline{y})\\&=\frac{1}{(x_i-\overline{x})^2}\sum_{i=1}^{n}(x_i-\overline{x})E(y_i-\overline{y})\\&=\frac{1}{(x_i-\overline{x})^2}\sum_{i=1}^{n}(x_i-\overline{x})\left[(\beta_0+\beta_1 x_i)-(\beta_0+\beta_1\overline{x})\right]\\&=\beta_1\end{aligned}$$

因此，$\hat{\beta}_1$是β_1的无偏估计。

由 $\hat{\beta}_0=\overline{y}-\hat{\beta}_1\overline{x}$ ，得

$$E(\hat{\beta}_0)=E(\overline{y}-\hat{\beta}_1\overline{x})=E(\overline{y})-E(\hat{\beta}_1)\overline{x}$$

$$\beta_0+\beta_1\overline{x}-\beta_1\overline{x}=\beta_0$$

故$\hat{\beta}_0$也是β_0的无偏估计。

（2）由于

$$\hat{\beta}_0=\frac{l_{xy}}{l_{xx}}=\frac{\sum_{i=1}^{n}(x_i-\overline{x})(y_i-\overline{y})}{\sum_{i=1}^{n}(x_i-\overline{x})^2}=\frac{\sum_{i=1}^{n}(x_i-\overline{x})y_i}{\sum_{i=1}^{n}(x_i-\overline{x})^2}$$

且y_1，y_2，…，y_n相互独立，故

$$D(\hat{\beta}_1)=D\left(\frac{\sum_{i=1}^{n}(x_i-\overline{x})y_i}{\sum_{i=1}^{n}(x_i-\overline{x})^2}\right)=\frac{\sum_{i=1}^{n}(x_i-\overline{x})^2}{\left(\sum_{i=1}^{n}(x_i-\overline{x})^2\right)^2}D(y_i)$$

$$=\frac{\sigma^2}{\sum_{i=1}^{n}(x_i-\overline{x})^2}=\frac{\sigma^2}{l_{xx}}$$

由于

$$\hat{\beta}_0=\overline{y}-\hat{\beta}_1\overline{x}=\sum_{i=1}^{n}\left[\frac{1}{n}-\frac{(x_i-\overline{x})\overline{x}}{\sum_{i=1}^{n}(x_i-\overline{x})^2}\right]y_i$$

所以

$$D(\hat{\beta}_0)=\sum_{i=1}^{n}\left[\frac{1}{n}-\frac{(x_i-\overline{x})\overline{x}}{(x_i-\overline{x})^2}\right]D(y_i)=\left(\frac{1}{n}+\frac{\overline{x}^2}{l_{xx}}\right)\sigma^2$$

由于$\hat{\beta}_0$和$\hat{\beta}_1$都是n个正态随机变量y_1，y_2，…，y_n的线性组合，故$\hat{\beta}_0$和$\hat{\beta}_1$也服从正态分布，而正态分布仅由其均值与方差决定，故（2）得证。

上式表明，$\hat{\beta}_0$和$\hat{\beta}_1$的波动大小不仅与误差项方差σ^2有关，还与观察数据中变量 x 的波动程度有关。除了σ^2的因素外，观测数据越多，x的观察值越分散，估计量$\hat{\beta}_0$和$\hat{\beta}_1$的波动程度越小，估计值越稳定。如果观测数据x_i与$\overline{x}$比较接近，则$\hat{\beta}_0$和$\hat{\beta}_1$的波动程度将很大，这不是我们希望的。所以在估计参数时，样本值应当尽量取得分散些。

（3）利用协方差的性质，可得

$$\text{cov}(\hat{\beta}_0,\ \hat{\beta}_1)=\text{cov}\left(\sum_{i=1}^{n}\left(\frac{1}{n}-\frac{(x_i-\overline{x})\overline{x}}{l_{xx}}\right)y_i,\ \sum_{i=1}^{n}\frac{(x_i-\overline{x})y_i}{l_{xx}}\right)$$

$$=\sum_{i=1}^{n}\left(\frac{1}{n}-\frac{(x_i-\overline{x})\overline{x}}{l_{xx}}\right)\frac{(x_i-\overline{x})}{l_{xx}}D(y_i)=-\frac{\overline{x}^2}{l_{xx}}\sigma^2$$

即（3）也得证。

9.1.3 回归方程的显著性检验

得到实际问题的回归方程 $\hat{y}=\hat{\beta}_0+\hat{\beta}_1 x$ 之后，还不能马上用它去做分析和预测，因为 $\hat{y}=\hat{\beta}_0+\hat{\beta}_1 x$ 不一定真正描述了变量 y 与 x 之间的统计规律性，因此有必要对 y 与 x 之间的线性关系做显著性检验。如果 $\beta_1=0$，则变量 y 与 x 之间没有真正的线性关系，即自变量 x 的变化对因变量 y 没有影响；如果 $\beta_1\neq 0$，则变量 y 与 x 之间存在线性关系。所以，需要检验假设

$$H_0:\beta_1=0 \quad\leftrightarrow\quad H_0:\beta_1\neq 0$$

在一元线性回归中有三种等价的检验方法，使用时任选其中之一即可，下面分别介绍。

1. t 检验

t 检验是统计推断中常用的一种方法。在回归分析中，t 检验用于检验回归系数的显著性。由于

$$\hat{\beta}_1\sim N\left(\beta_1,\ \frac{\sigma^2}{l_{xx}}\right)$$

故

$$\frac{\hat{\beta}_1-\beta_1}{\sigma/\sqrt{l_{xx}}}\sim N(0,\ 1)$$

由于 σ 未知，可以用 σ 的估计 $\hat{\sigma}=\sqrt{\frac{1}{n-2}\sum_{i=1}^{n}(y_i-\hat{y}_i)^2}$ 代替 σ，则有

$$\frac{\hat{\beta}_1-\beta_1}{\hat{\sigma}/\sqrt{l_{xx}}}\sim t(n-2)$$

构造 t 统计量

$$t=\frac{\hat{\beta}_1}{\hat{\sigma}/\sqrt{l_{xx}}}=\frac{\hat{\beta}_1\sqrt{l_{xx}}}{\hat{\sigma}}$$

当 H_0 为真时，$t\sim t(n-2)$。给定显著性水平 α，当 $|t|\geqslant t_{\frac{\alpha}{2}}(n-2)$ 时，拒绝原假设 H_0，认为 β_1 显著不为零，因变量 y 对自变量 x 的一元线性回归成立。

以例 9.1.1 中的数据为例，可以计算得到

$$t = \frac{0.0487}{1.0641/\sqrt{8.5862\times10^4}} = 13.4034$$

若取 $\alpha = 0.05$，则 $t_{0.025}(7) = 2.365$，由于 $13.4034 > 2.3646$，因此在显著性水平 0.05 下，回归方程是显著的。

2. *F* 检验

对线性回归方程显著性的另外一种检验是 F 检验。F 检验是根据平方和分解式，直接从回归效果检验回归方程的显著性，从观察值的总偏差平方和入手。

总偏差平方和为观测到的数据 y_1，y_2，…，y_n 总的波动，记为

$$SS_T = \sum_{i=1}^{n}(y_i - \overline{y})^2$$

引起各 y_i 不同的主要原因有两个，其一是由于原假设 $H_0: \beta_1 = 0$ 不真，$E(y)$随 x 变化而变化，其波动用回归平方和表示，记为

$$SS_R = \sum_{i=1}^{n}(\hat{y}_i - \overline{y})^2$$

其二是由于其他一切随机因素引起的误差，用残差平方和表示，记为

$$SS_E = \sum_{i=1}^{n}(y_i - \hat{y}_i)^2$$

SS_T 可做如下分解：

$$\begin{aligned}SS_T &= \sum_{i=1}^{n}(y_i - \overline{y})^2 = \sum_{i=1}^{n}\left[(y_i - \hat{y}_i) + (\hat{y}_i - \overline{y})\right]^2 \\ &= \sum_{i=1}^{n}(y_i - \hat{y}_i)^2 + \sum_{i=1}^{n}(\hat{y}_i - \overline{y})^2 + 2\sum_{i=1}^{n}(y_i - \hat{y}_i)(\hat{y}_i - \overline{y}) \\ &= \sum_{i=1}^{n}(y_i - \hat{y}_i)^2 + \sum_{i=1}^{n}(\hat{y}_i - \overline{y})^2 \\ &= SS_R + SS_E\end{aligned}$$

可以构造 F 检验统计量

$$F = \frac{SS_R/1}{SS_E/(n-2)}$$

当原假设 $H_0: \beta_1 = 0$ 成立时，F~$F(1, n-2)$。给定显著性水平 α，当 $F \geqslant F_\alpha(1, n-2)$ 时，拒绝原假设 H_0，说明回归方程显著，因变量 y 对自变量 x 的一元线性回归成立。

在例 9.1.1 中，经计算，有

$$SS_T = 211.3284,\quad SS_R = 203.4029,\quad SS_E = 7.9255$$

则

$$F = \frac{SS_R/1}{SS_E/(n-2)} = 179.6507$$

若取 $\alpha = 0.05$，则 $F_{0.05}(1, n-2) = 5.59$。由于 179.650 7>16.235 6，因此在显著性水平 0.05 下，回归方程是显著的。

注意到 $t^2 = F$，因此 t 检验与 F 检验是等价的。

3. 相关系数检验

由于一元线性回归方程讨论的是变量 x 与变量 y 之间的线性关系，所以还可以通过变量 x 与变量 y 之间的相关系数 ρ 来检验回归方程的显著性。它的一对假设为

$$H_0:\rho=0\,,\quad H_1:\rho\neq 0 \tag{9.1.6}$$

检验统计量为样本相关系数

$$r=\frac{\sum_{i=1}^{n}(x_i-\overline{x})(y_i-\overline{y})}{\sqrt{\sum_{i=1}^{n}(x_i-\overline{x})^2\sum_{i=1}^{n}(y_i-\overline{y})^2}}=\frac{l_{xy}}{\sqrt{l_{xx}l_{yy}}}$$

样本相关系数 r 表示 x 和 y 的线性关系的密切程度。样本相关系数 r 的取值范围为$|r|\leqslant 1$。

检验（9.1.6）中，原假设 $H_0:\rho=0$ 的拒绝域为

$$W=\{|r|\geqslant \mathrm{c}\}$$

其中，临界值 c 应满足 $P=\{|r|\geqslant c\}=\alpha$，$\alpha$ 为显著性水平，且常记 $c=r_{\frac{\alpha}{2}}(n-2)$。

需要指出的是，样本相关系数有一个明显的缺点，就是它接近 1 的程度与样本容量 n 有关。当 n 较小时，样本相关系数的绝对值容易接近 1；当 n 较大时，样本相关系数的绝对值容易偏小。因此，在样本容量 n 较小时，仅凭样本相关系数较大来说变量 x 与变量 y 之间有密切的关系，显得理由不足。

注意到 $r^2=\dfrac{F}{F+(n-2)}$，因此相关系数检验与 F 检验是等价的。

9.1.4 估计与预测

当回归方程经过显著性检验后，可以用来做估计和预测。即对一个给定的 x_0，估计其因变量 y_0 的均值 $E(y_0)$ 和预测新观测值 y_0。

1. $E(y_0)$ 的估计

当 $x=x_0$ 时，对应的因变量 $y_0=\beta_0+\beta_1x_0+\varepsilon_0$，其中 $\varepsilon_0\sim N(0,\ \sigma^2)$。由于 $E(y_0)=\beta_0+\beta_1x_0$，因此 $E(y_0)$ 的一个很自然的估计为

$$\hat{E}(y_0)=\hat{\beta}_0+\hat{\beta}_1x_0$$

习惯上，将上述估计记为 $\hat{y}_0$，它可作为未知参数 $E(y_0)$ 的点估计。

为了得到 $E(y_0)$ 的区间估计，需要知道 $\hat{y}_0$ 的分布。由于

$$\begin{aligned}\hat{y}_0&=\hat{\beta}_0+\hat{\beta}_1x_0=\overline{y}+(x_0-\overline{x})\hat{\beta}_1\\&=\overline{y}+(x_0-\overline{x})\frac{\sum_{i=1}^{n}(x_i-\overline{x})y_i}{l_{xx}}\end{aligned}$$

$$=\sum_{i=1}^{n}\left[\frac{1}{n}+\frac{(x_0-\overline{x})(x_i-\overline{x})}{l_{xx}}\right]y_i$$

又由于y_1，y_2，…，y_n服从正态分布且相互独立，从而$\hat{y}_0$也服从正态分布，即

$$\hat{y}_0\sim N\left(\beta_0+\beta_1x_0,\ \left[\frac{1}{n}+\frac{(x_0-\overline{x})^2}{l_{xx}}\right]\sigma^2\right)$$

用$\hat{\sigma}^2$代替σ^2，则

$$\frac{\hat{y}_0-(\beta_0+\beta_1x_0)}{\hat{\sigma}\sqrt{\frac{1}{n}+\frac{(x_0-\overline{x})^2}{l_{xx}}}}\sim t(n-2)$$

令 $\delta=t_{\frac{\alpha}{2}}(n-2)\hat{\sigma}\sqrt{\frac{1}{n}+\frac{(x_0-\overline{x})^2}{l_{xx}}}$，可得$E(y_0)$的置信度为$1-\alpha$的置信区间是

$$[\hat{y}_0-\delta,\ \hat{y}_0+\delta] \tag{9.1.7}$$

2. y_0的预测区间

当$x=x_0$时，y_0是一个随机变量。为此，只能求一个区间，使y_0落在这一区间的概率为$1-\alpha$，即求δ，使得$P\{|y_0+\hat{y}_0|\leqslant\delta\}=1-\alpha$。称区间$[\hat{y}_0-\delta,\ \hat{y}_0+\delta]$为$y_0$的概率为$1-\alpha$的预测区间。

$\hat{y}_0$是随机变量y_1，y_2，…，y_n的线性组合。由于y_0与y_1，y_2，…，y_n相互独立，故y_0与$\hat{y}_0$相互独立。又由于y_0与$\hat{y}_0$都服从正态分布，故$y_0-\hat{y}_0$服从正态分布，其期望和方差分别为

$$E(y_0-\hat{y}_0)=E(y_0)-E(\hat{y}_0)=0$$

$$\operatorname{var}(y_0-\hat{y}_0)=\operatorname{var}(y_0)+\operatorname{var}(\hat{y}_0)=\sigma^2\left(1+\frac{1}{n}+\frac{(x_0-\overline{x})^2}{l_{xx}}\right)$$

所以有

$$y_0-\hat{y}_0\sim N\left(0,\ \left(1+\frac{1}{n}+\frac{(x_0-\overline{x})^2}{l_{xx}}\right)\sigma^2\right)$$

进而统计量

$$\frac{y_0-\hat{y}_0}{\alpha\sqrt{1+\frac{1}{n}+\frac{(x_0-\overline{x})^2}{l_{xx}}}}\sim t(n-2)$$

令

$$\delta=t_{\frac{\alpha}{2}}(n-2)\hat{\sigma}\sqrt{1+\frac{1}{n}+\frac{(x_0-\overline{x})^2}{l_{xx}}}$$

可得y_0的置信度为$1-\alpha$的预测区间为

$$[\hat{y}_0-\delta,\ \hat{y}_0+\delta] \tag{9.1.8}$$

由式（9.1.8）可以看出，对于给定的显著性水平α，样本容量n越大，l_{xx}越大，x_0越靠近$\bar{x}$，则置信区间长度越短，此时的预测精度就高。因此，为了提高预测精度，样本量n越大越好，数据y_1，y_2，…，y_n不能太集中。

【例 9.1.3】 在例 9.1.1 中，如果$x_0 = 400$，得到预测值

$$\hat{y}_0 = -2.258\,2 + 0.048\,7 \times 400 = 17.210\,5$$

若$\alpha = 0.05$，则$t_{0.025}(7) = 2.364\,6$。由于$\hat{\sigma} = \sqrt{1.132\,2} = 1.064\,1$，由式(9.1.7)得

$$\delta_0 = 1.064\,1 \times 2.364\,6 \times \sqrt{\frac{1}{9} + \frac{(400 - 288.927\,8)^2}{8.586\,2 \times 10^4}} = 1.270\,1$$

故$x_0 = 400$对应因变量y_0的均值$E(y_0)$的 0.95 置信区间为

$$17.210\,5 \pm 1.270\,1 = (15.940\,5 \quad 18.480\,6)$$

即当社会商品零售总额为 400 亿元时，可以以 95%的把握估计营业税收总额的平均值在 15.940 5 亿～18.480 6 亿元之间。

应用式（9.1.8），

$$\delta_0 = 1.064\,1 \times 2.364\,6 \times \sqrt{1 + \frac{1}{9} + \frac{(400 - 288.927\,8)^2}{8.586\,2 \times 10^4}} = 2.818\,5$$

得y_0的 0.95 预测区间为

$$17.210\,5 \pm 2.818\,5 = (14.392\,1 \quad 20.029\,0)$$

即当社会商品零售总额为 400 亿元时，可以以 95％的把握预测营业税收总额在 14.392 1 亿～ 20.029 0 亿元之间。

9.2 一元非线性回归模型

在一些实际问题中，回归函数并非是自变量的线性函数，但通过变换，可以将之化为线性函数，从而利用线性回归对其进行分析，这就是非线性回归问题。

9.2.1 曲线回归常用的非线性目标函数及其线性化的方法

对于数据分析，首先描出其散点图，判断两个变量之间可能的函数关系。当变量之间的关系不是线性的时候，应该用曲线去拟合。选择曲线的函数形式，可将散点图与一些常见函数关系的图形进行比较，选几个可能的函数形式，使用统计方法在这些函数之间进行比较，最终确定函数的形式。下面给出常用的非线性函数及其线性化方法，如表 9.2.1 所示。

表 9.2.1　部分常见的曲线函数图形

函数名称	函数表达式	图　形	线性化方法
倒幂函数	$y=a+\frac{b}{x}$	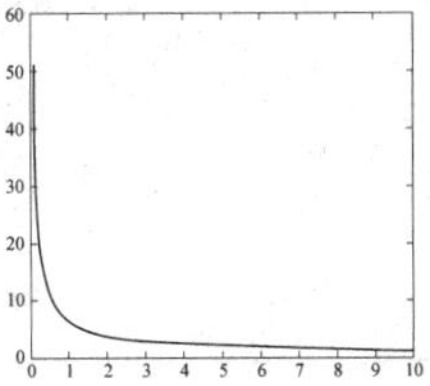	$v=y$ $u=\frac{1}{x}$
双曲线函数	$\frac{1}{y}=a+\frac{b}{x}$	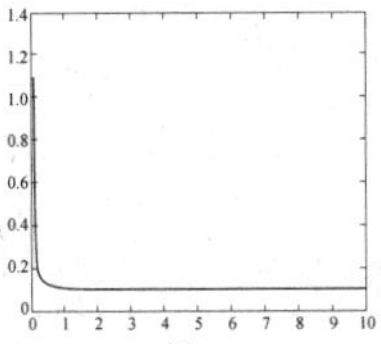 b<0 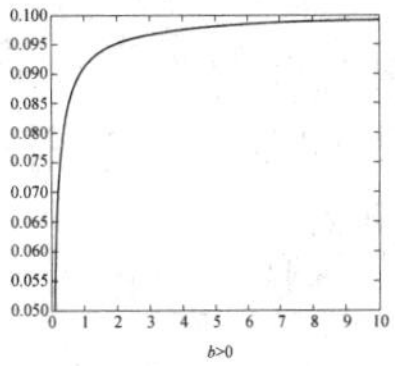 b>0	$v=\frac{1}{y}$ $u=\frac{1}{x}$
幂函数	$y=ax^b$	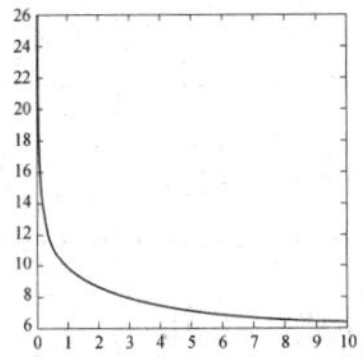 b<0 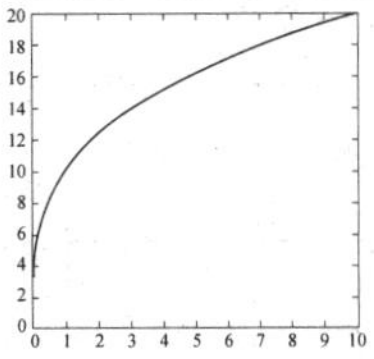 0<b<1	$v=\ln y$ $u=\ln x$
幂函数	$y=ax^b$	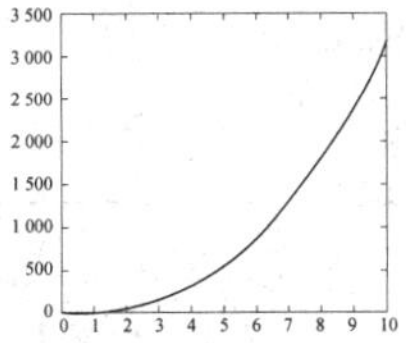 b>1	$v=\ln y$ $u=\ln x$
指数函数	$y=ae^{bx}$	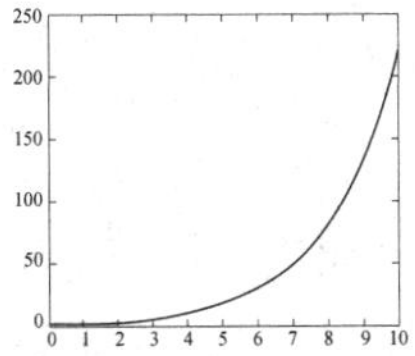 b>0 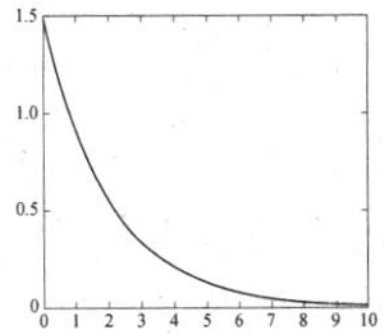 b<0	$v=\ln y$ $u=x$
倒指数函数	$y=ae^{b/x}$	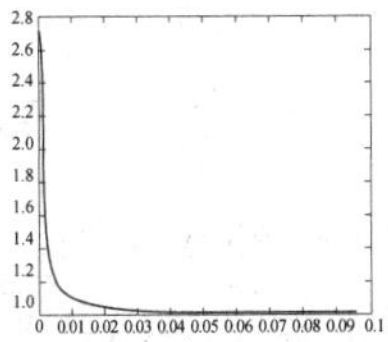 b>0 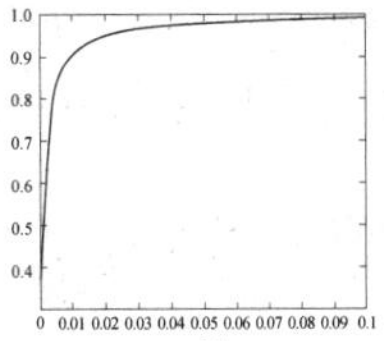 b<0	$v=\ln y$ $u=\frac{1}{x}$
对数函数	$y=a+b\ln x$	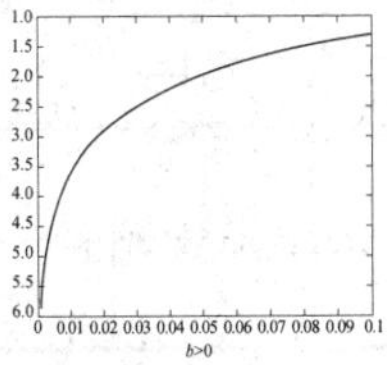 b>0 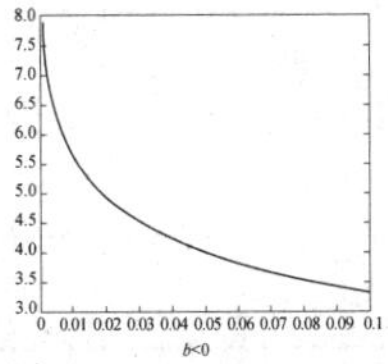 b<0	$v=y$ $u=\ln x$

续表

函数名称	函数表达式	图 形	线性化方法
S 形曲线	$y=\dfrac{1}{a+b\mathrm{e}^{-x}}$		$v=\dfrac{1}{y}$ $u=\mathrm{e}^{-x}$

9.2.2 曲线回归方程的评价方法

对于可选用的回归方程形式，需要通过比较，选出较好的方程。通常采用如下两个指标来选择。

记

$$R^2=1-\frac{\sum_{i=1}^{n}(y_i-\hat{y}_i)^2}{\sum_{i=1}^{n}(y_i-\overline{y})^2} \tag{9.2.1}$$

称 R^2 为决定系数。显然，$R^2\leqslant 1$。R^2 越大，说明观测值 y_i 与拟合值 $\hat{y}_i$ 比较靠近。从总体上看，n 个点的散布离曲线较接近。R^2 从总体上给出一个拟合好坏程度的度量。

记

$$s=\sqrt{\frac{\sum_{i=1}^{n}(y_i-\hat{y}_i)^2}{n-2}} \tag{9.2.2}$$

称 s 为剩余标准差。s 类似于一元线性回归中标准差的估计公式。s 为观测值 y_i 与拟合值 $\hat{y}_i$ 间平均偏离程度的度量，s 越小，方程越好。

其实上面两个准则所选方程是一致的。因为 s 小，必有 R^2 大。通常在实际问题中，两者都求出，只是从两个不同的角度去认识所拟合的曲线回归。

【例 9.2.1】 为了检查 X 射线的杀菌作用，用 200 kVd 的 X 射线照射杀菌，每次照射 6 min，照射次数为 x，照射后所剩细菌数为 y，数据如表 9.2.2 所示。找出 y 与 x 之间的关系表达式。

表 9.2.2 所剩细菌数 y 与照射次数 x 的数据

x	1	2	3	4	5	6	7	8	9	10
y	783	621	433	431	287	251	175	154	129	103
x	11	12	13	14	15	16	17	18	19	20
y	72	50	43	31	28	20	16	1	9	7

解 首先描绘数据的散点图，所剩细菌数与照射次数的散点图如图 9.2.1 所示。

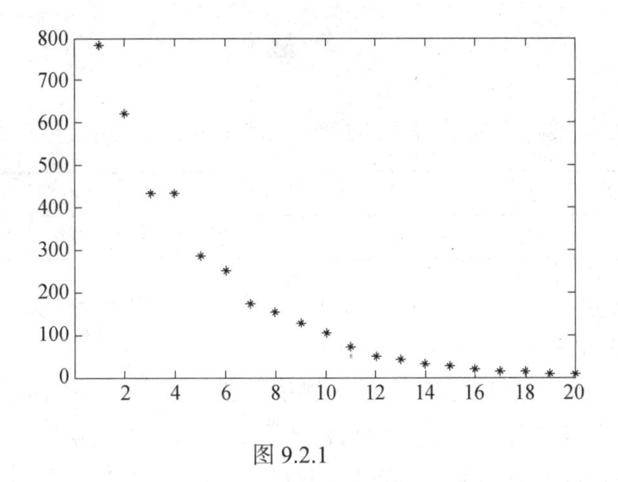

图 9.2.1

散点图呈现出一个明显的向下且下凸的的趋势，可选择的函数关系很多。选出如下函数曲线：

$$y = a\mathrm{e}^{b/x} \tag{9.2.3}$$

为了采用一元线性回归方法，做如下变换

$$v = \ln y,\ u = x$$

则式（9.2.3）的曲线函数化为如下直线

$$v = a + bu$$

于是可用一元线性回归的方法估计出 a 和 b。图 9.2.2 所示的是数据变换后的散点图。

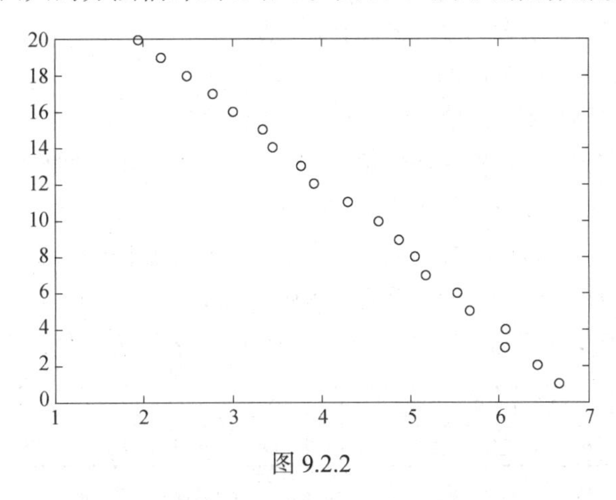

图 9.2.2

从图中可以看出，所有的点近似在一条直线附近上下波动，所以用一元回归方程是可行的。通过计算，得估计方程为

$$\hat{y} = 1051.7\mathrm{e}^{-0.2473x}$$

其决定系数 $R^2 = 0.990\,2$，剩余标准差 $s = 22.67$。

习 题 9

1. 考察温度对某种产品的得率的影响，测得如下表所示的 10 组数据：

温度 x(℃)	20	25	30	35	40	45	50	55	60	65
得率 y(%)	13.2	15.1	16.4	17.1	17.9	18.7	19.6	21.2	22.5	24.3

（1）试画出散点图，并根据散点图判定 x、y 的回归类型，确定回归方程。

（2）在显著性水平 $\alpha = 0.05$ 下，对所得的回归方程检验其显著性。

（3）计算当 x=32℃时，得率 y 的预测值及置信度为 0.95 的预测区间。

2. 一家保险公司十分关心其总公司营业部加班的程度，决定认真调查一下现状。经过 10 周时间，收集了每周加班工作时间的数据和签发的新保单数目。x 为每周签发的新保单数目，y 为每周加班工作时间(小时)，如下表所示：

周序号	1	2	3	4	5	6	7	8	9	10
X	825	215	1 070	550	480	920	1 350	325	670	1215
y	3.5	1.0	4.0	2.0	1.0	3.0	4.5	1.5	3.0	5.0

要求：

（1）画出散点图。

（2）x 与 y 之间是否大致呈线性关系？

（3）用最小二乘估计求回归方程。

（4）求回归标准误差 $\hat{\sigma}$ 。

（5）求出 $\hat{\beta}_0$ 与 $\hat{\beta}_1$ 的置信度为 95%的区间估计。

（6）做回归系数 β_1 显著性的检验。

（7）做相关系数的显著性检验。

（8）该公司预计下一周签发新保单 x_0=1 000 张，需要的加班时间是多少？

（9）给出置信水平为 95%的近似预测区间。

3. 比萨斜塔是一个建筑奇迹。工程师们关于塔的稳定性做了大量研究工作，1975—1987 年对塔的斜度的测量值如下表所示。表中，“斜度”表示塔上某一点的实际位置与假如塔为垂直时它所处位置之偏差再减去 29 000。数据是按十分之一毫米记录的。

年份 x	1975	1976	1977	1978	1979	1980	1981	1982	1983	1984	1985	1986	1987
斜度 y	642	644	656	667	673	688	696	698	713	717	725	742	757

试对斜度 y 和年份 x 进行回归分析：

（1）画出散点图。

（2）求出斜度 y 和年份 x 的相关系数。

（3）求出斜度 y 和年份 x 的回归方程。

（4）分析如果不对比萨斜塔进行维护，它的倾斜情况是否会逐年恶化，并预测 1990 年比萨斜塔的斜度。

4. 现代投资分析的特征线涉及如下回归方程：

$$r_t = \beta_0 + \beta_1 r_{mt} + \varepsilon_t$$

其中，r 表示股票或债券的收益率，r_m 表示有价证券的收益率（用市场指数表示，如标准普尔 500 指数），t 表示时间。在投资分析中，β_1 称为债券的安全系数；β_0 用来度量市场的风险程度，即市场发展对公司财产有何影响。依据 1956—1976 年间 240 个月的数据，Fogler 和 Ganpathy 得到 IBM 股票的回归方程；市场指数是在芝加哥大学建立的市场有价证券指数：

$$\underset{(0.3001)\ (0.0728)}{\hat{r}_t = 0.7264 + 1.0598 r_{mt}}, \quad r^2 = 0.4710$$

要求：

（1）解释回归参数的意义。

（2）如何解释 r^2？

（3）安全系数 $\beta > 1$ 的证券称为不稳定证券。建立适当的原假设和备择假设，并用 t 检验进行检验($\alpha = 0.05$)。

5. 设回归模型为 $\begin{cases} y_i = \beta_0 + \beta_1 x_i + \varepsilon_i \\ \varepsilon_i \sim N(0,\ \sigma^2) \end{cases}$，现收集了 15 组数据，经计算有

$$\bar{x} = 0.85,\ \bar{y} = 25.60,\ l_{xx} = 19.56,\ l_{xy} = 32.54,\ l_{yy} = 46.74$$

后经核对，发现有一组数据记录错误，正确数据为（1.2， 32.6），记录为（1.5，32.3）。

（1）求 β_0 和 β_1 的最小二乘估计。

（2）在显著性水平 $\alpha = 0.05$ 下，对回归方程做显著性检验。

若 $x_0 = 1.1$，给出对应响应变量的 0.95 预测区间。

6. 为了解百货公司销售额 x 与流通费率 y 之间的关系，收集了 9 个商店的数据，如下表所示：

样本点	x (万元)	y (%)
1	1.5	7.0
2	4.5	4.8
3	7.5	3.6
4	10.5	3.1
5	13.5	2.7
6	16.5	2.5
7	19.5	2.4
8	22.5	2.3
9	25.5	2.2

试给出具体的回归方程，并求对应的决定系数 R^2 和剩余标准差 s。

7. 测定某肉鸡的生长过程，每两周记录一次鸡的质量，数据如下表所示：

x(周)	2	4	6	8	10	12	14
y(千克)	0.3	0.86	1.73	2.2	2.47	2.67	2.8

由经验知，鸡的生长曲线为 Logistic 曲线，且极限生长量为 $k=2.827$ 。求 y 对 x 的回归曲线方程。

第10章 方差分析

方差分析是统计分析方法中最常用、最重要的方法之一，是工农业生产和科学研究中分析数据的一种重要工具。在实际工作中，常常遇到多个总体均值的比较问题，处理这类问题常采用方差分析方法。

10.1 单因素试验的方差分析

在工农业生产和科学研究中，经常遇到如下问题：影响某一事物的因素往往很多，需要了解在这些众多因素中，哪些对事物产生显著的影响。例如，三种不同饲料配方对猪的增肥作用是否相同，一个年级三个小班的数学考试平均分数是否有显著差异，两种不同品种的农作物产量是否相同，等等。这些例子中的配方、平均分数、品种称为**因素**。因素所处的状态，称为该因素的**水平**，如三种饲料配方就是这一因素的三个水平，三个小班的数学考试平均分就是这一因素的三个水平，两种不同的品种就是这个因素的两个水平。如果在一个试验中只有一个因素在改变，而其他因素保持不变，则称为**单因素试验**；如果多于一个因素在改变，则称为**多因素试验**。

通常用大写字母 A，B，$\cdots$ 表示因素，用 A_1，A_2，$\cdots$ 表示因素 A 的不同水平。

【例 10.1.1】 入户推销有五种方法，某大公司希望比较这五种方法有无显著的效果差异，为此设计了一项试验：从应聘且无推销经验的人员中随机挑选一部分人，将他们随机地分成五组，每一组用一种推销方法进行培训。培训相同时间后，观察他们在一个月内的推销额，数据如下表所示：

组别	推 销 额						
1	20.0	16.8	17.9	21.2	23.9	26.8	22.4
2	24.9	21.3	22.6	30.2	29.9	22.5	20.7
3	16.0	20.1	17.3	20.9	22.0	26.8	20.8
4	17.5	18.2	20.2	17.7	19.1	18.4	16.5
5	25.2	26.2	26.9	29.3	30.4	29.7	28.2

这里把方法看成是一个因素，记为因素 A；五种不同的方法看成因素 A 的五个水平，记为 A_1，A_2，$\cdots$，A_5。使用 A_i 方法的第 j 个人的推销额记为 y_{ij}，$i=1$，2，$\cdots$，5，$j=1$，2，$\cdots$，7。我们的目的是比较五种方法的平均推销额是否相等。若将这五种方法

的平均推销额分别记为μ_1，μ_2，…，μ_5，需要对如下假设进行检验：

$$H_0:\mu_1=\mu_2=\cdots=\mu_5 \quad \leftrightarrow \quad H_1:\mu_1,\ \mu_2,\ \cdots,\ \mu_5 \text{全相等}$$

如果原假设H_0成立，因子A的5个均值相同，表明五种方法的推销额之间无显著性差异；反之，当H_0不成立时，因子A的5个均值不相同，表明五种方法的推销额之间存在显著性差异。为了检验上述假设，通常还需要给出若干假定。

设因素A有k个水平，记为A_1，A_2，…，A_k；在k个水平下考察的指标看成k个总体。假定在水平A_i下的总体服从$N(\mu_i,\ \sigma^2)$，μ_i与σ^2均未知，$i=1,\ 2,\ \cdots,\ k$，即各总体的方差相同，且设不同水平下的样本之间相互独立，即所有的试验结果y_{ij}都相互独立，需要做的工作是比较各个水平下的均值是否相同，即需要检验假设

$$H_0:\mu_1=\mu_2=\cdots=\mu_k \quad \leftrightarrow \quad H_1:\mu_1,\ \mu_2,\ \cdots,\ \mu_5 \text{不全相等} \tag{10.1.1}$$

一般地，在水平A_i下的试验结果y_{ij}与该水平下的均值μ_i总是有差距的，记$\varepsilon_{ij}=y_{ij}-\mu_i$，$\varepsilon_{ij}$称为随机误差，它是试验中无法控制的各种因素引起的。因此，y_{ij}可表示成如下数据模型：

$$\begin{cases} y_{ij}=\mu_i+\varepsilon_{ij},\ i=1,\ 2,\ \cdots,\ k,\ j=1,\ 2,\ \cdots,\ n_i \\ \text{各}\varepsilon_{ij}\text{相互独立，且都服从}N(0,\ \sigma^2) \end{cases} \tag{10.1.2}$$

称式（10.1.2）为**均值模型**。

设试验总次数为n，则

$$n=\sum_{i=1}^{n} n_i$$

于是，全体样本的总均值为

$$\mu=\frac{1}{n}\sum_{i=1}^{k} n_i\mu_i$$

记

$$\alpha_i=\mu_i-\mu,\ i=1,\ 2,\ \cdots,\ k$$

称α_i为因素A的第i个水平的效应。

容易看出，

$$\sum_{i=1}^{k} n_i\alpha_i=\sum_{i=1}^{k} n_i(\mu_i-\mu)=\sum_{i=1}^{k} n_i\mu_i-n\mu=0$$

$$\mu_i=\mu+\alpha_i,\ i=1,\ 2,\ \cdots,\ k$$

表明第i个总体的均值是总均值与该水平的效应的叠加。因此，均值模型（10.1.2）改写为

$$\begin{cases} y_{ij}=\mu+\alpha_i+\varepsilon_{ij},\ i=1,\ 2,\ \cdots,\ k,\ j=1,\ 2,\ \cdots,\ n_i \\ \sum_{i=1}^{k}n_i\alpha_i=0 \\ \text{各}\varepsilon_{ij}\text{相互独立，且都服从}N(0,\ \sigma^2) \end{cases} \tag{10.1.3}$$

假设式（10.1.1）可以写成

$$H_0:\alpha_1=\alpha_2=\cdots=\alpha_k \leftrightarrow H_1:\alpha_1,\ \alpha_2,\ \cdots,\ \alpha_k\text{不全相等} \tag{10.1.4}$$

在单因素方差分析中，通常将试验数据列成如下表格形式：

因子	试验数据	总和	平均值
A_1	y_{11}, y_{12}, $\cdots$, y_{1n_1}	$y_{1.}$	$\bar{y}_{1.}$
A_2	y_{21}, y_{22}, $\cdots$, y_{2n_2}	$y_{2.}$	$\bar{y}_{2.}$
$\vdots$	$\vdots$	$\vdots$	$\vdots$
A_k	y_{k1}, y_{k2}, $\cdots$, y_{kn_k}	$y_{k.}$	$\bar{y}_{k.}$
		$y_{..}$	$\bar{y}_{..}$

其中，

$$y_{i.}=\frac{1}{n_i}\sum_{j=1}^{n_i}y_{ij}\ ,\quad i=1,\ 2,\ \cdots,\ k$$

$$\bar{y}_{..}=\frac{1}{n}\sum_{i=1}^{k}\sum_{i=1}^{n_i}y_{ij}$$

为了导出假设检验的统计量，须分析引起 y_{ij} 波动的原因。引起 y_{ij} 波动的原因有两个：一个原因是各水平的效应 α_i 有差异，比如 $\alpha_1>\alpha_2$，则 y_{1j} 倾向于大于 y_{2j}；另一个原因是由于存在随机误差 ε_{ij}，它会影响 y_{ij} 的取值。因而，用一个量来刻画 y_{ij} 之间的波动，并把引起波动的两个原因用另两个量表示出来，这就是方差分析中常用的平方和分解法。

记

$$SS_T=\sum_{i=1}^{k}\sum_{j=1}^{n_i}(y_{ij}-\bar{y}_{..})^2$$

称 SS_T 为**总偏差平方和**。它表示所有数据与总平均值的离差平方和，是描述全部数据离散程度的一个指标。

在构成总偏差平方和 SS_T 的 n 个偏差间满足

$$\sum_{i=1}^{k}\sum_{i=1}^{n_i}(y_{ij}-\bar{y}_{..})=0$$

说明在 SS_T 中独立的偏差只有 $n-1$ 个，故 SS_T 的自由度为 $n-1$。

SS_T 可做如下平方和分解：

$$
\begin{aligned}
SS_T &= \sum_{i=1}^{k}\sum_{j=1}^{n_i}\left[(y_{ij}-\overline{y}_{i.})+(\overline{y}_{i.}-\overline{y}_{..})\right]^2 \\
&=\sum_{i=1}^{k}\sum_{j=1}^{n_i}(y_{ij}-\overline{y}_{i.})^2+2\sum_{i=1}^{k}\sum_{j=1}^{n_i}(\overline{y}_{i.}-\overline{y}_{..})(y_{ij}-\overline{y}_{i.})+\sum_{i=1}^{n}n_i(\overline{y}_{i.}-\overline{y}_{..})^2 \\
&=\sum_{i=1}^{k}n_i(\overline{y}_{i.}-\overline{y}_{..})^2+\sum_{i=1}^{k}\sum_{j=1}^{n_i}(y_{ij}-\overline{y}_{i.})^2
\end{aligned}
$$

其中，交叉项乘积

$$
2\sum_{i=1}^{k}(\overline{y}_{i.}-\overline{y}_{..})\sum_{j=1}^{n_i}(y_{ij}-\overline{y}_{i.})=2\sum_{i=1}^{k}(\overline{y}_{i.}-\overline{y}_{..})(y_{i.}-n_i\overline{y}_{i.})=0
$$

记

$$
SS_A=\sum_{i=1}^{k}n_i(\overline{y}_{i.}-\overline{y}_{..})^2
$$

称 SS_A 为**组间偏差平方和**，其自由度为 $k-1$。SS_A 表示的是组平均值与总平均值的离差平方和，反映了因素 A 在不同水平下各总体均值之间的差异程度。

记

$$
SS_E=\sum_{i=1}^{k}\sum_{j=1}^{n_i}(y_{ij}-\overline{y}_{i.})^2
$$

称 SS_E 为**误差平方和**，其自由度为 $n-k$。SS_E 表示的是各个数据与其组平均值的离差平方和，反映了由随机误差引起的数据间的差异。因而，

$$
SS_T=SS_A+SS_E \tag{10.1.5}
$$

通常称式（10.1.5）为**总平方和分解式**。

记

$$
MSS_A=\frac{SS_A}{k-1}
$$

称 MSS_{TR} 为处理均方。

记

$$
MSS_E=\frac{SS_E}{n-k}
$$

称 MSS_E 为误差均方。

现在对组间平方和 SS_A 与误差平方和 SS_E 之间做比较。因为均方和可以排除自由度不同产生的干扰，故采用均方和进行比较较为合理。用

$$
F=\frac{MSS_A}{MSS_E}
$$

作为检验式（10.1.4）的统计量。为了给出检验的拒绝域，可以证明，当 H_0 成立时，F 统计量所服从的分布。

定理 10.1.1 当式（10.1.1）中的原假设 H_0 为真时，$\dfrac{SS_T}{\sigma^2}\sim\chi^2(n-1)$。

证明 当原假设 $H_0:\alpha_1=\alpha_2=\cdots=\alpha_k$ 为真时，$y_{ij}\sim N(\mu,\ \sigma^2)$，且相互独立，有

$$SS_T=\sum_{i=1}^{k}\sum_{j=1}^{n_i}(y_{ij}-\overline{y}_{..})^2=(n-1)S^2$$

其中$n=\sum_{i=1}^{k}n_i$，S^2是样本方差，故

$$\frac{SS_T}{\sigma^2}\sim\chi^2(n-1)$$

定理 10.1.2 $\frac{SS_T}{\sigma^2}\sim\chi^2(n-k)$， 且$E(SS_E)=(n-k)\sigma^2$。

证明 对于各组样本，

$$\sum_{j=1}^{n_i}(y_{ij}-\overline{y}_{i.})^2=(n_i-1)S_i^2$$

其中n_i是第i组样本的样本容量，S_i^2是第i组样本的样本方差。因此，

$$\frac{(n_i-1)S_i^2}{\sigma^2}\sim\chi^2(n_i-1)$$

由于各样本方差S_1^2，S_2^2，…，S_k^2相互独立，$\sum_{i=1}^{k}(n_i-1)=n-k$及$\chi^2$分布具有可加性，知

$$\sum_{i=1}^{k}\frac{(n_i-1)S_i^2}{\sigma^2}\sim\chi^2(n-k)$$

故

$$\frac{SS_E}{\sigma^2}\sim\chi^2(n-k)$$

由于$\frac{SS_E}{\sigma^2}\sim\chi^2(n-k)$，则$E\left(\frac{SS_E}{n-k}\right)=\sigma^2$，即$E(MSS_E)=\sigma^2$，说明$MSS_E$是$\sigma^2$的无偏估计。

定理 10.1.3 若式（10.1.1）中的原假设H_0为真，则有$\frac{SS_A}{\sigma^2}\sim\chi^2(k-1)$。

当原假设H_0为真时，$E(MSS_A)=\sigma^2$，即MSS_A也可以作为σ^2的无偏估计。

定理 10.1.4 SS_A与SS_E相互独立。

注：定理10.1.3和定理10.1.4的证明需要利用其他理论，这里就不详述了。

当式（10.1.1）中的原假设H_0为真时，由定理（10.1.2）、定理（10.1.3）、定理（10.1.4）知

$$F=\frac{MSS_A}{MSS_E}\sim F(k-1,\ n-k)$$

因此，由假设检验的一般理论，得拒绝域为

$$W=\{F\geqslant F_\alpha(k-1,\ n-k)\}$$

其中，α为显著性水平。

通常，将上述检验过程写成如下形式的方差分析表：

来源	平方和	自由度	均方	F
因素	SS_A	$k-1$	$MSS_A=\dfrac{SS_A}{k-1}$	$F=\dfrac{MSS_A}{MSS_E}$
误差	SS_E	$n-k$	$MSS_E=\dfrac{SS_E}{n-k}$	
总和	SS_T	$n-1$		

对于给定的α，如果$F\geqslant F_\alpha(k-1,\ n-k)$，认为各个水平下的均值之间存在显著性差异；如果$F<F_\alpha(k-1,\ n-k)$，说明各个水平下的均值之间不存在显著性差异。

在实际中，常按如下简便公式来计算各偏差平方和：

$$SS_T=\sum_{i=1}^{k}\sum_{j=1}^{n_i}y_{ij}^2-\frac{y_{..}^2}{n} \tag{10.1.6}$$

$$SS_A=\sum_{i=1}^{k}\frac{y_{i.}^2}{n_i}-\frac{y_{..}^2}{n} \tag{10.1.7}$$

$$SS_E=SS_T-SS_A \tag{10.1.8}$$

【例 10.1.2】 在例 10.1.1 中，$k=5$，n_i=7，$i=1$，2，$\cdots 5$，$n=35$。假设在 5 个水平下的总体分布皆为正态，且方差相等。利用式（10.1.6）～式（10.1.8），求得各偏差平方和为

$$SS_T=\sum_{i=1}^{5}\sum_{j=1}^{7}y_{ij}^2-\frac{y_{..}^2}{35}=675.271$$

$$SS_A=\sum_{i=1}^{5}\frac{y_{i.}^2}{7}-\frac{y_{..}^2}{35}=405.534$$

$$SS_E=SS_T-SS_{TR}=269.737$$

将上述计算过程列成方差分析表，如下表所示：

来源	平方和	自由度	均方	F 比
因素 A	405.534	4	101.384	11.28
误差	269.737	30	8.99	
总和	675.271	34		

给定显著性水平$\alpha=0.05$，则$F_{0.05}(4,\ 30)=2.689\ 6$。由于 F=11.28>2.689 6，故拒绝H_0，即五种方法的推销额之间存在显著差异。

10.2 双因素试验的方差分析

在实际问题中，一个试验结果往往受多个因素影响。不仅这些因素会影响试验结果，这些因素的不同水平的搭配也会影响试验结果。例如，当单独服用药物 A 或 B 时，治疗疾病的效果不大明显；但当同时服用药物 A 和 B 时，治疗效果就特别明显。统计学上把多因素不同水平搭配对试验结果的影响称为**交互作用**。因此，在双因素试验中，除了要考察每个因素的各个水平对试验结果的影响外，还要考察两个因素的各个水平的相互搭配。

以下分无交互作用和有交互作用两种情况来讨论双因素方差分析。

10.2.1 无交互作用的双因素试验的方差分析

设因素 A 有 a 个水平 $A_1, \cdots, A_a$，因素 B 有 b 个水平 $B_1, \cdots, B_b$，则因素 A 与因素 B 不同水平的组合 (A_i, B_j) 共有 ab 个。在每一水平组合 (A_i, B_j) 下只做一次试验，则有 ab 个观察值 y_{ij}，如下表所示：

A \ B	B_1	B_2	…	B_b
A_1	y_{11}	y_{12}	…	y_{1b}
A_2	y_{21}	y_{22}	…	y_{2b}
⋮	⋮	⋮		⋮
A_a	y_{a1}	y_{a2}	…	y_{ab}

设因素 A 的水平 A_i 与因素 B 的水平 B_j 的组合 (A_i, B_j) 下的总体分布为 $N(\mu_{ij}, \sigma^2)$，所有这些总体具有相同的方差。从总体 (A_i, B_j) 下抽取的样本为 y_{ij}，则有

$$y_{ij} \sim N(\mu_{ij}, \sigma^2), \ i=1, 2, \cdots, a, \ j=1, 2, \cdots, b$$

记随机误差 $\varepsilon_{ij} = y_{ij} - \mu_{ij}$，则

$$\varepsilon_{ij} \sim N(0, \sigma^2), \ i=1, 2, \cdots, a, \ j=1, 2, \cdots, b$$

且对所有的 i、j，ε_{ij} 都相互独立。

记

$$\mu=\frac{1}{ab}\sum_{i=1}^{a}\sum_{j=1}^{b}\mu_{ij}$$

称 μ 为总平均。

记

$$\mu_i=\frac{1}{b}\sum_{j=1}^{b}\mu_{ij},\ \alpha_i=\mu_i-\mu,\ i=1,\ 2,\ \cdots,\ a$$

称 μ_i 为水平 A_i 下的均值，α_i 为水平 A_i 的效应。

记

$$\mu_j=\frac{1}{a}\sum_{i=1}^{a}\mu_{ij},\ \beta_j=\mu_{.j}-\mu, j=1,\ 2,\ \cdots,\ b$$

称 μ_j 为水平 B_j 下的均值，β_j 为水平 B_j 的效应。容易验证，

$$\sum_{i=1}^{a}\alpha_i=0,\ \sum_{j=1}^{b}\beta_j=0$$

无交互作用的双因素方差分析模型可表示为

$$\begin{cases}y_{ij}=\mu+\alpha_i+\beta_j+\varepsilon_{ij}\\ \sum_{i=1}^{a}\alpha_i=0,\ \sum_{j=1}^{b}\beta_j=0\\ \text{各}\varepsilon_{ij}\text{相互独立，且都服从}N(0,\ \sigma^2)\end{cases}\tag{10.2.1}$$

对于双因素方差分析，我们感兴趣的主要有两个：其一是考察因素 A 的 a 个水平的效应是否有显著差异，即检验假设

$$H_{01}:\alpha_1=\alpha_2=\cdots=\alpha_a=0\leftrightarrow H_{11}:\alpha_1,\ \alpha_2,\ \cdots,\ \alpha_a\text{不全为零}\tag{10.2.2}$$

其二是因素 B 的 b 个水平的效应是否有显著差异，即检验假设

$$H_{02}:\beta_1=\beta_2=\cdots=\beta_b=0\leftrightarrow H_{12}:\beta_1,\ \beta_2,\ \cdots,\ \beta_b\text{不全为零}\tag{10.2.3}$$

类似于单因素方差分析的方法，考察总离差平方和

$$SS_T=\sum_{i=1}^{a}\sum_{j=1}^{b}(y_{ij}-\overline{y}_{..})^2$$

其中，$\overline{y}_{..}=\frac{1}{ab}\sum_{i=1}^{a}\sum_{j=1}^{b}y_{ij}$。称 SS_T 为**总平方和**，它反映了各 y_{ij} 的总差异程度。

记

$$SS_A=b\sum_{i=1}^{a}(\overline{y}_{i.}-\overline{y}_{..})^2,\ SS_B=a\sum_{j=1}^{b}(\overline{y}_{.j}-\overline{y}_{..})^2$$

称 SS_A 为**因素 A 的平方和**，反映因素 A 对试验结果的影响；称 SS_B 为**因素 B 的平方和**，反映因素 B 对试验结果的影响。

记

$$SS_E = \sum_{i=1}^{a}\sum_{j=1}^{b}(\overline{y}_{ij} - \overline{y}_{i.} - \overline{y}_{.j} + \overline{y}_{..})^2$$

称 SS_E 为**误差平方和**，反映试验误差对试验结果的影响。

SS_T 可分解为

$$SS_T = SS_A + SS_B + SS_E$$

若原假设 H_{01} 和 H_{02} 成立，则 $y_{ij} \sim N(\mu,\ \sigma^2)$，可以证明：

$$\frac{SS_T}{\sigma^2} \sim \chi^2(ab-1),\ \frac{SS_A}{\sigma^2} \sim \chi^2(a-1)$$

$$\frac{SS_B}{\sigma^2} \sim \chi^2(b-1),\ \frac{SS_E}{\sigma^2} \sim \chi^2((a-1)(b-1))$$

并且 SS_A、SS_B、SS_E 相互独立。

将平方和 SS_A、SS_B、SS_E 分别除以其相应的自由度，即得相应的均方 MSS_A、MMS_B、MMS_E。

构造假设（10.2.2）和（10.2.3）的检验统计量

$$F_A = \frac{MSS_A}{MMS_E},\ F_B = \frac{MMS_B}{MMS_E}$$

当原假设 H_{01}、H_{02} 成立时，由 F 分布的定义知，

$$F_A \sim F(a-1,\ (a-1)(b-1)),\ F_B \sim F(b-1,\ (a-1)(b-1))$$

给定显著性水平 α，假设（10.2.2）、（10.2.3）的拒绝域分别为

$$W_A = \{F_A \geqslant F_\alpha(a-1,\ (a-1)(b-1))\}$$

$$W_B = \{F_B \geqslant F_\alpha(b-1,\ (a-1)(b-1))\}$$

上述检验过程可写成如下所示的方差分析表：

来源	平方和	自由度	均方和	F
因素 A	SS_A	$a-1$	$MMS_A = \frac{SS_A}{a-1}$	$F_A = \frac{MMS_A}{MSS_E}$
因素 B	SS_B	$b-1$	$MMS_B = \frac{SS_B}{b-1}$	$F_B = \frac{MMS_B}{MSS_E}$
误差	SS_E	$(a-1)(b-1)$	$MMS_E = \frac{SS_E}{(a-1)(b-1)}$	
总计	SS_T	$ab-1$		

表中各平方和的计算可以使用如下简便公式：

$$SS_T = \sum_{i=1}^{a}\sum_{j=1}^{b} y_{ij}^2 - \frac{y_{..}^2}{ab} \tag{10.2.4}$$

$$SS_A = \frac{1}{b}\sum_{i=1}^{a} y_{i.}^2 - \frac{y_{..}^2}{ab} \tag{10.2.5}$$

$$SS_B = \frac{1}{a}\sum_{j=1}^{b} y_{.j}^2 - \frac{y_{..}^2}{ab} \tag{10.2.6}$$

$$SS_E = SS_T - SS_A - SS_B \tag{10.2.7}$$

其中，$y_{..} = \sum_{i=1}^{a}\sum_{j=1}^{b} y_{ij}$；$y_{i.} = \sum_{j=1}^{b} y_{ij}$；$i=1,\ 2,\ \cdots,\ a$；$y_{i.} = \sum_{i=1}^{a} y_{ij}$；$j=1,\ 2,\ \cdots,\ b$。

【例 10.2.1】 研究原料的 3 种不同产地与 4 种不同的生产工艺对某种化工产品纯度的影响。现对各种组合进行一次试验，测得产品的纯度如下所示：

工艺 / 产地	B_1	B_2	B_3	B_4
A_1	94.5	97.8	96.1	95.4
A_2	95.8	98.6	97.2	96.4
A_3	92.7	97.1	97.7	93.9

假设各水平组合下皆服从正态分布，且方差相同。试在显著性水平 $\alpha = 0.05$ 下检验不同的原料产地，不同的生产工艺下产品的纯度是否有显著性差异。

解 这是一个双因素试验，且不考虑交互效应。记“产地”为因素 A，它有 3 个水平，每个水平的效应为 $a_i\,(i=1,\ 2,\ 3)$；“生产工艺”为因素 B，它有 4 个水平，每个水平的效应为 $\beta_j\,(j=1,\ 2,\ 3,\ 4)$。

根据式（10.2.4）~式（10.2.7），计算得

$$SS_T = \sum_{i=1}^{3}\sum_{j=1}^{4} y_{ij}^2 - \frac{y_{..}^2}{3\times 4} = 33.54$$

$$SS_A = \frac{1}{4}\sum_{i=1}^{3} y_{i.}^2 - \frac{y_{..}^2}{3\times 4} = 5.58$$

$$SS_B = \frac{1}{3}\sum_{j=1}^{4} y_{.j}^2 - \frac{y_{..}^2}{3\times 4} = 23.06$$

$$SS_E = SS_T - SS_A - SS_B = 4.9$$

得到如下表所示的方差分析表：

来源	平方和	自由度	均方和	F
因素 A	5.58	2	2.79	3.42
因素 B	23.06	3	7.69	9.41
误差	4.9	6	0.82	
总计	33.54	11		

查F分布表，得$F_{0.05}(2,6)=5.14$，$F_{0.05}(3,6)=4.76$。由于F_A=3.42>5.14，因此对于三种不同的原料产地，产品的纯度无显著性差异。由于F_B=9.41>4.76，因此在四种不同的生产工艺下，产品的纯度有显著性差异。

10.2.2 有交互作用的双因素方差分析

设因素A有a个水平A_1，A_2，…，A_a，因素B有b个水平B_1，B_2，…，B_b。为了考察因素A与因素B的交互作用(记作AB)，对因素A、B的每对组合（A_i，B_i）都做$t(t\geqslant 2)$次试验，得到如下结果：

B / A	B_1	B_2	…	B_b
A_1	y_{111}，…，y_{11t}	y_{121}，…，y_{12t}	…	y_{1b1}，…，y_{1bt}
A_2	y_{211}，…，y_{21t}	y_{221}，…，y_{22t}	…	y_{2b1}，…，y_{2bt}
⋮	⋮	⋮		⋮
A_a	y_{a11}，…，y_{a1t}	y_{a21}，…，y_{a2t}	…	y_{ab1}，…，y_{abt}

设因素A的水平A_i与因素B的水平B_j的组合$(A_i，B_j)$下的总体分布为$N(\mu_{ij}，\sigma^2)$，$(A_i，B_j)$下的样本为y_{ijk}，则

$$y_{ijk}\sim N(\mu_{ij},\ \sigma^2),\quad i=1,\ 2,\ \cdots,\ a,\quad j=1,\ 2,\ \cdots,\ b,\quad k=1,\ 2,\ \cdots,\ t$$

记随机误差$\varepsilon_{ijk}=(y_{ijk}-\mu_{ij})$,则

$$\varepsilon_{ijk}\sim N(0,\ \sigma^2),\quad i=1,\ 2,\ \cdots,\ a,\quad j=1,\ 2,\ \cdots,\ b,\quad k=1,\ 2,\ \cdots,\ t$$

且对所有的i、j，ε_{ijk}都相互独立。

令

$$\gamma_{ij}=\mu_{ij}-\mu-a_i-\beta_j,\ i=1,\ 2,\ \cdots,\ a,\ j=1,\ 2,\ \cdots,\ b$$

称γ_{ij}为因素A的第i个水平与因素B的第j个水平的交互效应。

有交互作用的双因素方差分析模型表示为

$$\begin{cases} y_{ijk}=\mu+a_i+\beta_j+\gamma_{ij}+\varepsilon_{ijk} \\ \sum_{i=1}^{a}a_i=0,\ \ \sum_{j=1}^{b}\beta_i=0,\ \ \sum_{i=1}^{a}\gamma_{ij}=\sum_{j=1}^{b}\gamma_{ij}=0 \\ \text{各}\varepsilon_{ijk}\text{相互独立，且都服从}N(0,\ \sigma^2) \\ i=1,\ 2,\ \cdots,\ a,\ j=1,\ 2,\ \cdots,\ b,\ k=1,\ 2,\ \cdots,\ t \end{cases} \tag{10.2.8}$$

要判断因素 A、B 及交互作用 AB 对试验结果是否有显著影响，需要检验下面三个假设：

$$H_{01}:\alpha_1=\alpha_2=\cdots=\alpha_a=0 \leftrightarrow H_{11}:\alpha_1,\ \alpha_2,\ \cdots,\ \alpha_a \text{不全为零} \tag{10.2.9}$$

$$H_{02}:\beta_1=\beta_2=\cdots=\beta_b=0 \leftrightarrow H_{12}:\beta_1,\ \beta_2,\ \cdots,\ \beta_b \text{不全为零} \tag{10.2.10}$$

$$H_{03}:\gamma_{11}=\cdots=\gamma_{ab}=0 \leftrightarrow H_{13}:\gamma_{11},\ \cdots,\ \gamma_{ab} \text{不全为零} \tag{10.2.11}$$

类似于双因素无交互作用方差分析的方法，SS_T 分解为

$$SS_T=SS_A+SS_B+SS_{AB}+SS_E$$

其中 $SS_A=bt\sum\limits_{i=1}^{a}(\overline{y}_{i..}-\overline{y}_{...})^2$，称为**因素 A 的平方和**。这里 $\overline{y}_{i..}$ 是因素 A 的第 i 个水平下的样本均值，即 $\overline{y}_{i..}=\dfrac{1}{bt}\sum\limits_{j=1}^{b}\sum\limits_{k=1}^{t}y_{ijk}$。$SS_B=a\sum\limits_{j=1}^{b}(\overline{y}_{.j.}-\overline{y}_{..})^2$ 称为**因素 B 的平方和**，这里 $\overline{y}_{.j.}$ 是因素 B 的第 j 个水平下的样本均值，即 $\overline{y}_{.j.}=\dfrac{1}{at}\sum\limits_{i=1}^{a}\sum\limits_{k=1}^{t}y_{ijk}$。

$SS_{AB}=t\sum\limits_{i=1}^{a}\sum\limits_{j=1}^{b}(\overline{y}_{ij.}-\overline{y}_{..}-\overline{y}_{.j.}+\overline{y}_{...})^2$ 称为**交互作用平方和**，反映交互作用对试验结果的影响。这里 $\overline{y}_{ij.}$ 是因素 A 的第 i 个水平和因素 B 的第 j 个水平组合下的样本均值，即 $\overline{y}_{ij.}=\dfrac{1}{t}\sum\limits_{k=1}^{t}\overline{y}_{ijk}$。$SS_E=\sum\limits_{i=1}^{a}\sum\limits_{j=1}^{b}\sum\limits_{k=1}^{t}(y_{ijk}-\overline{y}_{ij.})^2$ 称为**误差平方和**。

可以证明，SS_A、SS_B、SS_{AB}、SS_E 相互独立，且

$$\frac{SS_E}{\sigma^2}\sim\chi^2(ab(t-1))$$

若假设 H_{01}、H_{02}、H_{03} 成立，则有

$$\frac{SS_T}{\sigma^2}\sim\chi^2(abt-1),\quad \frac{SS_A}{\sigma^2}\sim\chi^2(a-1)$$

$$\frac{SS_B}{\sigma^2}\sim\chi^2(b-1),\quad \frac{SS_{AB}}{\sigma^2}\sim\chi^2((a-1)(b-1))$$

记

$$MSS_T=\frac{SS_T}{abt-1},\ MMS_A=\frac{SS_A}{a-1},\ MSS_B=\frac{SS_B}{b-1}$$

$$MSS_{AB}=\frac{SS_{AB}}{(a-1)(b-1)},\ MMS_E=\frac{SS_E}{ab(t-1)}$$

构造假设（10.2.9）、（10.2.10）、（10.2.11）的检验统计量

$$F_A=\frac{MSS_A}{MSS_E},\ F_B=\frac{MSS_B}{MSS_E},\ F_{AB}=\frac{MSS_{AB}}{MSS_E}$$

由 F 分布的定义，可知

$$F_A\sim F(a-1,\ ab(t-1)),\ F_B\sim F(b-1,\ ab(t-1)),\ F_{AB}\sim F((a-1)(b-1),\ ab(t-1))$$

给定显著性水平 α，假设（10.2.9）、（10.2.10）、（10.2.11）的拒绝域分别为

$$W_A = \{F_A \geqslant F_\alpha(a-1,\ ab(t-1))\}$$
$$W_B = \{F_B \geqslant F_\alpha(b-1,\ ab(t-1))\}$$
$$W_{AB} = \{F_{AB} \geqslant F_\alpha((a-1)(b-1),\ ab(t-1))\}$$

上述检验过程可写成如下表所示的方差分析表：

来 源	平方和	自由度	均方和	F
因素 A	SS_A	$a-1$	$MMS_A = \dfrac{SS_A}{a-1}$	$F_A = \dfrac{MMS_A}{MSS_E}$
因素 B	SS_B	$b-1$	$MMS_B = \dfrac{SS_B}{b-1}$	$F_B = \dfrac{MMS_B}{MSS_E}$
交互作用 AB	SS_{AB}	$(a-1)(b-1)$	$MMS_{AB} = \dfrac{SS_{AB}}{(a-1)(b-1)}$	$F_{AB} = \dfrac{MMS_{AB}}{MSS_E}$
误差	SS_E	$ab(t-1)$	$MMS_E = \dfrac{SS_E}{ab(t-1)}$	
总计	SS_T	$abt-1$		

实际中，通常按如下简单公式计算各平方和：

$$SS_T = \sum_{i=1}^{a}\sum_{j=1}^{b}\sum_{k=1}^{t} y_{ijk}^2 - \frac{y_{\dots}^2}{abt}$$

$$SS_A = \frac{1}{bt}\sum_{i=1}^{a} y_{i..}^2 - \frac{y_{\dots}^2}{abt}$$

$$SS_B = \frac{1}{at}\sum_{i=1}^{a} y_{.j.}^2 - \frac{y_{\dots}^2}{abt}$$

$$SS_{AB}\frac{1}{t}\sum_{i=1}^{a}\sum_{j=1}^{b} y_{ij.}^2 - \frac{y_{\dots}^2}{abt} - SS_A - SS_B$$

$$SS_E = SS_T - SS_A - SS_B - SS_{AB}$$

【例 10.2.2】 一家邮购公司设计了一个双因素试验，用于检验杂志广告大小以及广告方案对于收到邮购请求的数目的影响。考察三种广告方案和两种不同大小的广告，得到如下数据：

广告大小 \ 广告方案	A	B	C
小	8，12	22，14	10，18
大	12，8	26，30	18，14

假定每一种水平组合下的邮购请求数目均服从正态分布，且方差相同。在显著性水平 $\alpha = 0.05$ 下，检验属于交互作用、广告方案、广告大小的显著影响。

解 $SS_T = \sum_{i=1}^{a}\sum_{j=1}^{b}\sum_{k=1}^{t} y_{ijk}^2 - \frac{y_{\dots}^2}{abt}$ =544

$$SS_A = \frac{1}{bt}\sum_{i=1}^{a} y_{i..}^2 - \frac{y_{\dots}^2}{abt} = 48$$

$$SS_B = \frac{1}{at}\sum_{i=1}^{a} y_{.j.}^2 - \frac{y_{\dots}^2}{abt} = 344$$

$$SS_{AB} \frac{1}{t}\sum_{i=1}^{a}\sum_{j=1}^{b} y_{ij.}^2 - \frac{y_{\dots}^2}{abt} - SS_A - SS_B = 56$$

$$SS_E = SS_T - SS_A - SS_B - SS_{AB} = 96$$

由此可得如下表所示的方差分析表：

来 源	平方和	自由度	均方和	F
广告大小	48	1	48	3
广告方案	344	2	172	10.75
交互作用 AB	56	2	28	1.75
误差	96	6	16	
总计	544	11		

查 F 分布表，得 $F_{0.05}(1,\ 6) = 5.99$ ，$F_{0.05}(2,\ 6) = 5.14$ 。由于 $F_A = 3 < 5.99$，故接受原假设，认为广告大小对于收到邮购请求的数目无显著性影响。由于 $F_B = 10.75 > 5.14$，故拒绝原假设，认为广告方案对于收到邮购请求的数目有显著性影响。由于 $F_{AB} = 1.75 < 5.14$，故接受原假设，认为广告大小和广告方案的交互作用对于收到邮购请求的数目无显著性影响。

习 题 10

1. 工程师正开发一个用于制造男士衬衫的新合成纤维。通常，拉伸强度受棉在混纺纤维中所占百分率的影响。工程师用 5 种水平的棉含量做试验，每个水平重复 5 次，数据如下表所示：

棉重百分率	拉 伸 强 度				
15	7	7	15	11	9
20	12	17	12	18	18
25	14	19	19	18	18
30	19	25	22	19	23
35	7	10	11	15	11

在 $\alpha = 0.05$ 下，检验棉重含量是否影响拉伸强度。

2. 某房地产开发商为研究购房者的背景特征与购房者对房价的看法之间的关系，专门设计了调查问卷，获得了购房者的一些基本资料以及他们对房产价格的看法。其中有一项要求受访购房者为房价高低打分，1～100 分。如果觉得价格高，打分也高。不同学历购房者对房价的打分情况如下表所示：

初中	1	6	51	60	21	48
高中	4	34	17	10	3	22
大专	57	75	73	35	68	48
本科	51	65	99	40	24	20

在 $\alpha = 0.05$ 下，检验不同学历购房者是否对房价有一致的看法。

3. 从五名操作者操作的三台机器每小时产量中分别抽取一个不同时段的产量，观测到的产量如下表所示。试分别分析机器类型、操作者对产量的影响是否存在显著性差异。

机器 操作者	机器 1	机器 2	机器 3
操作者 1	53	61	51
操作者 2	47	55	51
操作者 3	46	52	49
操作者 4	50	58	54
操作者 5	49	54	50

4. 某城市道路交通管理部门为研究不同的路段和不同的时间段对行车时间的影响，让一名交通警察分别在两个路段和高峰期与非高峰期亲自驾车前往试验。通过试验，共获得 20 个行车时间(分钟)的数据，如下表所示：

时段 路段	路段 1	路段 2
高峰期	26，24，27，25，25	19，20，23，22，21
非高峰期	20，17，22，21，17	18，17，13，16，12

在 $\alpha = 0.05$ 下，试分析路段、时段以及路段和时段的交互作用对行车时间是否有显著的影响。

5. 为了提高一种橡胶的定强，考虑三种不同的促进剂（因素 A）、四种不同分量的氧化锌（因素 B）对定强的影响。对配方的每种组合重复试验两次，得到数据如下表所示：

A \ B	1	2	3	4
1	31，33	34，36	35，36	39，38
2	33，34	36，37	37，39	38，41
3	35，37	37，38	39，40	42，44

在$\alpha = 0.05$下，试分析不同促进剂、不同分量氧化锌以及它们之间交互作用对橡胶的定强是否有显著影响。

附录 A

在计算古典概率时，通常需要数清楚有关事件中的样本点数，这就需要用到计数法。计数问题原则上很简单，真正计算起来却不简单。计数的艺术属于组合数学的一部分。本附录将介绍古典概率计算中经常遇到的一些计数法则。

A.1 计数原理

1. 加法原理

完成某件事情有 n 类途径，在第一类途径中有 m_1 种方法，在第二类途径中有 m_2 种方法，依次类推，在第 n 类途径中有 m_n 种方法，则完成这件事共有 $m_1+m_2+\cdots+m_n$ 种不同的方法。

2. 乘法原理

完成某件事情需先后分成 n 个步骤，做第一步有 m_1 种方法，第二步有 m_2 种方法，依次类推，第 n 步有 m_n 种方法，则完成这件事共有 $m_1\times m_2\times\cdots\times m_n$ 种不同的方法。

A.2 排列与组合

定义 A.2.1 （排列）从 N 个不同的元素中任取 n 个元素排成的一列称为一个排列（与顺序有关）。排列数共有

$$\begin{aligned}\mathrm{A}_N^n &= N(N-1)\cdots(N-n+1)\\ &=\frac{N(N-1)\cdots(N-n+1)(N-n)\cdots 2\cdot 1}{(N-n)(N-n-1)\cdots 2\cdot 1}\\ &=\frac{N!}{(N-n)!}\end{aligned}$$

特别地，当 $n=N$ 时，称为全排列，共有

$$N(N-1)\cdots 2\cdot 1=N!$$

【例 A.2.1】 现在计算由 4 个不同英文字母组成的字的个数。这是 26 选 4 的排列数。按排列公式计算，可得

$$A_{26}^{4} = 26\times25\times24\times23 = 358800$$

排列计数法可以与计数的乘法原理联合起来解决更复杂的排列问题。

【例 A.2.2】 你有 n_1 张古典音乐 CD 盘，n_2 张摇滚音乐 CD 盘，n_3 张乡村音乐 CD 盘。

（1）试问有多少种排列方法，将这些 CD 盘排在 CD 架上，使得相同种类的 CD 盘是排在一起的？

（2）现假定你从每一类 n_i 张 CD 盘中选出 k_i 张送给朋友。试问，当你送出盘以后，CD 架上有多少种排列方法（相同种类的 CD 盘排在一起）？

解 （1）将问题分成两步解决。首先选择 CD 盘类型的次序，然后选择每种 CD 盘内部的次序，一共有 $3!$ 种类型次序；而 n_1 张古典音乐 CD 盘有 $n_1!$ 种排列，n_2 张摇滚音乐 CD 盘有 $n_2!$ 种排列，n_3 张乡村音乐 CD 盘有 $n_3!$ 种排列。这样，共有 $3!n_1!n_2!n_3!$ 种 CD 盘的排列方式。

（2）这个问题与没有送出时的计算方法是一样的，只是将 $n_i!$ 换成 $(n_i-k_i)!$。所以，可能的排列数为

$$3!(n_1-k_1)!(n_2-k_2)!(n_3-k_3)!$$

定义 A.2.2（组合） 从 N 个不同元素中任取 n 个构成的一组称为一个组合（与顺序无关）。组合数共有

$$C_N^n = \frac{N!}{n!(N-n)!} = \frac{N(N-1)\cdots(N-n+1)}{n(n-1)\cdots2\cdot1}$$

【例 A.2.3】 某班有 40 名同学，计算从中选出 3 名同学参加学代会的选法数。这是从 40 选 3 的组合数。按组合公式计算，可得

$$C_{40}^{3} = \frac{40\times39\times38}{3\times2\times1} = 9880$$

关于组合数，有如下恒等式：

（1）$C_n^r = C_n^{n-r}$

（2）$C_n^r = C_{n-1}^{r-1} + C_{n-1}^{r}$

（3）$C_n^0 + C_n^1 + \cdots + C_n^n = 2^n$

（4）$\sum\limits_{k=1}^{n} kC_n^k = n2^{n-1}$

A.3 分 割

注意到组合是从 n 个元素的集合中选出的一个元素个数为 k 的子集，因此可将一个组合看成将集合分成两个子集合的一个分割。其中，一个子集的元素个数为 k，另一子集的元素个数为 $n-k$。现考虑将一个集合分成多于两个子集的分割。

给定一个元素个数为 n 的集合，并设 r_1，…，r_k 为非负整数，满足 $\sum_{i=1}^{k} r_i = n$。现考虑将其分割成 k 个不相交的子集，使得第 i 个子集元素个数恰好为 r_i。问一共有多少种分割方法?

现在分阶段每次确定一个子集。一共有 $C_n^{r_1}$ 种方法确定第一个子集。当第一个子集确定后，对剩下的 $n-r_1$ 个元素确定第二个子集。这样，在确定第二个子集的时候，一共有 $C_{n-r_1}^{r_2}$ 种方法，以此类推，利用乘法原理，得总共的分割方法数为

$$C_n^{r_1} C_{n-r_1}^{r_2} \cdots C_{n-r_1-\cdots-r_{k-1}}^{r_k} = \frac{n!}{r_1! r_2! \cdots r_k!}$$

【例 A.3.1】 一个讨论班由 6 名研究生和 12 名本科生组成。将这个讨论班随机地分成 3 组， 每组 6 人， 问共有多少种分组方法? 这是一个分割问题，分组方法数为 $\frac{18!}{6!6!6!}$。

表 A-1　泊松分布函数表

$$P(X \leqslant k)=\sum_{i=1}^{k} \frac{\lambda^{i}}{i!} \mathrm{e}^{-\lambda}$$

λ	k									λ	k												
	0	1	2	3	4	5	6	7	8		0	1	2	3	4	5	6	7	8	9	10	11	12
0.1	0.905	0.995	1.000							2.1	0.122	0.380	0.650	0.839	0.938	0.980	0.994	0.999	1.000				
0.2	0.819	0.982	0.999	1.000						2.2	0.111	0.355	0.623	0.819	0.928	0.975	0.993	0.998	1.000				
0.3	0.741	0.963	0.996	1.000						2.3	0.100	0.331	0.596	0.799	0.916	0.970	0.991	0.997	0.999	1.000			
0.4	0.670	0.938	0.992	0.999	1.000					2.4	0.091	0.308	0.570	0.779	0.904	0.964	0.988	0.997	0.999	1.000			
0.5	0.607	0.910	0.986	0.998	1.000					2.5	0.082	0.287	0.544	0.758	0.891	0.958	0.986	0.996	0.999	1.000			
0.6	0.549	0.878	0.977	0.997	1.000					2.6	0.074	0.267	0.518	0.736	0.877	0.951	0.983	0.995	0.999	1.000			
0.7	0.497	0.844	0.966	0.994	0.999	1.000				2.7	0.067	0.249	0.494	0.714	0.863	0.943	0.979	0.993	0.998	0.999	1.000		
0.8	0.449	0.809	0.953	0.991	0.999	1.000				2.8	0.061	0.231	0.469	0.692	0.848	0.935	0.976	0.992	0.998	0.999	1.000		
0.9	0.407	0.772	0.937	0.987	0.998	1.000				2.9	0.055	0.215	0.446	0.670	0.832	0.926	0.971	0.990	0.997	0.999	1.000		
1.0	0.368	0.736	0.920	0.981	0.996	0.999	1.000			3.0	0.050	0.199	0.423	0.647	0.815	0.916	0.966	0.988	0.996	0.999	1.000		
1.1	0.333	0.699	0.900	0.974	0.995	0.999	1.000			3.1	0.045	0.185	0.401	0.625	0.798	0.906	0.961	0.986	0.995	0.999	1.000		
1.2	0.301	0.663	0.879	0.966	0.992	0.998	1.000			3.2	0.041	0.171	0.380	0.603	0.781	0.895	0.955	0.983	0.994	0.998	1.000		
1.3	0.273	0.627	0.857	0.957	0.989	0.998	1.000			3.3	0.037	0.159	0.359	0.580	0.763	0.883	0.949	0.980	0.993	0.998	0.999	1.000	
1.4	0.247	0.592	0.833	0.946	0.986	0.997	0.999	1.000		3.4	0.033	0.147	0.340	0.558	0.744	0.871	0.942	0.977	0.992	0.997	0.999	1.000	
1.5	0.223	0.558	0.809	0.934	0.981	0.996	0.999	1.000		3.5	0.030	0.136	0.321	0.537	0.725	0.858	0.935	0.973	0.990	0.997	0.999	1.000	
1.6	0.202	0.525	0.783	0.921	0.976	0.994	0.999	1.000		3.6	0.027	0.126	0.303	0.515	0.706	0.844	0.927	0.969	0.988	0.996	0.999	1.000	
1.7	0.183	0.493	0.757	0.907	0.970	0.992	0.998	1.000		3.7	0.025	0.116	0.285	0.494	0.687	0.830	0.918	0.965	0.986	0.995	0.998	1.000	
1.8	0.165	0.463	0.731	0.891	0.964	0.990	0.997	0.999	1.000	3.8	0.022	0.107	0.269	0.473	0.668	0.816	0.909	0.960	0.984	0.994	0.998	0.999	1.000
1.9	0.150	0.434	0.704	0.875	0.956	0.987	0.997	0.999	1.000	3.9	0.020	0.099	0.253	0.453	0.648	0.801	0.899	0.955	0.981	0.993	0.998	0.999	1.000
2.0	0.135	0.406	0.677	0.857	0.947	0.983	0.995	0.999	1.000	4.0	0.018	0.092	0.238	0.433	0.629	0.785	0.889	0.949	0.979	0.992	0.997	0.999	1.000

续表 1

λ	k														
	0	1	2	3	4	5	6	7	8	9	10	11	12	13	14
5	0.007	0.040	0.125	0.265	0.440	0.616	0.762	0.867	0.932	0.968	0.986	0.995	0.998	0.999	1.000
6	0.002	0.017	0.062	0.151	0.285	0.446	0.606	0.744	0.847	0.916	0.957	0.980	0.991	0.996	0.999
7	0.001	0.007	0.030	0.082	0.173	0.301	0.450	0.599	0.729	0.830	0.901	0.947	0.973	0.987	0.994
8	0.000	0.003	0.014	0.042	0.100	0.191	0.313	0.453	0.593	0.717	0.816	0.888	0.936	0.966	0.983
9	0.000	0.001	0.006	0.021	0.055	0.116	0.207	0.324	0.456	0.587	0.706	0.803	0.876	0.926	0.959
10	0.000	0.000	0.003	0.010	0.029	0.067	0.130	0.220	0.333	0.458	0.583	0.697	0.792	0.864	0.917
11	0.000	0.000	0.001	0.005	0.015	0.038	0.079	0.143	0.232	0.341	0.460	0.579	0.689	0.781	0.854
12	0.000	0.000	0.001	0.002	0.008	0.020	0.046	0.090	0.155	0.242	0.347	0.462	0.576	0.682	0.772
13	0.000	0.000	0.000	0.001	0.004	0.011	0.026	0.054	0.100	0.166	0.252	0.353	0.463	0.573	0.675
14	0.000	0.000	0.000	0.000	0.002	0.006	0.014	0.032	0.062	0.109	0.176	0.260	0.358	0.464	0.570
15	0.000	0.000	0.000	0.000	0.001	0.003	0.008	0.018	0.037	0.070	0.118	0.185	0.268	0.363	0.466

λ	k														
	15	16	17	18	19	20	21	22	23	24	25	26	27	28	29
6	0.999	1.000													
7	0.998	0.999	1.000												
8	0.992	0.996	0.998	0.999	1.000										
9	0.978	0.989	0.995	0.998	0.999	1.000									
10	0.951	0.973	0.986	0.993	0.997	0.998	0.999	1.000							
11	0.907	0.944	0.968	0.982	0.991	0.995	0.998	0.999	1.000						
12	0.844	0.899	0.937	0.963	0.979	0.988	0.994	0.997	0.999	0.999	1.000				
13	0.764	0.835	0.890	0.930	0.957	0.975	0.986	0.992	0.996	0.998	0.999	1.000			
14	0.669	0.756	0.827	0.883	0.923	0.952	0.971	0.983	0.991	0.995	0.997	0.999	0.999	1.000	
15	0.568	0.664	0.749	0.819	0.875	0.917	0.947	0.967	0.981	0.989	0.994	0.997	0.998	0.999	1.000

表 A-2 标准正态分布表

$$\Phi(x)=P(X\leqslant x)=\int_{-\infty}^{x}\frac{1}{\sqrt{2\pi}}e^{-\frac{u^2}{2}}du$$

x	0	1	2	3	4	5	6	7	8	9
0	0.5000	0.5040	0.5080	0.5120	0.5160	0.5199	0.5239	0.5279	0.5319	0.5359
0.1	0.5398	0.5438	0.5478	0.5517	0.5557	0.5596	0.5636	0.5675	0.5714	0.5753
0.2	0.5793	0.5832	0.5871	0.5910	0.5948	0.5987	0.6026	0.6064	0.6103	0.6141
0.3	0.6179	0.6217	0.6255	0.6293	0.6331	0.6368	0.6406	0.6443	0.6480	0.6517
0.4	0.6554	0.6591	0.6628	0.6664	0.6700	0.6736	0.6772	0.6808	0.6844	0.6879
0.5	0.6915	0.6950	0.6985	0.7019	0.7054	0.7088	0.7123	0.7157	0.7190	0.7224
0.6	0.7257	0.7291	0.7324	0.7357	0.7389	0.7422	0.7454	0.7486	0.7517	0.7549
0.7	0.7580	0.7611	0.7642	0.7673	0.7704	0.7734	0.7764	0.7794	0.7823	0.7852
0.8	0.7881	0.7910	0.7939	0.7967	0.7995	0.8023	0.8051	0.8078	0.8106	0.8133
0.9	0.8159	0.8186	0.8212	0.8238	0.8264	0.8289	0.8315	0.8340	0.8365	0.8389
1.0	0.8413	0.8438	0.8461	0.8485	0.8508	0.8531	0.8554	0.8577	0.8599	0.8621
1.1	0.8643	0.8665	0.8686	0.8708	0.8729	0.8749	0.8770	0.8790	0.8810	0.8830
1.2	0.8849	0.8869	0.8888	0.8907	0.8925	0.8944	0.8962	0.8980	0.8997	0.9015
1.3	0.9032	0.9049	0.9066	0.9082	0.9099	0.9115	0.9131	0.9147	0.9162	0.9177
1.4	0.9192	0.9207	0.9222	0.9236	0.9251	0.9265	0.9279	0.9292	0.9306	0.9319
1.5	0.9332	0.9345	0.9357	0.9370	0.9382	0.9394	0.9406	0.9418	0.9429	0.9441
1.6	0.9452	0.9463	0.9474	0.9484	0.9495	0.9505	0.9515	0.9525	0.9535	0.9545
1.7	0.9554	0.9564	0.9573	0.9582	0.9591	0.9599	0.9608	0.9616	0.9625	0.9633
1.8	0.9641	0.9649	0.9656	0.9664	0.9671	0.9678	0.9686	0.9693	0.9699	0.9706
1.9	0.9713	0.9719	0.9726	0.9732	0.9738	0.9744	0.9750	0.9756	0.9761	0.9767
2.0	0.9772	0.9778	0.9783	0.9788	0.9793	0.9798	0.9803	0.9808	0.9812	0.9817
2.1	0.9821	0.9826	0.9830	0.9834	0.9838	0.9842	0.9846	0.9850	0.9854	0.9857
2.2	0.9861	0.9864	0.9868	0.9871	0.9875	0.9878	0.9881	0.9884	0.9887	0.9890
2.3	0.9893	0.9896	0.9898	0.9901	0.9904	0.9906	0.9909	0.9911	0.9913	0.9916
2.4	0.9918	0.9920	0.9922	0.9925	0.9927	0.9929	0.9931	0.9932	0.9934	0.9936
2.5	0.9938	0.9940	0.9941	0.9943	0.9945	0.9946	0.9948	0.9949	0.9951	0.9952
2.6	0.9953	0.9955	0.9956	0.9957	0.9959	0.9960	0.9961	0.9962	0.9963	0.9964
2.7	0.9965	0.9966	0.9967	0.9968	0.9969	0.9970	0.9971	0.9972	0.9973	0.9974
2.8	0.9974	0.9975	0.9976	0.9977	0.9977	0.9978	0.9979	0.9979	0.9980	0.9981
2.9	0.9981	0.9982	0.9982	0.9983	0.9984	0.9984	0.9985	0.9985	0.9986	0.9986
3.0	0.9987	0.9987	0.9987	0.9988	0.9988	0.9989	0.9989	0.9989	0.9990	0.9990
3.1	0.9990	0.9991	0.9991	0.9991	0.9992	0.9992	0.9992	0.9992	0.9993	0.9993
3.2	0.9993	0.9993	0.9994	0.9994	0.9994	0.9994	0.9994	0.9995	0.9995	0.9995
3.3	0.9995	0.9995	0.9995	0.9996	0.9996	0.9996	0.9996	0.9996	0.9996	0.9997
3.4	0.9997	0.9997	0.9997	0.9997	0.9997	0.9997	0.9997	0.9997	0.9997	0.9998
3.5	0.9998	0.9998	0.9998	0.9998	0.9998	0.9998	0.9998	0.9998	0.9998	0.9998
3.6	0.9998	0.9998	0.9999	0.9999	0.9999	0.9999	0.9999	0.9999	0.9999	0.9999
3.9	1.0000	1.0000	1.0000	1.0000	1.0000	1.0000	1.0000	1.0000	1.0000	1.0000

表 A-3 t 分布表

$$P\left(t(n) > t_a(n)\right) = \alpha$$

n	$\alpha = 0.25$	0.10	0.05	0.025	0.01	0.005
1	1.0000	3.0777	6.3138	12.7062	31.8205	63.6567
2	0.8165	1.8856	2.9200	4.3027	6.9646	9.9248
3	0.7649	1.6377	2.3534	3.1824	4.5407	5.8409
4	0.7407	1.5332	2.1318	2.7764	3.7469	4.6041
5	0.7267	1.4759	2.0150	2.5706	3.3649	4.0321
6	0.7176	1.4398	1.9432	2.4469	3.1427	3.7074
7	0.7111	1.4149	1.8946	2.3646	2.9980	3.4995
8	0.7064	1.3968	1.8595	2.3060	2.8965	3.3554
9	0.7027	1.3830	1.8331	2.2622	2.8214	3.2498
10	0.6998	1.3722	1.8125	2.2281	2.7638	3.1693
11	0.6974	1.3634	1.7959	2.2010	2.7181	3.1058
12	0.6955	1.3562	1.7823	2.1788	2.6810	3.0545
13	0.6938	1.3502	1.7709	2.1604	2.6503	3.0123
14	0.6924	1.3450	1.7613	2.1448	2.6245	2.9768
15	0.6912	1.3406	1.7531	2.1314	2.6025	2.9467
16	0.6901	1.3368	1.7459	2.1199	2.5835	2.9208
17	0.6892	1.3334	1.7396	2.1098	2.5669	2.8982
18	0.6884	1.3304	1.7341	2.1009	2.5524	2.8784
19	0.6876	1.3277	1.7291	2.0930	2.5395	2.8609
20	0.6870	1.3253	1.7247	2.0860	2.5280	2.8453
21	0.6864	1.3232	1.7207	2.0796	2.5176	2.8314
22	0.6858	1.3212	1.7171	2.0739	2.5083	2.8188
23	0.6853	1.3195	1.7139	2.0687	2.4999	2.8073
24	0.6848	1.3178	1.7109	2.0639	2.4922	2.7969
25	0.6844	1.3163	1.7081	2.0595	2.4851	2.7874
26	0.6840	1.3150	1.7056	2.0555	2.4786	2.7787
27	0.6837	1.3137	1.7033	2.0518	2.4727	2.7707
28	0.6834	1.3125	1.7011	2.0484	2.4671	2.7633
29	0.6830	1.3114	1.6991	2.0452	2.4620	2.7564
30	0.6828	1.3104	1.6973	2.0423	2.4573	2.7500
31	0.6825	1.3095	1.6955	2.0395	2.4528	2.7440
32	0.6822	1.3086	1.6939	2.0369	2.4487	2.7385
33	0.6820	1.3077	1.6924	2.0345	2.4448	2.7333

续表 3

n	$\alpha=0.25$	0.10	0.05	0.025	0.01	0.005
34	0.6818	1.3070	1.6909	2.0322	2.4411	2.7284
35	0.6816	1.3062	1.6896	2.0301	2.4377	2.7238
36	0.6814	1.3055	1.6883	2.0281	2.4345	2.7195
37	0.6812	1.3049	1.6871	2.0262	2.4314	2.7154
38	0.6810	1.3042	1.6860	2.0244	2.4286	2.7116
39	0.6808	1.3036	1.6849	2.0227	2.4258	2.7079
40	0.6807	1.3031	1.6839	2.0211	2.4233	2.7045
41	0.6805	1.3025	1.6829	2.0195	2.4208	2.7012
42	0.6804	1.3020	1.6820	2.0181	2.4185	2.6981
43	0.6802	1.3016	1.6811	2.0167	2.4163	2.6951
44	0.6801	1.3011	1.6802	2.0154	2.4141	2.6923
45	0.6800	1.3006	1.6794	2.0141	2.4121	2.6896

表 A-4　χ^2分布表

$$P\left(\chi^2(n) > \chi^2_\alpha(n)\right) = \alpha$$

n	0.995	0.99	0.975	0.95	0.9	0.75
1	—	0.000	0.001	0.004	0.016	0.102
2	0.010	0.020	0.051	0.103	0.211	0.575
3	0.072	0.115	0.216	0.352	0.584	1.213
4	0.207	0.297	0.484	0.711	1.064	1.923
5	0.412	0.554	0.831	1.145	1.610	2.675
6	0.676	0.872	1.237	1.635	2.204	3.455
7	0.989	1.239	1.690	2.167	2.833	4.255
8	1.344	1.646	2.180	2.733	3.490	5.071
9	1.735	2.088	2.700	3.325	4.168	5.899
10	2.156	2.558	3.247	3.940	4.865	6.737
11	2.603	3.053	3.816	4.575	5.578	7.584
12	3.074	3.571	4.404	5.226	6.304	8.438
13	3.565	4.107	5.009	5.892	7.042	9.299
14	4.075	4.660	5.629	6.571	7.790	10.165
15	4.601	5.229	6.262	7.261	8.547	11.037
16	5.142	5.812	6.908	7.962	9.312	11.912
17	5.697	6.408	7.564	8.672	10.085	12.792
18	6.265	7.015	8.231	9.390	10.865	13.675
19	6.844	7.633	8.907	10.117	11.651	14.562
20	7.434	8.260	9.591	10.851	12.443	15.452
21	8.034	8.897	10.283	11.591	13.240	16.344
22	8.643	9.542	10.982	12.338	14.041	17.240
23	9.260	10.196	11.689	13.091	14.848	18.137
24	9.886	10.856	12.401	13.848	15.659	19.037
25	10.520	11.524	13.120	14.611	16.473	19.939
26	11.160	12.198	13.844	15.379	17.292	20.843
27	11.808	12.879	14.573	16.151	18.114	21.749
28	12.461	13.565	15.308	16.928	18.939	22.657
29	13.121	14.256	16.047	17.708	19.768	23.567
30	13.787	14.953	16.791	18.493	20.599	24.478
31	14.458	15.655	17.539	19.281	21.434	25.390
32	15.134	16.362	18.291	20.072	22.271	26.304
33	15.815	17.074	19.047	20.867	23.110	27.219

续表 4

n	0.995	0.99	0.975	0.95	0.9	0.75
34	16.501	17.789	19.806	21.664	23.952	28.136
35	17.192	18.509	20.569	22.465	24.797	29.054
36	17.887	19.233	21.336	23.269	25.643	29.973
37	18.586	19.960	22.106	24.075	26.492	30.893
38	19.289	20.691	22.878	24.884	27.343	31.815
39	19.996	21.426	23.654	25.695	28.196	32.737
40	20.707	22.164	24.433	26.509	29.051	33.660
41	21.421	22.906	25.215	27.326	29.907	34.585
42	22.138	23.650	25.999	28.144	30.765	35.510
43	22.859	24.398	26.785	28.965	31.625	36.436
44	23.584	25.148	27.575	29.787	32.487	37.363
45	24.311	25.901	28.366	30.612	33.350	38.291

续表 4

n	0.25	0.1	0.05	0.025	0.01	0.005
1	1.323	2.706	3.841	5.024	6.635	7.879
2	2.773	4.605	5.991	7.378	9.210	10.597
3	4.108	6.251	7.815	9.348	11.345	12.838
4	5.385	7.779	9.488	11.143	13.277	14.860
5	6.626	9.236	11.070	12.833	15.086	16.750
6	7.841	10.645	12.592	14.449	16.812	18.548
7	9.037	12.017	14.067	16.013	18.475	20.278
8	10.219	13.362	15.507	17.535	20.090	21.955
9	11.389	14.684	16.919	19.023	21.666	23.589
10	12.549	15.987	18.307	20.483	23.209	25.188
11	13.701	17.275	19.675	21.920	24.725	26.757
12	14.845	18.549	21.026	23.337	26.217	28.300
13	15.984	19.812	22.362	24.736	27.688	29.819
14	17.117	21.064	23.685	26.119	29.141	31.319
15	18.245	22.307	24.996	27.488	30.578	32.801
16	19.369	23.542	26.296	28.845	32.000	34.267
17	20.489	24.769	27.587	30.191	33.409	35.718
18	21.605	25.989	28.869	31.526	34.805	37.156
19	22.718	27.204	30.144	32.852	36.191	38.582
20	23.828	28.412	31.410	34.170	37.566	39.997

续表 4

n	0.25	0.1	0.05	0.025	0.01	0.005
21	24.935	29.615	32.671	35.479	38.932	41.401
22	26.039	30.813	33.924	36.781	40.289	42.796
23	27.141	32.007	35.172	38.076	41.638	44.181
24	28.241	33.196	36.415	39.364	42.980	45.559
25	29.339	34.382	37.652	40.646	44.314	46.928
26	30.435	35.563	38.885	41.923	45.642	48.290
27	31.528	36.741	40.113	43.195	46.963	49.645
28	32.620	37.916	41.337	44.461	48.278	50.993
29	33.711	39.087	42.557	45.722	49.588	52.336
30	34.800	40.256	43.773	46.979	50.892	53.672
31	35.887	41.422	44.985	48.232	52.191	55.003
32	36.973	42.585	46.194	49.480	53.486	56.328
33	38.058	43.745	47.400	50.725	54.776	57.648
34	39.141	44.903	48.602	51.966	56.061	58.964
35	40.223	46.059	49.802	53.203	57.342	60.275
36	41.304	47.212	50.998	54.437	58.619	61.581
37	42.383	48.363	52.192	55.668	59.893	62.883
38	43.462	49.513	53.384	56.896	61.162	64.181
39	44.539	50.660	54.572	58.120	62.428	65.476
40	45.616	51.805	55.758	59.342	63.691	66.766
41	46.692	52.949	56.942	60.561	64.950	68.053
42	47.766	54.090	58.124	61.777	66.206	69.336
43	48.840	55.230	59.304	62.990	67.459	70.616
44	49.913	56.369	60.481	64.201	68.710	71.893
45	50.985	57.505	61.656	65.410	69.957	73.166

表 A-5　F 分布表

$$P\left(F(n_1,\ n_2) > F_\alpha(n_1,\ n_2)\right) = \alpha$$

$$\alpha = 0.10$$

n_2 \ n_1	1	2	3	4	5	6	7	8	9	10	12	15	20	24	30	40	60	120	∞
1	39.86	49.50	53.59	55.83	57.24	58.20	58.91	59.44	59.86	60.19	60.71	61.22	61.74	62.00	62.26	62.53	62.79	63.06	63.32
2	8.53	9.00	9.16	9.24	9.29	9.33	9.35	9.37	9.38	9.39	9.41	9.42	9.44	9.45	9.46	9.47	9.47	9.48	9.49
3	5.54	5.46	5.39	5.34	5.31	5.28	5.27	5.25	5.24	5.23	5.22	5.20	5.18	5.18	5.17	5.16	5.15	5.14	5.13
4	4.54	4.32	4.19	4.11	4.05	4.01	3.98	3.95	3.94	3.92	3.90	3.87	3.84	3.83	3.82	3.80	3.79	3.78	3.76
5	4.06	3.78	3.62	3.52	3.45	3.40	3.37	3.34	3.32	3.30	3.27	3.24	3.21	3.19	3.17	3.16	3.14	3.12	3.11
6	3.78	3.46	3.29	3.18	3.11	3.05	3.01	2.98	2.96	2.94	2.90	2.87	2.84	2.82	2.80	2.78	2.76	2.74	2.72
7	3.59	3.26	3.07	2.96	2.88	2.83	2.78	2.75	2.72	2.70	2.67	2.63	2.59	2.58	2.56	2.54	2.51	2.49	2.47
8	3.46	3.11	2.92	2.81	2.73	2.67	2.62	2.59	2.56	2.54	2.50	2.46	2.42	2.40	2.38	2.36	2.34	2.32	2.29
9	3.36	3.01	2.81	2.69	2.61	2.55	2.51	2.47	2.44	2.42	2.38	2.34	2.30	2.28	2.25	2.23	2.21	2.18	2.16
10	3.29	2.92	2.73	2.61	2.52	2.46	2.41	2.38	2.35	2.32	2.28	2.24	2.20	2.18	2.16	2.13	2.11	2.08	2.06
11	3.23	2.86	2.66	2.54	2.45	2.39	2.34	2.30	2.27	2.25	2.21	2.17	2.12	2.10	2.08	2.05	2.03	2.00	1.97
12	3.18	2.81	2.61	2.48	2.39	2.33	2.28	2.24	2.21	2.19	2.15	2.10	2.06	2.04	2.01	1.99	1.96	1.93	1.90
13	3.14	2.76	2.56	2.43	2.35	2.28	2.23	2.20	2.16	2.14	2.10	2.05	2.01	1.98	1.96	1.93	1.90	1.88	1.85
14	3.10	2.73	2.52	2.39	2.31	2.24	2.19	2.15	2.12	2.10	2.05	2.01	1.96	1.94	1.91	1.89	1.86	1.83	1.80
15	3.07	2.70	2.49	2.36	2.27	2.21	2.16	2.12	2.09	2.06	2.02	1.97	1.92	1.90	1.87	1.85	1.82	1.79	1.76
16	3.05	2.67	2.46	2.33	2.24	2.18	2.13	2.09	2.06	2.03	1.99	1.94	1.89	1.87	1.84	1.81	1.78	1.75	1.72
17	3.03	2.64	2.44	2.31	2.22	2.15	2.10	2.06	2.03	2.00	1.96	1.91	1.86	1.84	1.81	1.78	1.75	1.72	1.69
18	3.01	2.62	2.42	2.29	2.20	2.13	2.08	2.04	2.00	1.98	1.93	1.89	1.84	1.81	1.78	1.75	1.72	1.69	1.66
19	2.99	2.61	2.40	2.27	2.18	2.11	2.06	2.02	1.98	1.96	1.91	1.86	1.81	1.79	1.76	1.73	1.70	1.67	1.63
20	2.97	2.59	2.38	2.25	2.16	2.09	2.04	2.00	1.96	1.94	1.89	1.84	1.79	1.77	1.74	1.71	1.68	1.64	1.61

续表 5

n_2 \ n_1	1	2	3	4	5	6	7	8	9	10	12	15	20	24	30	40	60	120	∞
21	2.96	2.57	2.36	2.23	2.14	2.08	2.02	1.98	1.95	1.92	1.87	1.83	1.78	1.75	1.72	1.69	1.66	1.62	1.59
22	2.95	2.56	2.35	2.22	2.13	2.06	2.01	1.97	1.93	1.90	1.86	1.81	1.76	1.73	1.70	1.67	1.64	1.60	1.57
23	2.94	2.55	2.34	2.21	2.11	2.05	1.99	1.95	1.92	1.89	1.84	1.80	1.74	1.72	1.69	1.66	1.62	1.59	1.55
24	2.93	2.54	2.33	2.19	2.10	2.04	1.98	1.94	1.91	1.88	1.83	1.78	1.73	1.70	1.67	1.64	1.61	1.57	1.53
25	2.92	2.53	2.32	2.18	2.09	2.02	1.97	1.93	1.89	1.87	1.82	1.77	1.72	1.69	1.66	1.63	1.59	1.56	1.52
26	2.91	2.52	2.31	2.17	2.08	2.01	1.96	1.92	1.88	1.86	1.81	1.76	1.71	1.68	1.65	1.61	1.58	1.54	1.50
27	2.90	2.51	2.30	2.17	2.07	2.00	1.95	1.91	1.87	1.85	1.80	1.75	1.70	1.67	1.64	1.60	1.57	1.53	1.49
28	2.89	2.50	2.29	2.16	2.06	2.00	1.94	1.90	1.87	1.84	1.79	1.74	1.69	1.66	1.63	1.59	1.56	1.52	1.48
29	2.89	2.50	2.28	2.15	2.06	1.99	1.93	1.89	1.86	1.83	1.78	1.73	1.68	1.65	1.62	1.58	1.55	1.51	1.47
30	2.88	2.49	2.28	2.14	2.05	1.98	1.93	1.88	1.85	1.82	1.77	1.72	1.67	1.64	1.61	1.57	1.54	1.50	1.46
40	2.84	2.44	2.23	2.09	2.00	1.93	1.87	1.83	1.79	1.76	1.71	1.66	1.61	1.57	1.54	1.51	1.47	1.42	1.38
60	2.79	2.39	2.18	2.04	1.95	1.87	1.82	1.77	1.74	1.71	1.66	1.60	1.54	1.51	1.48	1.44	1.40	1.35	1.29
120	2.75	2.35	2.13	1.99	1.90	1.82	1.77	1.72	1.68	1.65	1.60	1.55	1.48	1.45	1.41	1.37	1.32	1.26	1.19
∞	2.71	2.30	2.08	1.95	1.85	1.77	1.72	1.67	1.63	1.60	1.55	1.49	1.42	1.38	1.34	1.30	1.24	1.17	1.03

$\alpha = 0.05$

续表 5

n_2 \ n_1	1	2	3	4	5	6	7	8	9	10	12	15	20	24	30	40	60	120	∞
1	161.45	199.50	215.71	224.58	230.16	233.99	236.77	238.88	240.54	241.88	243.91	245.95	248.01	249.05	250.10	251.14	252.20	253.25	254.30
2	18.51	19.00	19.16	19.25	19.30	19.33	19.35	19.37	19.38	19.40	19.41	19.43	19.45	19.45	19.46	19.47	19.48	19.49	19.50
3	10.13	9.55	9.28	9.12	9.01	8.94	8.89	8.85	8.81	8.79	8.74	8.70	8.66	8.64	8.62	8.59	8.57	8.55	8.53
4	7.71	6.94	6.59	6.39	6.26	6.16	6.09	6.04	6.00	5.96	5.91	5.86	5.80	5.77	5.75	5.72	5.69	5.66	5.63
5	6.61	5.79	5.41	5.19	5.05	4.95	4.88	4.82	4.77	4.74	4.68	4.62	4.56	4.53	4.50	4.46	4.43	4.40	4.37
6	5.99	5.14	4.76	4.53	4.39	4.28	4.21	4.15	4.10	4.06	4.00	3.94	3.87	3.84	3.81	3.77	3.74	3.70	3.67
7	5.59	4.74	4.35	4.12	3.97	3.87	3.79	3.73	3.68	3.64	3.57	3.51	3.44	3.41	3.38	3.34	3.30	3.27	3.23
8	5.32	4.46	4.07	3.84	3.69	3.58	3.50	3.44	3.39	3.35	3.28	3.22	3.15	3.12	3.08	3.04	3.01	2.97	2.93
9	5.12	4.26	3.86	3.63	3.48	3.37	3.29	3.23	3.18	3.14	3.07	3.01	2.94	2.90	2.86	2.83	2.79	2.75	2.71
10	4.96	4.10	3.71	3.48	3.33	3.22	3.14	3.07	3.02	2.98	2.91	2.85	2.77	2.74	2.70	2.66	2.62	2.58	2.54
11	4.84	3.98	3.59	3.36	3.20	3.09	3.01	2.95	2.90	2.85	2.79	2.72	2.65	2.61	2.57	2.53	2.49	2.45	2.41
12	4.75	3.89	3.49	3.26	3.11	3.00	2.91	2.85	2.80	2.75	2.69	2.62	2.54	2.51	2.47	2.43	2.38	2.34	2.30
13	4.67	3.81	3.41	3.18	3.03	2.92	2.83	2.77	2.71	2.67	2.60	2.53	2.46	2.42	2.38	2.34	2.30	2.25	2.21
14	4.60	3.74	3.34	3.11	2.96	2.85	2.76	2.70	2.65	2.60	2.53	2.46	2.39	2.35	2.31	2.27	2.22	2.18	2.13
15	4.54	3.68	3.29	3.06	2.90	2.79	2.71	2.64	2.59	2.54	2.48	2.40	2.33	2.29	2.25	2.20	2.16	2.11	2.07
16	4.49	3.63	3.24	3.01	2.85	2.74	2.66	2.59	2.54	2.49	2.42	2.35	2.28	2.24	2.19	2.15	2.11	2.06	2.01
17	4.45	3.59	3.20	2.96	2.81	2.70	2.61	2.55	2.49	2.45	2.38	2.31	2.23	2.19	2.15	2.10	2.06	2.01	1.96
18	4.41	3.55	3.16	2.93	2.77	2.66	2.58	2.51	2.46	2.41	2.34	2.27	2.19	2.15	2.11	2.06	2.02	1.97	1.92
19	4.38	3.52	3.13	2.90	2.74	2.63	2.54	2.48	2.42	2.38	2.31	2.23	2.16	2.11	2.07	2.03	1.98	1.93	1.88
20	4.35	3.49	3.10	2.87	2.71	2.60	2.51	2.45	2.39	2.35	2.28	2.20	2.12	2.08	2.04	1.99	1.95	1.90	1.84

续表 5

n_2 \ n_1	1	2	3	4	5	6	7	8	9	10	12	15	20	24	30	40	60	120	∞
21	4.32	3.47	3.07	2.84	2.68	2.57	2.49	2.42	2.37	2.32	2.25	2.18	2.10	2.05	2.01	1.96	1.92	1.87	1.81
22	4.30	3.44	3.05	2.82	2.66	2.55	2.46	2.40	2.34	2.30	2.23	2.15	2.07	2.03	1.98	1.94	1.89	1.84	1.78
23	4.28	3.42	3.03	2.80	2.64	2.53	2.44	2.37	2.32	2.27	2.20	2.13	2.05	2.01	1.96	1.91	1.86	1.81	1.76
24	4.26	3.40	3.01	2.78	2.62	2.51	2.42	2.36	2.30	2.25	2.18	2.11	2.03	1.98	1.94	1.89	1.84	1.79	1.73
25	4.24	3.39	2.99	2.76	2.60	2.49	2.40	2.34	2.28	2.24	2.16	2.09	2.01	1.96	1.92	1.87	1.82	1.77	1.71
26	4.23	3.37	2.98	2.74	2.59	2.47	2.39	2.32	2.27	2.22	2.15	2.07	1.99	1.95	1.90	1.85	1.80	1.75	1.69
27	4.21	3.35	2.96	2.73	2.57	2.46	2.37	2.31	2.25	2.20	2.13	2.06	1.97	1.93	1.88	1.84	1.79	1.73	1.67
28	4.20	3.34	2.95	2.71	2.56	2.45	2.36	2.29	2.24	2.19	2.12	2.04	1.96	1.91	1.87	1.82	1.77	1.71	1.65
29	4.18	3.33	2.93	2.70	2.55	2.43	2.35	2.28	2.22	2.18	2.10	2.03	1.94	1.90	1.85	1.81	1.75	1.70	1.64
30	4.17	3.32	2.92	2.69	2.53	2.42	2.33	2.27	2.21	2.16	2.09	2.01	1.93	1.89	1.84	1.79	1.74	1.68	1.62
40	4.08	3.23	2.84	2.61	2.45	2.34	2.25	2.18	2.12	2.08	2.00	1.92	1.84	1.79	1.74	1.69	1.64	1.58	1.51
60	4.00	3.15	2.76	2.53	2.37	2.25	2.17	2.10	2.04	1.99	1.92	1.84	1.75	1.70	1.65	1.59	1.53	1.47	1.39
120	3.92	3.07	2.68	2.45	2.29	2.18	2.09	2.02	1.96	1.91	1.83	1.75	1.66	1.61	1.55	1.50	1.43	1.35	1.26
∞	3.84	3.00	2.61	2.37	2.21	2.10	2.01	1.94	1.88	1.83	1.75	1.67	1.57	1.52	1.46	1.40	1.32	1.22	1.03

$\alpha = 0.025$

续表 5

n_2 \ n_1	1	2	3	4	5	6	7	8	9	10	12	15	20	24	30	40	60	120	∞
1	647.8	799.5	864.2	899.6	921.8	937.1	948.2	956.7	963.3	968.6	976.7	984.9	993.1	997.2	1001	1006	1010	1014	1018
2	38.51	39.00	39.17	39.25	39.30	39.33	39.36	39.37	39.39	39.40	39.41	39.43	39.45	39.46	39.46	39.47	39.48	39.49	39.50
3	17.44	16.04	15.44	15.10	14.88	14.73	14.62	14.54	14.47	14.42	14.34	14.25	14.17	14.12	14.08	14.04	13.99	13.95	13.90
4	12.22	10.65	9.98	9.60	9.36	9.20	9.07	8.98	8.90	8.84	8.75	8.66	8.56	8.51	8.46	8.41	8.36	8.31	8.26
5	10.01	8.43	7.76	7.39	7.15	6.98	6.85	6.76	6.68	6.62	6.52	6.43	6.33	6.28	6.23	6.18	6.12	6.07	6.02
6	8.81	7.26	6.60	6.23	5.99	5.82	5.70	5.60	5.52	5.46	5.37	5.27	5.17	5.12	5.07	5.01	4.96	4.90	4.85
7	8.07	6.54	5.89	5.52	5.29	5.12	4.99	4.90	4.82	4.76	4.67	4.57	4.47	4.41	4.36	4.31	4.25	4.20	4.14
8	7.57	6.06	5.42	5.05	4.82	4.65	4.53	4.43	4.36	4.30	4.20	4.10	4.00	3.95	3.89	3.84	3.78	3.73	3.67
9	7.21	5.71	5.08	4.72	4.48	4.32	4.20	4.10	4.03	3.96	3.87	3.77	3.67	3.61	3.56	3.51	3.45	3.39	3.33
10	6.94	5.46	4.83	4.47	4.24	4.07	3.95	3.85	3.78	3.72	3.62	3.52	3.42	3.37	3.31	3.26	3.20	3.14	3.08
11	6.72	5.26	4.63	4.28	4.04	3.88	3.76	3.66	3.59	3.53	3.43	3.33	3.23	3.17	3.12	3.06	3.00	2.94	2.88
12	6.55	5.10	4.47	4.12	3.89	3.73	3.61	3.51	3.44	3.37	3.28	3.18	3.07	3.02	2.96	2.91	2.85	2.79	2.73
13	6.41	4.97	4.35	4.00	3.77	3.60	3.48	3.39	3.31	3.25	3.15	3.05	2.95	2.89	2.84	2.78	2.72	2.66	2.60
14	6.30	4.86	4.24	3.89	3.66	3.50	3.38	3.29	3.21	3.15	3.05	2.95	2.84	2.79	2.73	2.67	2.61	2.55	2.49
15	6.20	4.77	4.15	3.80	3.58	3.41	3.29	3.20	3.12	3.06	2.96	2.86	2.76	2.70	2.64	2.59	2.52	2.46	2.40
16	6.12	4.69	4.08	3.73	3.50	3.34	3.22	3.12	3.05	2.99	2.89	2.79	2.68	2.63	2.57	2.51	2.45	2.38	2.32
17	6.04	4.62	4.01	3.66	3.44	3.28	3.16	3.06	2.98	2.92	2.82	2.72	2.62	2.56	2.50	2.44	2.38	2.32	2.25
18	5.98	4.56	3.95	3.61	3.38	3.22	3.10	3.01	2.93	2.87	2.77	2.67	2.56	2.50	2.44	2.38	2.32	2.26	2.19
19	5.92	4.51	3.90	3.56	3.33	3.17	3.05	2.96	2.88	2.82	2.72	2.62	2.51	2.45	2.39	2.33	2.27	2.20	2.13
20	5.87	4.46	3.86	3.51	3.29	3.13	3.01	2.91	2.84	2.77	2.68	2.57	2.46	2.41	2.35	2.29	2.22	2.16	2.09
21	5.83	4.42	3.82	3.48	3.25	3.09	2.97	2.87	2.80	2.73	2.64	2.53	2.42	2.37	2.31	2.25	2.18	2.11	2.04

续表 5

n_2 \ n_1	1	2	3	4	5	6	7	8	9	10	12	15	20	24	30	40	60	120	∞
22	5.79	4.38	3.78	3.44	3.22	3.05	2.93	2.84	2.76	2.70	2.60	2.50	2.39	2.33	2.27	2.21	2.14	2.08	2.00
23	5.75	4.35	3.75	3.41	3.18	3.02	2.90	2.81	2.73	2.67	2.57	2.47	2.36	2.30	2.24	2.18	2.11	2.04	1.97
24	5.72	4.32	3.72	3.38	3.15	2.99	2.87	2.78	2.70	2.64	2.54	2.44	2.33	2.27	2.21	2.15	2.08	2.01	1.94
25	5.69	4.29	3.69	3.35	3.13	2.97	2.85	2.75	2.68	2.61	2.51	2.41	2.30	2.24	2.18	2.12	2.05	1.98	1.91
26	5.66	4.27	3.67	3.33	3.10	2.94	2.82	2.73	2.65	2.59	2.49	2.39	2.28	2.22	2.16	2.09	2.03	1.95	1.88
27	5.63	4.24	3.65	3.31	3.08	2.92	2.80	2.71	2.63	2.57	2.47	2.36	2.25	2.19	2.13	2.07	2.00	1.93	1.85
28	5.61	4.22	3.63	3.29	3.06	2.90	2.78	2.69	2.61	2.55	2.45	2.34	2.23	2.17	2.11	2.05	1.98	1.91	1.83
29	5.59	4.20	3.61	3.27	3.04	2.88	2.76	2.67	2.59	2.53	2.43	2.32	2.21	2.15	2.09	2.03	1.96	1.89	1.81
30	5.57	4.18	3.59	3.25	3.03	2.87	2.75	2.65	2.57	2.51	2.41	2.31	2.20	2.14	2.07	2.01	1.94	1.87	1.79
40	5.42	4.05	3.46	3.13	2.90	2.74	2.62	2.53	2.45	2.39	2.29	2.18	2.07	2.01	1.94	1.88	1.80	1.72	1.64
60	5.29	3.93	3.34	3.01	2.79	2.63	2.51	2.41	2.33	2.27	2.17	2.06	1.94	1.88	1.82	1.74	1.67	1.58	1.48
120	5.15	3.80	3.23	2.89	2.67	2.52	2.39	2.30	2.22	2.16	2.05	1.94	1.82	1.76	1.69	1.61	1.53	1.43	1.31
∞	5.03	3.69	3.12	2.79	2.57	2.41	2.29	2.19	2.11	2.05	1.95	1.83	1.71	1.64	1.57	1.49	1.39	1.27	1.04

$\alpha = 0.01$

续表 5

n_2 \ n_1	1	2	3	4	5	6	7	8	9	10	12	15	20	24	30	40	60	120	∞
1	4052	5000	5403	5625	5764	5859	5928	5981	6022	6056	6106	6157	6209	6235	6261	6287	6313	6339	6637
2	98.50	99.00	99.17	99.25	99.30	99.33	99.36	99.37	99.39	99.40	99.42	99.43	99.45	99.46	99.47	99.47	99.48	99.49	99.50
3	34.12	30.82	29.46	28.71	28.24	27.91	27.67	27.49	27.35	27.23	27.05	26.87	26.69	26.60	26.50	26.41	26.32	26.22	26.13
4	21.20	18.00	16.69	15.98	15.52	15.21	14.98	14.80	14.66	14.55	14.37	14.20	14.02	13.93	13.84	13.75	13.65	13.56	13.46
5	16.26	13.27	12.06	11.39	10.97	10.67	10.46	10.29	10.16	10.05	9.89	9.72	9.55	9.47	9.38	9.29	9.20	9.11	9.02
6	13.75	10.92	9.78	9.15	8.75	8.47	8.26	8.10	7.98	7.87	7.72	7.56	7.40	7.31	7.23	7.14	7.06	6.97	6.88
7	12.25	9.55	8.45	7.85	7.46	7.19	6.99	6.84	6.72	6.62	6.47	6.31	6.16	6.07	5.99	5.91	5.82	5.74	5.65
8	11.26	8.65	7.59	7.01	6.63	6.37	6.18	6.03	5.91	5.81	5.67	5.52	5.36	5.28	5.20	5.12	5.03	4.95	4.86
9	10.56	8.02	6.99	6.42	6.06	5.80	5.61	5.47	5.35	5.26	5.11	4.96	4.81	4.73	4.65	4.57	4.48	4.40	4.31
10	10.04	7.56	6.55	5.99	5.64	5.39	5.20	5.06	4.94	4.85	4.71	4.56	4.41	4.33	4.25	4.17	4.08	4.00	3.91
11	9.65	7.21	6.22	5.67	5.32	5.07	4.89	4.74	4.63	4.54	4.40	4.25	4.10	4.02	3.94	3.86	3.78	3.69	3.60
12	9.33	6.93	5.95	5.41	5.06	4.82	4.64	4.50	4.39	4.30	4.16	4.01	3.86	3.78	3.70	3.62	3.54	3.45	3.36
13	9.07	6.70	5.74	5.21	4.86	4.62	4.44	4.30	4.19	4.10	3.96	3.82	3.66	3.59	3.51	3.43	3.34	3.25	3.17
14	8.86	6.51	5.56	5.04	4.69	4.46	4.28	4.14	4.03	3.94	3.80	3.66	3.51	3.43	3.35	3.27	3.18	3.09	3.01
15	8.68	6.36	5.42	4.89	4.56	4.32	4.14	4.00	3.89	3.80	3.67	3.52	3.37	3.29	3.21	3.13	3.05	2.96	2.87
16	8.53	6.23	5.29	4.77	4.44	4.20	4.03	3.89	3.78	3.69	3.55	3.41	3.26	3.18	3.10	3.02	2.93	2.84	2.75
17	8.40	6.11	5.18	4.67	4.34	4.10	3.93	3.79	3.68	3.59	3.46	3.31	3.16	3.08	3.00	2.92	2.83	2.75	2.65
18	8.29	6.01	5.09	4.58	4.25	4.01	3.84	3.71	3.60	3.51	3.37	3.23	3.08	3.00	2.92	2.84	2.75	2.66	2.57
19	8.18	5.93	5.01	4.50	4.17	3.94	3.77	3.63	3.52	3.43	3.30	3.15	3.00	2.92	2.84	2.76	2.67	2.58	2.49
20	8.10	5.85	4.94	4.43	4.10	3.87	3.70	3.56	3.46	3.37	3.23	3.09	2.94	2.86	2.78	2.69	2.61	2.52	2.42
21	8.02	5.78	4.87	4.37	4.04	3.81	3.64	3.51	3.40	3.31	3.17	3.03	2.88	2.80	2.72	2.64	2.55	2.46	2.36

续表 5

n_2 \ n_1	1	2	3	4	5	6	7	8	9	10	12	15	20	24	30	40	60	120	∞
22	7.95	5.72	4.82	4.31	3.99	3.76	3.59	3.45	3.35	3.26	3.12	2.98	2.83	2.75	2.67	2.58	2.50	2.40	2.31
23	7.88	5.66	4.76	4.26	3.94	3.71	3.54	3.41	3.30	3.21	3.07	2.93	2.78	2.70	2.62	2.54	2.45	2.35	2.26
24	7.82	5.61	4.72	4.22	3.90	3.67	3.50	3.36	3.26	3.17	3.03	2.89	2.74	2.66	2.58	2.49	2.40	2.31	2.21
25	7.77	5.57	4.68	4.18	3.85	3.63	3.46	3.32	3.22	3.13	2.99	2.85	2.70	2.62	2.54	2.45	2.36	2.27	2.17
26	7.72	5.53	4.64	4.14	3.82	3.59	3.42	3.29	3.18	3.09	2.96	2.81	2.66	2.58	2.50	2.42	2.33	2.23	2.13
27	7.68	5.49	4.60	4.11	3.78	3.56	3.39	3.26	3.15	3.06	2.93	2.78	2.63	2.55	2.47	2.38	2.29	2.20	2.10
28	7.64	5.45	4.57	4.07	3.75	3.53	3.36	3.23	3.12	3.03	2.90	2.75	2.60	2.52	2.44	2.35	2.26	2.17	2.07
29	7.60	5.42	4.54	4.04	3.73	3.50	3.33	3.20	3.09	3.00	2.87	2.73	2.57	2.49	2.41	2.33	2.23	2.14	2.04
30	7.56	5.39	4.51	4.02	3.70	3.47	3.30	3.17	3.07	2.98	2.84	2.70	2.55	2.47	2.39	2.30	2.21	2.11	2.01
40	7.31	5.18	4.31	3.83	3.51	3.29	3.12	2.99	2.89	2.80	2.66	2.52	2.37	2.29	2.20	2.11	2.02	1.92	1.81
60	7.08	4.98	4.13	3.65	3.34	3.12	2.95	2.82	2.72	2.63	2.50	2.35	2.20	2.12	2.03	1.94	1.84	1.73	1.60
120	6.85	4.79	3.95	3.48	3.17	2.96	2.79	2.66	2.56	2.47	2.34	2.19	2.03	1.95	1.86	1.76	1.66	1.53	1.38
∞	6.64	4.61	3.78	3.32	3.02	2.80	2.64	2.51	2.41	2.32	2.19	2.04	1.88	1.79	1.70	1.59	1.48	1.33	1.05

$\alpha = 0.005$

续表 5

n_2 \ n_1	1	2	3	4	5	6	7	8	9	10	12	15	20	24	30	40	60	120	∞
1	16211	20000	21615	22500	23056	23437	23715	23925	24091	24224	24426	24630	24836	24940	25044	25148	25253	25367	39467
2	198.5	199.0	199.2	199.2	199.3	199.3	199.4	199.4	199.4	199.4	199.4	199.4	199.4	199.5	199.5	199.5	199.5	199.5	199.5
3	55.55	49.80	47.47	46.19	45.39	44.84	44.43	44.13	43.88	43.69	43.39	43.08	42.78	42.62	42.47	42.31	42.15	41.99	41.83
4	31.33	26.28	24.26	23.15	22.46	21.97	21.62	21.35	21.14	20.97	20.70	20.44	20.17	20.03	19.89	19.75	19.61	19.47	19.33
5	22.78	18.31	16.53	15.56	14.94	14.51	14.20	13.96	13.77	13.62	13.38	13.15	12.90	12.78	12.66	12.53	12.40	12.27	12.15
6	18.63	14.54	12.92	12.03	11.46	11.07	10.79	10.57	10.39	10.25	10.03	9.81	9.59	9.47	9.36	9.24	9.12	9.00	8.88
7	16.24	12.40	10.88	10.05	9.52	9.16	8.89	8.68	8.51	8.38	8.18	7.97	7.75	7.64	7.53	7.42	7.31	7.19	7.08
8	14.69	11.04	9.60	8.81	8.30	7.95	7.69	7.50	7.34	7.21	7.01	6.81	6.61	6.50	6.40	6.29	6.18	6.06	5.95
9	13.61	10.11	8.72	7.96	7.47	7.13	6.88	6.69	6.54	6.42	6.23	6.03	5.83	5.73	5.62	5.52	5.41	5.30	5.19
10	12.83	9.43	8.08	7.34	6.87	6.54	6.30	6.12	5.97	5.85	5.66	5.47	5.27	5.17	5.07	4.97	4.86	4.75	4.64
11	12.23	8.91	7.60	6.88	6.42	6.10	5.86	5.68	5.54	5.42	5.24	5.05	4.86	4.76	4.65	4.55	4.45	4.34	4.23
12	11.75	8.51	7.23	6.52	6.07	5.76	5.52	5.35	5.20	5.09	4.91	4.72	4.53	4.43	4.33	4.23	4.12	4.01	3.91
13	11.37	8.19	6.93	6.23	5.79	5.48	5.25	5.08	4.94	4.82	4.64	4.46	4.27	4.17	4.07	3.97	3.87	3.76	3.65
14	11.06	7.92	6.68	6.00	5.56	5.26	5.03	4.86	4.72	4.60	4.43	4.25	4.06	3.96	3.86	3.76	3.66	3.55	3.44
15	10.80	7.70	6.48	5.80	5.37	5.07	4.85	4.67	4.54	4.42	4.25	4.07	3.88	3.79	3.69	3.58	3.48	3.37	3.26
16	10.58	7.51	6.30	5.64	5.21	4.91	4.69	4.52	4.38	4.27	4.10	3.92	3.73	3.64	3.54	3.44	3.33	3.22	3.11
17	10.38	7.35	6.16	5.50	5.07	4.78	4.56	4.39	4.25	4.14	3.97	3.79	3.61	3.51	3.41	3.31	3.21	3.10	2.99
18	10.22	7.21	6.03	5.37	4.96	4.66	4.44	4.28	4.14	4.03	3.86	3.68	3.50	3.40	3.30	3.20	3.10	2.99	2.87
19	10.07	7.09	5.92	5.27	4.85	4.56	4.34	4.18	4.04	3.93	3.76	3.59	3.40	3.31	3.21	3.11	3.00	2.89	2.78
20	9.94	6.99	5.82	5.17	4.76	4.47	4.26	4.09	3.96	3.85	3.68	3.50	3.32	3.22	3.12	3.02	2.92	2.81	2.69
21	9.83	6.89	5.73	5.09	4.68	4.39	4.18	4.01	3.88	3.77	3.60	3.43	3.24	3.15	3.05	2.95	2.84	2.73	2.62

续表 5

n_2 \ n_1	1	2	3	4	5	6	7	8	9	10	12	15	20	24	30	40	60	120	∞
22	9.73	6.81	5.65	5.02	4.61	4.32	4.11	3.94	3.81	3.70	3.54	3.36	3.18	3.08	2.98	2.88	2.77	2.66	2.55
23	9.63	6.73	5.58	4.95	4.54	4.26	4.05	3.88	3.75	3.64	3.47	3.30	3.12	3.02	2.92	2.82	2.71	2.60	2.49
24	9.55	6.66	5.52	4.89	4.49	4.20	3.99	3.83	3.69	3.59	3.42	3.25	3.06	2.97	2.87	2.77	2.66	2.55	2.43
25	9.48	6.60	5.46	4.84	4.43	4.15	3.94	3.78	3.64	3.54	3.37	3.20	3.01	2.92	2.82	2.72	2.61	2.50	2.38
26	9.41	6.54	5.41	4.79	4.38	4.10	3.89	3.73	3.60	3.49	3.33	3.15	2.97	2.87	2.77	2.67	2.56	2.45	2.33
27	9.34	6.49	5.36	4.74	4.34	4.06	3.85	3.69	3.56	3.45	3.28	3.11	2.93	2.83	2.73	2.63	2.52	2.41	2.29
28	9.28	6.44	5.32	4.70	4.30	4.02	3.81	3.65	3.52	3.41	3.25	3.07	2.89	2.79	2.69	2.59	2.48	2.37	2.25
29	9.23	6.40	5.28	4.66	4.26	3.98	3.77	3.61	3.48	3.38	3.21	3.04	2.86	2.76	2.66	2.56	2.45	2.33	2.21
30	9.18	6.35	5.24	4.62	4.23	3.95	3.74	3.58	3.45	3.34	3.18	3.01	2.82	2.73	2.63	2.52	2.42	2.30	2.18
40	8.83	6.07	4.98	4.37	3.99	3.71	3.51	3.35	3.22	3.12	2.95	2.78	2.60	2.50	2.40	2.30	2.18	2.06	1.93
60	8.49	5.79	4.73	4.14	3.76	3.49	3.29	3.13	3.01	2.90	2.74	2.57	2.39	2.29	2.19	2.08	1.96	1.83	1.69
120	8.18	5.54	4.50	3.92	3.55	3.28	3.09	2.93	2.81	2.71	2.54	2.37	2.19	2.09	1.98	1.87	1.75	1.61	1.43
∞	7.88	5.30	4.28	3.72	3.35	3.09	2.90	2.75	2.62	2.52	2.36	2.19	2.00	1.90	1.79	1.67	1.54	1.37	1.05

参考文献

1. 陈希孺. 概率论与数理统计【M】. 合肥：中国科学技术大学出版社，2009.

2. 盛骤，谢式千，潘承毅. 概率论与数理统.3版【M】. 北京：高等教育出版社，2001.

3. 杨荣，郑文瑞. 概率论与数理统计.2版【M】. 北京：清华大学出版社，2014.

4. 魏宗舒. 概率论与数理统计教程【M】. 北京：高等教育出版社，2008.

5. 茆诗松，程依明，濮晓龙. 概率论与数理统计教程.2版【M】. 北京：高等教育出版社，2012.

6. 威廉.费勒著. 吴迪，林向清译. 概率论及其应用（上册）【M】. 北京：科学出版社，1964.

7. Ross S.M著. 郑忠国等译. 概率论基础教程.7版【M】. 北京：高等教育出版社，2007.

8. 林正炎等. 概率论.3版【M】. 杭州：浙江大学出版社，2014.

9. 何书元. 数理统计【M】. 北京：高等教育出版社，2012.